NIGEL HAWKES

El genio del hombre

OBRAS MAESTRAS
DE LA ARQUITECTURA Y LA INGENIERÍA

DEBATE

CÍRCULO DE LECTORES

Primera edición: diciembre 1992

Directora de edición: Ruth Binney
Editor: Anthony Lambert
Investigación editorial y fotográfica: Elizabeth Loving
Director de arte: John Bigg
Editor de arte: Peter Laws
Apéndice geográfico: Gwen Rigby y Anthony Lambert
Producción: Barry Baker y Janice Storr

Título original: *Structures*. diseñado y editado por Marshall Editions,
170 Picadilly, Londres W1V 9DD
© Marshall Editions Developments Limited, 1990
© De la traducción, Juan Manuel Ibeas
© De la versión castellana, Editorial Debate, S. A.,
   Gabriela Mistral, 2, 28035 Madrid
2912987654321

I.S.B.N.: 84-7444-595-7 Editorial Debate, S. A.
I.S.B.N.: 84-226-4194-1 Círculo de Lectores, S. A.
Depósito legal: B-35808-1992
Compuesto en Roland Composición, S. L.
Fotomecánica, Llovet, S. A., Barcelona
Impreso y encuadernado en Printer Industria Gráfica, S. A., Barcelona
Impreso en España

N.º 30940

El editor y el autor agradecen la ayuda prestada por el doctor
Alfred Price en el artículo «La fábrica bajo la montaña»

Sumario

Introducción

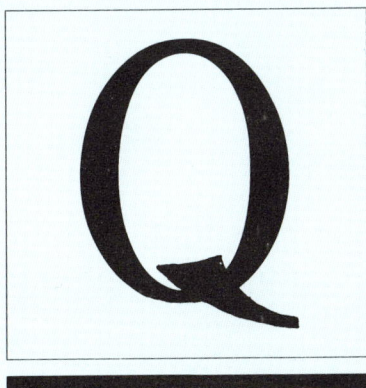

Q UÉ tienen en común el canal de Panamá y el palacio del Vaticano? ¿O el monte Rushmore y la Gran Muralla China? Todas son construcciones espectaculares y únicas, manifestaciones de esa vena de megalomanía que impulsa a los grandes constructores del mundo. La necesidad de crear algo grande y memorable, que deje una profunda huella en la historia, parece común a todas las culturas y períodos históricos. Por lo general, detrás de cada gran estructura existe un gran hombre (en ocasiones, una mujer): un ingeniero, un arquitecto, un sacerdote, un caudillo guerrero, un rey o un presidente.

Las estructuras más antiguas que aparecen en este libro fueron obra de los egipcios; las más modernas son los gigantescos instrumentos científicos de Chile y Suiza, construidos para estudiar el espacio infinito y la estructura infinitesimal de los átomos. Entre unos y otros se extiende toda la historia de la construcción y la ingeniería civil: una serie de palacios, iglesias, esculturas, puentes, presas, canales, ferrocarriles y túneles que destacan por su originalidad, su tamaño o su pura excentricidad.

El libro no pretende ser exhaustivo ni sigue reglas estrictas. Muchas de las estructuras que se describen son las más grandes o las más importantes de su clase, pero no siempre se ha aplicado este criterio. Algunas se han incluido porque encierran una historia interesante o representan un hito en la técnica; otras, a causa de sus curiosas cualidades. Algunas estructuras igualmente dignas de mención se han omitido por razones de familiaridad: se han escrito muchos libros sobre las pirámides de Egipto, pero la pirámide de Cholula, México, que es mucho más grande, sigue siendo poco conocida, apenas recibe visitantes y se sabe muy poco de ella. En el apéndice se citan otras construcciones importantes o interesantes que no han recibido una descripción completa por falta de espacio.

Situación de las estructuras

Las estructuras más antiguas que se describen en este libro se encuentran en Oriente Medio, cuna de la civilización occidental, y están relacionadas con la vida religiosa de su época. La religión ha seguido inspirando construcciones memorables, pero la Revolución Industrial abrió nuevos campos para la construcción laica en Europa y Norteamérica. El desarrollo de nuevos métodos para producir metales en grandes cantidades y la invención de nuevos materiales de construcción, como el hormigón armado, permitió al mundo occidental traspasar los límites previamente establecidos con una rapidez sin precedentes. La búsqueda de nuevos y mejores materiales se ha extendido al campo de la exploración espacial.

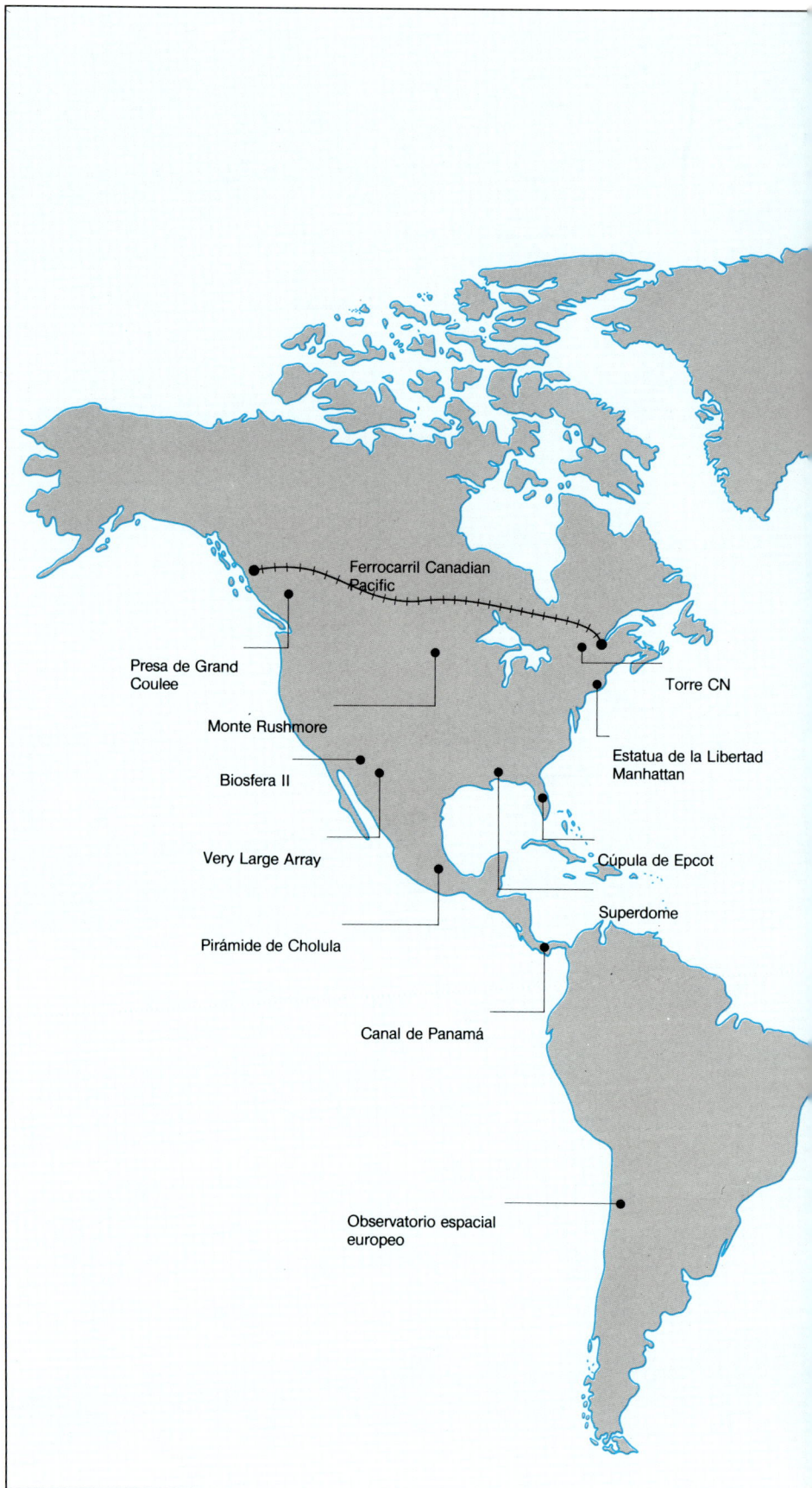

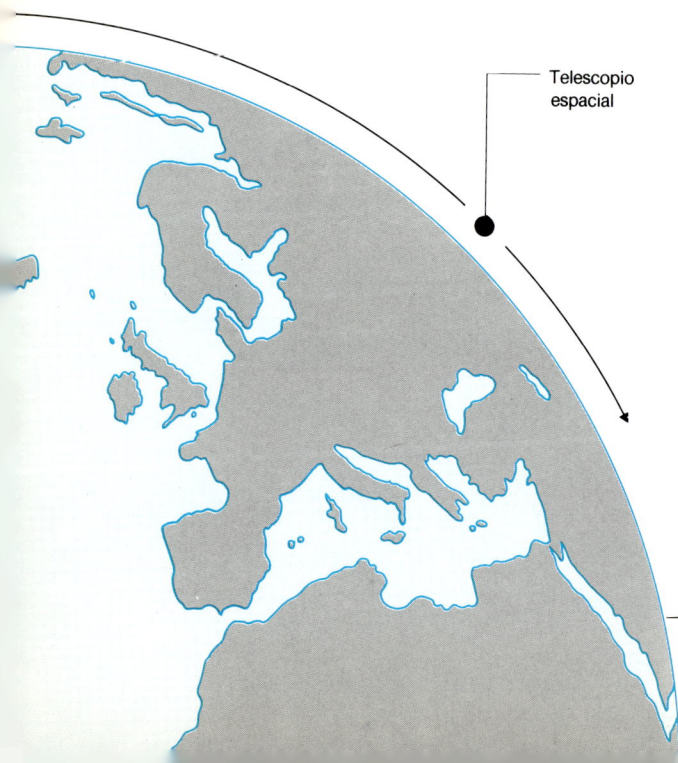

Ferrocarril Canadian Pacific

Presa de Grand Coulee

Torre CN

Monte Rushmore

Estatua de la Libertad Manhattan

Biosfera II

Very Large Array

Cúpula de Epcot

Pirámide de Cholula

Superdome

Canal de Panamá

Telescopio espacial

Observatorio espacial europeo

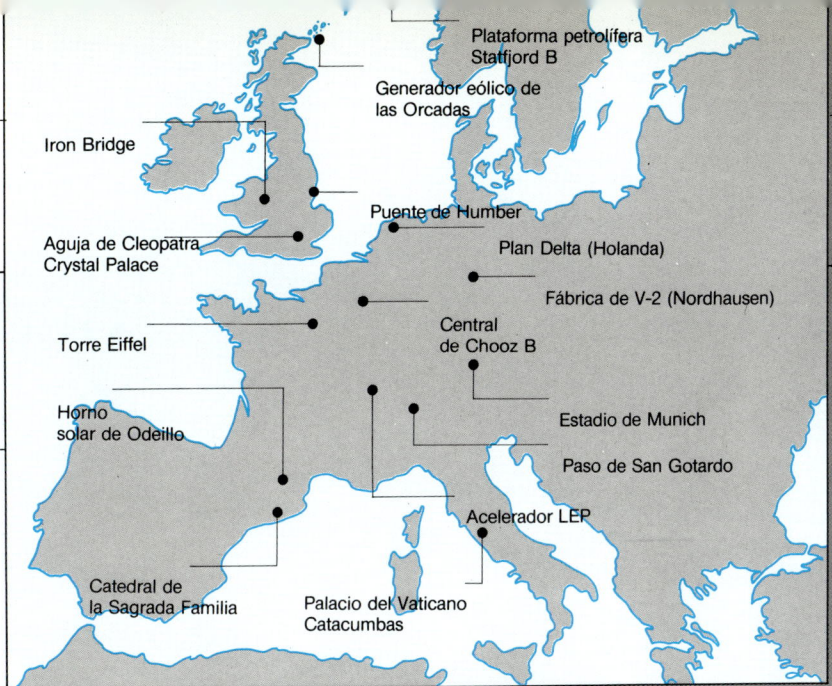

Plataforma petrolífera
Statfjord B

Generador eólico de
las Orcadas

Iron Bridge

Puente de Humber

Aguja de Cleopatra
Crystal Palace

Plan Delta (Holanda)

Fábrica de V-2 (Nordhausen)

Central
de Chooz B

Torre Eiffel

Horno
solar de Odeillo

Estadio de Munich

Paso de San Gotardo

Acelerador LEP

Catedral de
la Sagrada Familia

Palacio del Vaticano
Catacumbas

Ferrocarril Transiberiano

Monumento
a la Patria

Ciudad
Prohibida

Túnel
de Seikan

Krak des Chevaliers

Templo de Amón

Gran Muralla
China

Tumba de
Shi Huangdi

Estatua
de Bahubali

Palacio del sultán
de Brunei

Basílica de
Nuestra Señora
de la Paz

Teatro de la
Ópera (Sidney)

CAPÍTULO UNO

Monumentos monolíticos

LOS escultores saben que para aumentar el impacto de una estatua realista no hay nada mejor que hacerla más grande que al natural. El Hermes de Praxíteles, que lleva en los brazos al niño Dionisos, mide dos metros de estatura; y la estatua de Churchill que se alza en la plaza del Parlamento de Londres es bastante más alta que el verdadero Churchill. Miguel Ángel llegó aún más lejos: su David mide casi cuatro metros y medio, ya que en un principio estaba pensado instalarlo en un espacio elevado de la catedral de Florencia. Pero pocos escultores han tenido la osadía, el equipo, el tiempo y el dinero necesarios para llevar este proceso a su conclusión lógica.

Las esculturas monumentales gigantescas, de tamaño muchas veces superior al natural, tienen la capacidad de afectar directamente a las emociones... o, al menos, eso creía Gutzon Borglum, el escultor del monte Rushmore. En una época en la que todo era grande, la escultura, según él, tenía que ser gigantesca. No se trataba de una idea nueva. Ya los egipcios, con la Esfinge y los obeliscos tallados en un único bloque de piedra, habían demostrado que el mero tamaño puede resultar sobrecogedor. En el siglo X d.C., los escultores jainistas del sur de la India tallaron una imagen en roca de Bahubali, tan enorme que los turistas se siguen maravillando al contemplarla. Y el propio Broglum había participado en un fracasado intento de perfeccionar la escultura monumental más conocida del mundo, la estatua de la Libertad, en el puerto de Nueva York.

El primer emperador chino, Shi Huangdi, de la dinastía Qin, prefirió la cantidad al tamaño, y rodeó su mausoleo con nada menos que 8.000 guerreros de arcilla cocida. El efecto era el mismo: el ejército de terracota se creó para impresionar con su magnitud, y aún lo sigue haciendo. Lo mismo sucede con la gigantesca estatua a la Patria de Volgogrado, a pesar de que, como obra de arte, no posee mucho mérito.

El único propósito de las esculturas gigantescas es añadir gloria a una imagen. Se levantan para celebrar una victoria, una idea o un personaje. Su mensaje se transmite con fuerza a lo largo de los siglos, en un idioma que todo el mundo comprende, resistiendo mientras otras obras de arte, de menores dimensiones, se pierden, se trasladan o quedan destruidas. Entre todas las estructuras, éstas son las que más probabilidades tienen de sobrevivir para la posteridad.

Monumentos monolíticos
Las agujas de Cleopatra
La tumba de Shi Huangdi
Estatua del príncipe Bahubali
Estatua de la Libertad
Monte Rushmore
La Madre Patria de Volgogrado

El obelisco egipcio de Londres

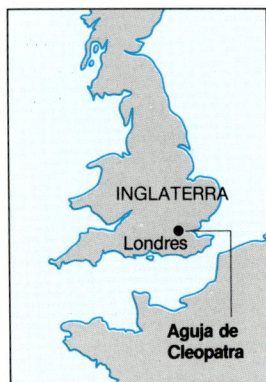

Datos básicos

Obeliscos de 3.500 años de antigüedad, que demuestran la habilidad de los artesanos del antiguo Egipto.

Creador: Tutmosis III.

Fecha de construcción: entre 1504 y 1450 a.C.

Material: granito.

Altura: 20,8 m (el de Londres) y 21,2 m (el de Nueva York).

Peso: 186 toneladas (el de Londres); 200 toneladas (el de Nueva York).

Entre los monumentos más notables de la antigua civilización egipcia figuran los obeliscos, esbeltos pilares de caras planas, terminados en punta y tallados en un solo bloque de granito. Estos obeliscos, cuidadosamente pulimentados y decorados con dibujos e inscripciones, se crearon hace casi 4.000 años con instrumentos de lo más rudimentario.

El más grande de todos, que pesa 455 toneladas y mide unos 32 metros de altura, fue construido por encargo del faraón Tutmosis III, y en la actualidad se encuentra instalado en la plaza de San Juan de Letrán, en Roma; pero en la cantera situada cerca de Asuán, donde se hacían los obeliscos, existe uno aún mayor, que quedó sin terminar. Dos de los obeliscos más interesantes, encargados también por Tutmosis III, se alzaban como centinelas a la entrada del templo del Sol en Heliópolis, al norte de El Cairo. En tiempos posteriores se dio en llamarlos Agujas de Cleopatra, y en la actualidad se encuentran en Londres y Nueva York. ¿Cómo se extrajeron y tallaron estos enormes bloques de piedra sin instrumentos metálicos? ¿Cómo se trasladaron sin usar ruedas, y cómo se levantaron sin grúas, andamios y ni siquiera poleas?

Según parece, la función de los obeliscos era en parte religiosa y en parte ceremonial. Se erigían en honor del dios del Sol, y el primero de todos se levantó en Heliópolis, principal centro del culto al dios. Pero las inscripciones talladas en ellos glosan las hazañas de gobernantes humanos: los territorios conquistados, los enemigos vencidos y los aniversarios de sus reinados. Las inscripciones talladas en el centro de las caras de las Agujas de Cleopatra ensalzan las virtudes de Tutmosis III, y unos doscientos años más tarde se añadieron nuevos jeroglíficos que dan cuenta de las victorias de otro gran faraón, Ramsés II.

Las Agujas de Cleopatra están talladas en granito rojo, y es posible que procedan de la misma cantera de Asuán donde se encuentra el gigantesco obelisco inconcluso. Si los canteros no hubieran encontrado una inesperada grieta en el granito, que los obligó a abandonar el trabajo, este obelisco habría sido el más grande de todos los conocidos, con una altura de más de 41 metros y un peso de 1.168 toneladas. Para los arqueólogos representa un hallazgo valiosísimo, ya que demuestra cómo se hicieron todos los demás obeliscos.

En primer lugar, los ingenieros de la cantera tenían que localizar un sector perfecto en la piedra, de donde poder extraer una pieza en la que tallar el obelisco. Esto se hacía clavando en la roca clavos de prueba. Una vez escogido un sector, el primer paso consistía en alisar la superficie superior de la roca, eliminando las irregularidades. Luego se calentaban ladrillos, se colocaban sobre la superficie de la roca y se echaba encima agua fría. De este modo se fracturaba la superficie de la roca, haciéndola más fácil de extraer.

El siguiente paso consistía en cortar la piedra a cada lado del obelisco, abriendo dos zanjas. Se ha podido averiguar cómo se hacía esto, gracias al descubrimiento de numerosas bolas de un mineral llamado dolerita en la zona de la cantera. Estas bolas, que miden de 10 a 30 cm de diámetro y pueden pesar unos cinco kilos, se encuentran en el desierto oriental, de donde fueron importadas. Se montaban en pisones que se levantaban y se dejaban caer con fuerza sobre la roca, para picarla. En esta operación trabajaban miles de hombres en grupos de tres, dos de pie, izando el «martillo», y el tercero agachado para dirigir el golpe. Es posible que se entonaran cánticos para mantener el ritmo.

El progreso debía ser muy lento, y es probable que los equipos tardaran de seis meses a un año en cortar la roca hasta la profundidad necesaria. El siguiente paso consistía en desprender el fondo del obelisco; según el arqueólogo inglés Reginald Engelbach, también esta operación se hacía a base de martilleo. Primero había que preparar una zona debajo del obelisco, para crear una galería en la que trabajar. Luego se utilizaban vigas de madera para sostener el obelisco, que se iba cortando poco a poco martilleando en sentido horizontal. Algunos expertos creen que se usaban cuñas de madera, clavándolas cada vez más hasta que la roca se rajaba, o mojándolas después de introducirlas, para que la expansión de la madera ejerciera la fuerza. Otros opinan que todo el trabajo se llevaba a cabo con las bolas de dolerita.

Es posible que la decoración de los obeliscos comenzara ya en la cantera, pero lo más probable es que los toques finales, incluyendo el dorado de las superficies altas y la punta o piramidón, no se aplicaran hasta después de haber instalado el obelisco en su posición definitiva.

El siguiente problema consistía en sacar el obelisco de su agujero en la cantera, cargarlo en una barcaza y transportarlo Nilo abajo hasta su lugar de destino. Para esto debían necesitarse cientos de hombres que utilizaban grandes vigas de madera a modo de palancas, levantando primero un lado del obelisco y luego el otro, e introduciendo material por debajo cada vez que lo levantaban. De este modo, se podía elevar poco a poco hasta el nivel aproximado de la roca que lo rodeaba, tras lo cual había que alisar un sendero para arrastrarlo.

No está claro que se utilizaran rodillos para facilitar el traslado de los obeliscos. No se ha encontrado ninguno, pero sin ellos se habrían necesitado por lo menos 6.000 hombres tirando de 40

El obelisco de Londres se encuentra instalado en el Embankment, a orillas del Támesis. Antes de decorar la piedra, se pulía la superficie con polvo de esmeril o bolas de dolerita. Para comprobar la calidad de la pulimentación, se presionaba la piedra contra una superficie plana, cubierta de ocre rojo, que marcaba los puntos salientes; éstos se pulían y se volvía a comprobar la superficie. Las inscripciones se tallaban con esmeril, tal vez con la ayuda de hojas de cobre para aplicar el abrasivo. El cobre era el único metal duro que conocían los egipcios, pero por sí solo no era lo bastante duro como para tallar la piedra.

cuerdas para superar la fricción. Mientras tanto, las barcazas aguardaban a orillas del Nilo, varadas y prácticamente enterradas en la arena (se supone que esto se hacía cuando el río llevaba poco caudal y las embarcaciones tocaban fondo). El obelisco se arrastraba hasta lo alto del embarcadero de arena y se retiraba la arena de debajo, para que poco a poco se fuera apoyando en la barcaza. Cuando llegaban las crecidas anuales del río, comenzaba el viaje del obelisco hacia su destino final.

Tutmosis III encargó por lo menos siete obeliscos, cinco para Tebas y dos para Heliópolis. Cua-

tro de ellos aún existen, pero ninguno continúa en su emplazamiento original. La historia más curiosa es la de las dos Agujas de Cleopatra. Durante 1.500 años permanecieron en Heliópolis, mientras Egipto caía sucesivamente en poder de los etíopes, los persas y los griegos dirigidos por Alejandro Magno. Alejandro fundó Alejandría, donde más tarde reinaría Cleopatra, última representante de la dinastía tolomeica, que hizo construir a orillas del Mediterráneo un palacio dedicado a Julio César.

Al morir Cleopatra en el año 30 a.C., Egipto cayó una vez más en manos extranjeras, en esta

El obelisco egipcio de Londres

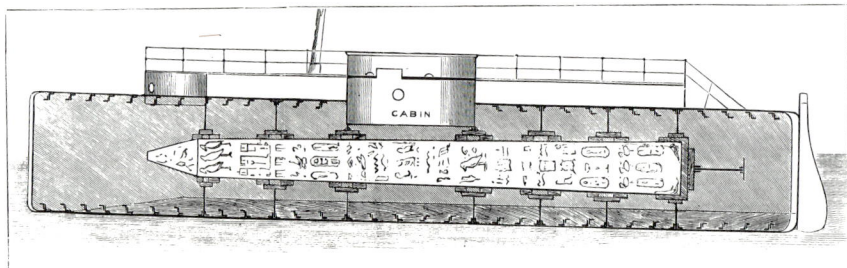

CLEOPATRA'S NEEDLE — PROPOSED SCHEME FOR TRANSPORTING THE MONUMENT TO ENGLAND

LONGITUDINAL SECTION OF THE CYLINDER

EXTERIOR OF THE CYLINDER CONTAINING THE NEEDLE

ocasión las del Imperio romano. Los dos obeliscos de Heliópolis se trasladaron a un nuevo emplazamiento, en la entrada por mar al palacio de Cleopatra. Al cabo de unos siglos, habían adquirido el nombre de Agujas de Cleopatra, aunque en realidad se crearon quince siglos antes de que la reina naciera.

Allí permanecieron durante otros 1.500 años, mientras el palacio de Cleopatra caía en ruinas y desaparecía. En algún momento —no se sabe cuándo—, uno de los dos obeliscos cayó al suelo, quedando medio cubierto por la arena, tal como observó en 1610 el viajero George Sandys. En 1798, Napoleón Bonaparte desembarcó en Egipto, con la intención de arrebatar Oriente Medio a los turcos, pero fue derrotado por la marina y el ejército británicos. En agradecimiento, los turcos consolidados en el poder aceptaron de buena gana la sugerencia británica de llevarse a Inglaterra el obelisco caído. Al fin y al cabo, Napoleón había tenido la intención de llevarse los dos, y ya se habían atado cables al obelisco aún erguido, con objeto de derribarlo.

Sin embargo, aún habrían de transcurrir sesenta y cinco años antes de que la oferta se llevara a la práctica, años durante los cuales el obelisco permaneció en el suelo, sufriendo las agresiones de los turistas, que arrancaban pedazos para llevárselos como recuerdo. En 1867, la situación se agravó, ya que un empresario griego llamado Giovanni Demetrio había comprado el terreno donde yacía el obelisco, con intención de urbanizarlo. No pudiendo retirar el obelisco intacto, estaba dispuesto a hacerlo pedazos y utilizarlo como material de construcción. Pero entonces acudió al rescate el general sir James Alexander, que, al enterarse de la situación, apeló a la opinión pública y contribuyó a trazar un plan para transportar el obelisco a Londres.

Para efectuar el traslado del obelisco, que pesaba unas 185 toneladas, se diseñó una embarcación especial en forma de tubo, bautizada como *Cleopatra,* que iba remolcada por el buque *Olga.* Mientras el mar se mantuvo en calma, todo fue bien, aunque existían dificultades de comunicación entre los dos barcos y el *Cleopatra* cabeceaba como un columpio. Sin embargo, aún faltaba lo peor. En el golfo de Vizcaya estalló una tormenta y hubo que cortar el cable de remolque. Cuando el tiempo amainó y el *Olga* regresó en busca del *Cleopatra,* éste había desaparecido por completo.

Pero el *Cleopatra* no se había hundido. Otro navío inglés, el *Fitzmaurice,* localizó la curiosa embarcación casi sumergida, con las olas batiendo sobre ella, y la remolcó con enormes dificultades hasta el puerto de El Ferrol, donde llegó completamente volcada. Para recuperarla hubo que espe-

rar a que se saldara la demanda de rescate presentada por los propietarios del *Fitzmaurice.* Por fin, el *Cleopatra* llegó a la desembocadura del Támesis, y su precioso cargamento se instaló en su actual emplazamiento en el Embankment. El otro miembro de la pareja fue transportado a EE UU en 1880 en un navío bastante más marinero, y quedó instalado en el Central Park de Nueva York.

Los dos obeliscos —lo mismo que otros, instalados actualmente en París, Estambul y Roma— salieron de Egipto antes de que el mundo moderno empezara a sentir reparos acerca de despojar a una nación de sus tesoros culturales. Roma adquirió su colección de 13 obeliscos en la antigüedad, lo mismo que Estambul, mientras que Londres, París y Nueva York obtuvieron los suyos en el siglo XIX. Lo irónico es que ahora todos ellos pasan casi inadvertidos, rodeados de tráfico y empequeñecidos por los edificios modernos. Las mismas personas que pagarían grandes sumas de dinero por contemplarlos en su entorno egipcio original no les conceden una segunda mirada en su actual emplazamiento.

El tubo en el que se transportó a Londres la Aguja de Cleopatra se construyó en Alejandría, y nada más botarlo al agua chocó con una piedra que lo agujereó. Una vez reparado, se le incorporaron al cilindro dos quillas, un camarote y una cubierta. La tripulación se sentía tan insegura que el capitán tuvo que aumentar su salario.

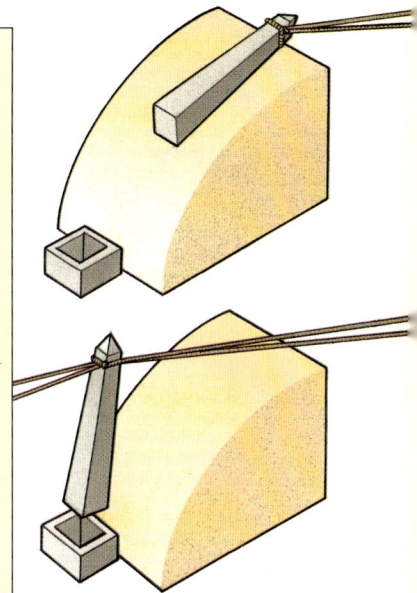

Éste era el método que empleaban los egipcios para poner en pie sus obeliscos (arriba), según el arqueólogo francés Henri Chevrier: levantaban grandes terraplenes que descendían en curva hacia el pedestal. Se iba retirando la arena que lo frenaba, y el obelisco descendía despacio hasta quedar apoyado sobre el pedestal, en un ángulo de unos 34°. A continuación, se utilizaban cuerdas para enderezarlo.

Instalación de la aguja en la escalinata de Adelphi, a orillas del Támesis, en septiembre de 1878. Se utilizaron gatos hidráulicos y tornos de engranaje para descargarla y subirla por la escalinata. Una vez junto al pedestal, se construyó una gran estructura de madera para levantar el obelisco a suficiente altura como para colgarlo en vertical mediante cables de acero. La aguja estaba tan bien equilibrada por su centro de gravedad que un solo hombre bastaba para hacer oscilar la viga que lo sujetaba.

El ejército de terracota

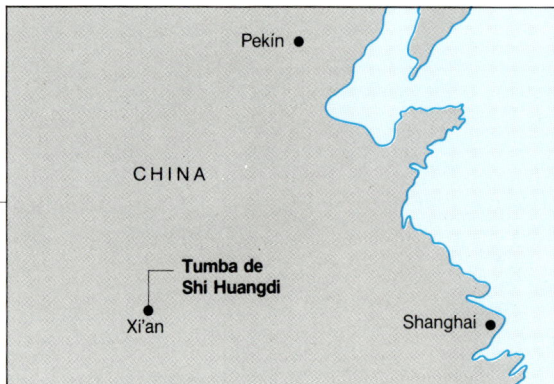

Datos básicos

Uno de los enterramientos más espectaculares del mundo.

Creador: Shi Huangdi, de la dinastía Qin.

Fecha de construcción: 246-209 a.C.

Material: Terracota.

Número de figuras: Aproximadamente 8.000.

Los soldados y los caballos (derecha) se han dejado en el mismo lugar donde se descubrieron, aunque ha sido necesario restaurar las figuras rotas. Se calcula que aún faltan por desenterrar unos 600 caballos, 7.000 guerreros y 100 carros. Los caballos Qin, gracias a sus fuertes pulmones, eran capaces de galopar largas distancias a gran velocidad.

En marzo de 1974, los trabajadores de la comuna de Yanzhai, a 30 kilómetros de la antigua capital china de Xi'an, temían que la sequía echara a perder su cosecha. Al excavar un pozo en busca de agua, se toparon con uno de los descubrimientos arqueológicos más espectaculares del siglo XX: unos cuantos fragmentos de terracota, correspondientes a figuras de guerreros y caballos.

Desde entonces, los arqueólogos han desenterrado todo un ejército de guerreros de terracota, y se cree que su número total puede ascender a 8.000. Se trata de figuras de tamaño algo mayor que el natural, modeladas con enorme talento, y que han permanecido enterradas durante más de 2.000 años. Gracias a ellas sabemos algo más del mundo del primer emperador que unificó China, Shi Huangdi, fundador de la dinastía Qin, un hombre notable, que creó la primera sociedad totalitaria del mundo y la gobernó con una combinación de eficiencia y absoluta crueldad.

Los guerreros forman un séquito, encargado de proteger al emperador y guiarlo al otro mundo. Shi Huangdi nació en 259 a.C. y ascendió al trono del estado de Qin en 246 a.C., a los trece años de edad. A pesar de su juventud, inició casi de inmediato la construcción de una espléndida tumba en la que reposar después de su muerte. Todavía le faltaban 36 años para ocuparla, años durante los cuales se anexionó los otros seis reinos independientes de China, convirtiéndose en el primer emperador. Como guerrero y administrador, Shi Huangdi ha tenido pocos iguales en la historia. Unificó la Gran Muralla China, conectando las distintas murallas construidas por los anteriores estados del norte. Su ejército estaba equipado con espadas y puntas de flecha de bronce, y disponía de ballestas capaces de traspasar una armadura, pero lo bastante ligeras como para ser manejadas por soldados a caballo. Los disparadores de estas ballestas eran mucho más avanzados que los modelos que aparecieron en Europa muchos siglos después.

Shi Huangdi creó un estado centralizado y autocrático, con un código legal uniforme, una moneda única, un mismo sistema de pesos y medidas, y un idioma escrito común. Construyó una red de carreteras flanqueadas de árboles, de 50 pasos de anchura, que irradiaban de la capital, Xianyang. Gobernó mediante la fuerza y el miedo: la ley permitía ejecutar a familias enteras por los delitos cometidos por uno de sus miembros, y millones de hombres fueron reclutados a la fuerza para el ejército y las obras civiles. No toleró ninguna idea independiente, quemando libros y llegando a enterrar vivos a los intelectuales. Él fue quien estableció el modelo de gobierno autoritario que se ha perpetuado en China hasta nuestros días.

Durante su vida, Shi Huangdi hizo construir varios palacios y un enorme mausoleo que aún está por excavar. Los libros de historia nos informan de que tras este montículo de tierra, de unos 75 metros de altura, existe una cámara funeraria con el techo decorado con perlas, que representan las estrellas, y un suelo de piedra que forma el mapa del Imperio Qin, con los ríos llenos de mercurio, a manera de agua. La tumba se llenó de tesoros y se equipó con trampas, consistentes en ballestas dispuestas a disparar contra cualquier intruso.

Aquí recibió sepultura el emperador en 209 a.C., un año después de su muerte. Con él fueron enterradas vivas sus esposas —ninguna de las cuales le había dado un hijo— y los constructores que conocían los secretos de la tumba.

Habrá que esperar a que se excave la tumba para saber si estas historias son ciertas. El ejército de terracota, diseñado sin duda como guardia del sepulcro, se encontró a kilómetro y medio al este del mausoleo, y todos los guerreros miran hacia el este, tal vez porque el emperador esperaba que por aquella dirección llegara un ataque de represalia de los seis reinos conquistados. Algunos expertos opinan que podría tratarse de un simple almacén, aunque esto no explica por qué los guerreros no se reunieron con su emperador tras la muerte de éste. Como guardianes, resultaron un fracaso. A los tres años de la muerte del emperador, su tumba fue saqueada por un general rebelde, Hsiang Yu, que también encontró el ejército de terracota en sus bóvedas subterráneas y ordenó derribar el techo, que cayó sobre las figuras, rompiendo muchas de ellas y cubriéndolas de tierra.

Los guerreros se han encontrado en tres bóvedas diferentes. La más grande contiene unos 6.000 soldados y más de 100 caballos. Mide más de 225 metros de longitud, 65 de anchura y 5 de profundidad. El suelo tiene pavimento de ladrillo, y la bóveda consiste en una serie de zanjas o corredores, divididos por paredes de tierra, y que en otro tiempo tuvieron un techo de vigas de madera, esteras y capas alternativas de yeso y tierra

El ejército de terracota

hasta el nivel de la superficie. Hasta ahora se han desenterrado unos mil guerreros y 24 caballos, una pequeña fracción del contenido total de la bóveda.

Las otras dos bóvedas son similares pero más pequeñas, con unos mil guerreros la segunda y 68 la tercera. Por su disposición, esta tercera bóveda parece haber representado el cuartel general, donde se reunían los oficiales al mando de las otras dos bóvedas.

La altura de los guerreros varía entre 1,72 y 1,95 m, algo superior a la estatura media en el período Qin. Están hechos mediante una combinación de moldes y modelado a mano. Para hacer las cabezas se utilizaron varias docenas de moldes diferentes; los vaciados así obtenidos se retocaban luego a mano para dotarlos de individualidad a cada uno.

Las orejas y los bigotes de cada guerrero se hicieron en moldes aparte y se aplicaron después. También el tocado, los labios y los ojos presentan indicios de haberse hecho por separado. La arcilla empleada se encoge aproximadamente un 18 por 100 al cocerse, de manera que las figuras sin cocer debían ser bastante más grandes. Las cabezas y los cuerpos se modelaban por separado y después se unían. Para que las figuras se mantuvieran erguidas, se utilizaron capas gruesas de arcilla en la parte inferior de todas ellas.

Algunos expertos han clasificado los rostros de los guerreros, encontrando hasta 30 tipos diferentes, pero que pueden agruparse en 10 categorías principales, designadas por el carácter chino al que más se asemejan. El rostro representado por el carácter «you», por ejemplo, corresponde a los guerreros más poderosos, y tiene los pómulos más anchos que la frente. El tipo opuesto, con la frente más ancha que los pómulos, se designa con el carácter «jia», y abunda sobre todo en la vanguardia, ya que su expresión indica ingenio y vigilancia. Muchos de los rostros presentan los labios apretados y los ojos muy abiertos, para dar sensación de valentía y decisión. Otros expresan fortaleza, confianza, reflexión o experiencia.

La habilidad de los modeladores ha producido un ejército de individuos reconocibles; no existen dos que sean exactamente iguales. Ni son copias mecánicas de guerreros auténticos ni se trata de figuras puramente imaginarias; antes bien, representan una galería de personajes ideales, como los que podrían encontrarse en un ejército bien organizado: desde los subalternos jóvenes y entusiastas hasta el sargento experimentado y astuto.

También las armaduras que visten los guerreros están cuidadosamente modeladas, y demuestran que los escultores conocían bien la armadura del período Qin. Las piezas están hechas a la medida de cada figura y encajan a la perfección. Los caballos están modelados con la misma fuerza, y cumplen todos los requisitos especificados por los estudiosos del período Qin varios siglos antes: patas delanteras como columnas, patas traseras como arcos, pezuñas altas, tobillos delgados, fosas nasales amplias y boca ancha. Las sillas están adornadas con borlas, y en su momento se pintaron de rojo, blanco, pardo y azul, e imitaban el cuero. No hay señales de estribos, lo que parece indicar que los jinetes del ejército imperial no los utilizaban.

En diciembre de 1980 se realizó un importante descubrimiento a 18 metros al oeste del montículo funerario del emperador: un par de carros de bronce, con sus caballos y aurigas. A diferencia de los guerreros de terracota, estas figuras tienen un tamaño inferior al natural, pero están modeladas aún con más delicadeza y talento.

Los carros de bronce han sobrevivido mucho mejor que los de madera tirados por los caballos

El hangar que protege las bóvedas cubre una superficie de 15.000 metros cuadrados. El enterramiento de figuras sustituyó al sacrificio de personas y animales que se practicaba en épocas anteriores. El ejército se colocó en perfecta formación, con los arqueros delante, los carros en el flanco derecho y la caballería en el izquierdo, rodeando líneas de infantería con algún carro intercalado.

Los guerreros, colocados sobre un suelo de ladrillo (izquierda), miran todos hacia el este. Según parece, esto refleja los temores que Shi Huangdi sentía ante la posibilidad de un ataque vengativo de los seis reinos que había conquistado. La profundidad a que se encuentran las figuras explica que no se hallaran hasta que unos campesinos empezaron a perforar en busca de agua.

La armadura de los guerreros (arriba derecha) ha aportado valiosísima información acerca de la tecnología militar de la época. La figura corresponde a un soldado de infantería; también sabemos qué tipos de armadura empleaban los generales, los guerreros de caballería y los aurigas. Hasta los peinados están trabajados individualmente para cada figura, lo mismo que los rasgos faciales.

de terracota, y proporcionan una imagen fidedigna de los carros empleados en el período Qin. En un principio, carros y cocheros estaban pintados, pero los colores han quedado reducidos a un blanco grisáceo. Las bridas de los caballos están decoradas con adornos de oro y bronce. No cabe duda de que la excavación de la tumba sacará a la luz otros descubrimientos notables.

Para modelar todo este ejército, que pretendía dar testimonio del poderío y la megalomanía de Shi Huangdi, debieron necesitarse cientos de artesanos y muchos años de trabajo. Si su misión consistía en proteger al emperador después de su muerte, lo cierto es que fracasó; pero nos ha proporcionado una extraordinaria imagen del mundo del primer emperador de China, un mundo en el que un arte elevadísimo coexistía con la crueldad y la violencia. No existe en el mundo un monumento más espectacular que el ejército de terracota de Shi Huangdi.

El aspecto que debían tener las figuras

En el museo instalado junto a la excavación se exhibe una serie de figuras tal como debían estar recién terminadas. La arcilla es de grano fino, que al cocerse adquiere un acabado liso; luego se pintaban con pigmentos mezclados con gelatina, para darles una apariencia más real. De esta pintura no han quedado más que algunos vestigios.

El icono de granito

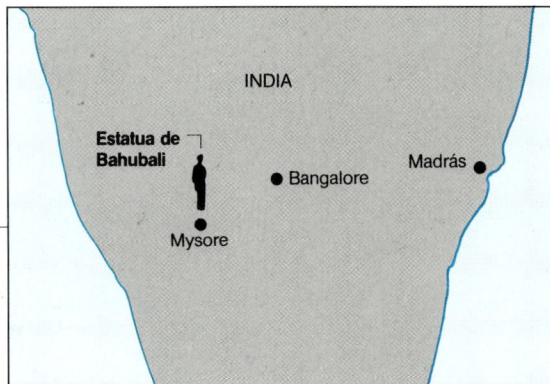

INDIA

INDIA

SRI LANKA

Estatua de
Bahubali

Bangalore

Madrás

Mysore

Datos básicos

Considerada como la estatua monolítica (esculpida en un solo bloque de piedra) más alta del mundo.

Constructor: El rey Chamundaraya.

Fecha de construcción: 981.

Material: Granito

Altura: 17 m.

Aproximadamente cada doce años, los seguidores de la religión jainista realizan una peregrinación a una pequeña ciudad, Shravana Belgola, en Karnataka, sur de la India. Allí, en lo alto de una montaña, se yergue una estatua monolítica que representa a un hombre desnudo, de 17 metros de altura, tallada hace mil años en un único bloque de granito macizo. Desde una plataforma instalada en torno a la cabeza de la estatua, los peregrinos vierten sobre la sagrada imagen agua, leche, mantequilla líquida, cuajada y pasta de sándalo de diversos colores, en una ceremonia tan antigua como la estatua misma. La enorme figura brilla al sol mientras los sacerdotes entonan mantras y hacen sonar el gong. La última ceremonia se celebró en 1981, milésimo aniversario de la creación de la estatua.

La historia de cómo se esculpió esta extraordinaria estatua se ha perdido en la noche de los tiempos, sepultada bajo la profusión de mitos y leyendas que la rodean. La imagen representa al señor Bahubali, uno de los hijos de Rishabha, fundador de la religión jainista, un rey que decidió renunciar al poder mundano para abrazar una vida de santidad y salvación. Dándose cuenta de lo efímero que es el éxito en este mundo, Rishabha abandonó a sus dos esposas y más de cien hijos para buscar la iluminación en el bosque. Antes de marcharse, designó a uno de sus hijos, Bharata, para gobernar el reino de Ayodhya, y concedió a otro, Bahubali, el principado de Pondnapura. Bharata se convirtió en un rey muy poderoso, pero Bahubali fue el único de sus hermanos que se negó a aceptar su dominio supremo.

Según la leyenda, los dos hermanos se enfrentaron, primero en un duelo de miradas, luego en el agua, y por último en combate cuerpo a cuerpo. Bahubali venció en las tres pruebas, y al final del último combate levantó el cuerpo de su hermano, dispuesto a aplastarlo contra el suelo. Pero de pronto se sintió abrumado por el remordimiento y la desilusión, y depositó a Bharata en el suelo con suavidad. Sin dudarlo ni un instante, se retiró a los bosques, se afeitó la cabeza y se quedó inmóvil, con los brazos caídos y los pies estirados, aguardando la iluminación. Así permaneció durante todo un año, mientras las hormigas construían hormigueros a sus pies y las lianas del

La escalinata de 614 escalones que lleva hasta la estatua está tallada en la roca y comienza cerca de un estanque de Shravana Belgola (izquierda). Como la estatua queda oculta por los claustros construidos en torno sayo durante el siglo XII, los peregrinos que suben la escalinata no la ven completa hasta el último momento. El impacto que supone ver de cerca la imagen (derecha) después de haberla perdido de vista durante la ascensión resulta sobrecogedor. La estatua (en la foto, con los andamiajes montados para la ceremonia de la unción) se ve desde 24 kilómetros de distancia.

El icono de granito

bosque comenzaban a enroscarse en sus piernas. Por fin, Bharata y dos de las hermanas de Bahubali acudieron al bosque a rendirle homenaje, y con esto desaparecieron definitivamente su resentimiento y su orgullo. Entonces Bahubali alcanzó los grados de iluminación más altos que conoce la religión jainista.

Se cree que la estatua de Bahubali, instalada en la cima de una montaña de 1.020 metros de altitud, se esculpió en 981 d.C. por encargo de un poderoso general llamado Chamundaraya, rey de la dinastía Ganga. No existen descripciones contemporáneas de cómo se realizó el trabajo; una larga inscripción que figuraba en una columna ornamental levantada por Chamundaraya al mismo tiempo que la estatua, y que podría haber revelado el secreto, quedó borrada en el siglo XIII para inscribir encima otro texto.

En el emplazamiento mismo de la estatua, tres inscripciones en tres idiomas —canara, tamil y marathi— dejan claro que fue Chamundaraya quien encargó erigir la estatua, pero no explican cómo se esculpió. Dado su enorme tamaño, y el hecho de estar esculpida en un solo bloque de granito, se debió tardar muchos años en terminarla.

La estatua es una escultura de bulto redondo desde la cabeza a la mitad de los muslos, con el resto en altorrelieve. Tiene los hombres altos, la cintura estrecha y las piernas algo desproporcionadas de la rodilla hacia abajo. Los brazos cuelgan a los costados, con los pulgares hacia adelante. A los pies de la figura hay hormigueros, serpientes y lianas que trepan por sus piernas. Toda la figura irradia serenidad. El granito en el que está esculpida es liso, homogéneo y duro, el material ideal para una obra de arte de tales dimensiones. Desde la época de su creación, la imagen ha estado considerada como una de las maravillas de la India.

La estatua se conoce por muchos nombres y presenta varios aspectos curiosos. Una de sus denominaciones más frecuentes es Gommata o Gommateshwara, bien porque Gommata fuera otro nombre de Chamundaraya, bien porque la palabra significa «hermoso», o bien porque significa montaña o colina. Su único defecto apreciable es el dedo índice de la mano izquierda, que es demasiado corto. Existen numerosas leyendas que explican este hecho: según una de ellas, Chamundaraya ordenó mutilar el dedo porque la imagen, una vez terminada, era demasiado perfecta. Estropeándola deliberadamente, confiaba poder evitar el mal de ojo.

Otra teoría afirma que la imagen fue mutilada por venganza en el siglo XII, durante el reinado del rey Vishnuvardhana. Dicho rey, que había perdido un dedo, se irritó cuando un gurú jainista

La ceremonia de unción, o Mahamastakabhisheka, se viene celebrando, por lo menos, desde 1398. Las mujeres son las encargadas de verter ofrendas sobre la cabeza de la estatua. En 1981, la llegada de un millón de peregrinos que acudían a la ceremonia (derecha) obligó a construir siete ciudades satélite.

Los indras, sacerdotes desnudos de los templos jainistas, dirigen la ceremonia del Mahamastakabhisheka. En 1780 declararon sagrados los 1.008 recipientes metálicos empleados para transportar agua bendita hasta lo alto de la colina, para verterla sobre la cabeza de Bahubali.

se negó a aceptar la comida ofrecida con su mano mutilada. En represalia, renegó de la religión jainista y ordenó mutilar la estatua. Ante leyendas tan pintorescas, resulta decepcionante constatar que lo más probable es que la causa del defecto fuera una fisura en la roca, que hizo que se desprendiera la punta del dedo. Para reparar en lo posible el desastre, los escultores tallaron una uña en el extremo del dedo acortado.

La conservación de la estatua de Bahubali es responsabilidad del Instituto Arqueológico de la India. Tras un milenio de permanecer expuesta sin protección alguna, la intemperie ha comenzado a atacar su pulida superficie gris. Además, la costumbre de arrojar sobre la estatua grandes cantidades de leche, mantequilla y cuajada a intervalos irregulares ha provocado una acumula-

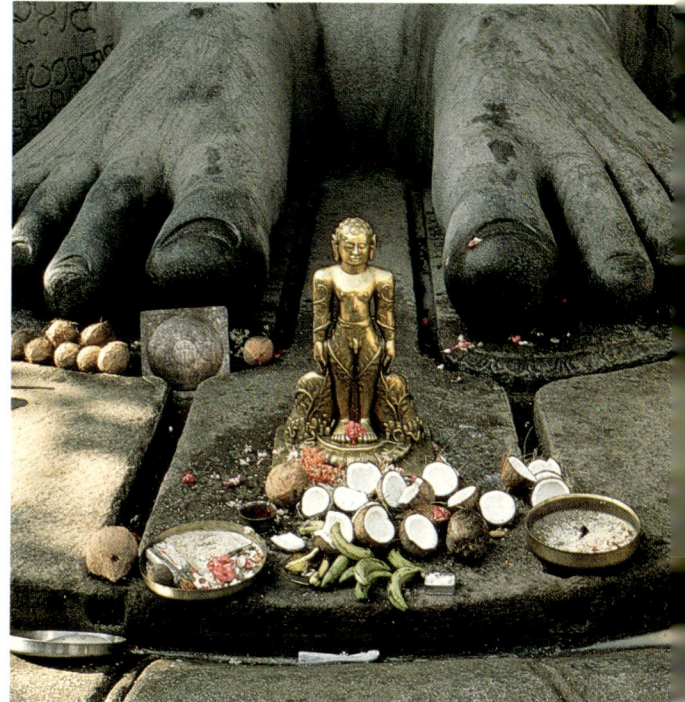

Para poder verter las ofrendas sobre la cabeza de la estatua se utilizan andamiajes ornamentados. Nada más terminarse la estatua, el rey Chamundaraya ordenó ungirla con leche. Pero, por mucha leche que se vertiera sobre la cabeza, jamás descendía por debajo del ombligo. Entonces llegó una anciana llamada Gullakayajji, trayendo unas gotas de leche en una cáscara de berenjena, y las vertió sobre la imagen. La leche no sólo cubrió toda la estatua, sino que fluyó hasta el valle, formando un estanque. Para conmemorar este milagro, se instaló una estatua de Gullakayajji en el claustro que rodea la imagen de Bahubali.

ción de grasa y favorecido el crecimiento de musgo y liquen. Pero lo más alarmante es la aparición de pequeñas grietas en toda la estatua, sobre todo en el rostro, y de zonas «picadas» donde la piedra ha comenzado a descascarillarse. Desde principios de los años cincuenta se han venido realizando experimentos con el fin de encontrar la mejor manera de desengrasar, limpiar y reparar la estatua.

En la actualidad, antes de la ceremonia del *Mahamastakabhisheka*, se aplica a la estatua una capa de cera de parafina con aceite disolvente, que permite que los materiales grasos de la leche y demás ofrendas fluyan libremente sobre la piedra, sin introducirse en los poros. Con este tratamiento, resulta mucho más fácil limpiar la estatua después.

Aunque se trata de la más grande, la estatua de Shravana Belgola no es la única imagen monumental del príncipe Bahubali. Existen cuatro copias, la mayor de las cuales, que se encuentra en Karkal, mide más de 12 metros y se esculpió en 1432. En Enur existe otra versión de 10 metros de altura, esculpida en 1604. En el Museo Príncipe de Gales de Bombay se conserva un magnífico Bahubali de bronce del siglo IX. Pero ninguna de estas figuras puede competir con la original, cuya grandeza se ve realzada por el misterio que rodea a su creación. Según palabras de un escritor, «se yergue como un gigante sobre las murallas de un castillo encantado, ileso aunque manchado por siglos de monzones, con su tranquila mirada dirigida al este, hacia una cordillera cercana, cubierta de bosques».

Las ofrendas colocadas a los pies de la estatua indican la variedad de sustancias con que se unge la cabeza: leche de coco, cuajada, mantequilla líquida, plátanos, piedras talladas, dátiles, almendras, semillas de adormidera, leche, monedas de oro, azafrán, pastas de sándalo de colores amarillo y rojo, azúcar y, en la ceremonia de 1887, nueve clases de piedras preciosas.

Monumento a la libertad

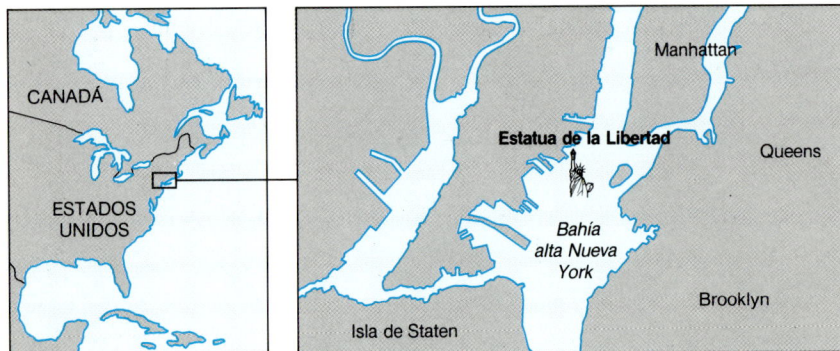

Datos básicos

Era el monumento más alto del mundo cuando fue regalada por Francia a los Estados Unidos de América, para conmemorar el centenario de su independencia de Gran Bretaña.

Diseñador: Frédéric-Auguste Bartholdi.

Fecha de construcción: 1875-1886.

Materiales: Cobre, hierro.

Altura: 92 m.

La isla de Bedloe, de 4,8 hectáreas de extensión, ofrecía un emplazamiento perfecto para la estatua en la bahía de Nueva York. La isla, que lleva el nombre de su propietario Isaac Bedloe, se ve desde todos los barcos que utilizan la bahía y penetran en el río Hudson, con el monumento en situación prominente.

No existe una estatua que transmita un simbolismo tan fuerte como el de la colosal escultura que domina el puerto de Nueva York, y que representa a una mujer enarbolando la antorcha de la libertad. Para 17 millones de emigrantes europeos, la estatua de la Libertad, que fue lo primero que vieron al aproximarse a la costa norteamericana, significaba una nueva vida en una tierra nueva. Uno de aquellos inmigrantes recuerda su impresión: «Era una visión bellísima, tras la terrible travesía de aquel mes de septiembre. Resultaba muy alentadora para todos nosotros, con el brazo levantado y la antorcha iluminando el camino.»

Exactamente así era como el escultor, Frédéric-Auguste Bartholdi, había concebido su gran obra: «Grandiosa como la idea que encarna, resplandeciendo sobre los dos mundos.» La primera sugerencia en favor de la estatua partió del historiador y político Edouard de Laboulaye, durante una cena celebrada cerca de Versalles en 1865. La figura simbolizaría la amistad entre Francia y Estados Unidos durante la revolución norteamericana, y conmemoraría el primer centenario de la nación estadounidense. Bartholdi, joven escultor con una sólida reputación, fue uno de los invitados al banquete que apoyaron la idea. En 1871 visitó los EE UU y no tardó en localizar el emplazamiento adecuado, en un islote de la bahía de Nueva York, al suroeste de Manhattan. Al regresar a Francia, comenzó a trabajar en los primeros modelos pequeños, ya con la idea de una mujer sosteniendo una antorcha.

Reunir el dinero para la estatua de la Libertad no resultó fácil. Por fin se logró financiar a base se sorteos y banquetes organizados por la Unión Franco-Americana de Francia; el gigantesco pedestal que la sostiene se sufragó con aportaciones norteamericanas, reunidas gracias al apoyo de Joseph Pulitzer y su periódico *The World*. Bartholdi se decidió por una estatua hecha con planchas de cobre batido, montadas sobre un armazón de hierro; el bronce o la piedra habrían resultado demasiado caros y muy difíciles de transportar.

Sabía que el método daría resultado, porque había estudiado la estatua de san Carlos Borromeo, realizada por G. B. Crespi en el siglo XVII, que se encuentra en el lago Mayor de Italia y mide 23 metros de altura. Bartholdi decidió que su estatua sería el doble de alta, lo que la convertiría en la más grande del mundo.

Para diseñar el armazón de sostén, consultó en primer lugar a Eugène-Emmanuel Viollet-le-Duc, sumo sacerdote del resurgimiento gótico en Francia. Pero éste falleció en 1879 sin haber concluido su tarea, y Bartholdi recurrió a Gustave Eiffel, ingeniero vanguardista especializado en estructuras de hierro. Eiffel propuso sostener la estatua con una torre central de hierro, firmemente anclada en el pedestal. La torre consistiría en un andamiaje de hierro con refuerzos diagonales; a este esqueleto básico se le acoplaría una estructura secundaria, más aproximada a la forma de la estatua, y de la que sobresaldría una serie de barras de hierro, planas y flexibles, que conectarían directamente con lo que podemos llamar la «piel» de la estatua.

Dicha «piel» consiste en 300 planchas de cobre, modeladas con la técnica conocida como repujado. Lo primero que hizo Bartholdi fue una serie de modelos de arcilla, de tamaño cada vez mayor, hasta perfeccionar la forma de la estatua. A partir de los modelos de escala 1/3, los trabajadores de los talleres Gaget, Gauthier et Cie, de París, realizaron copias de escayola de tamaño definitivo, con las que se construyeron moldes, rodeándolas con una estructura de madera. A continuación se modelaron las planchas de cobre, martilleándolas contra la forma en el interior de los moldes de madera. Se utilizaron planchas muy delgadas, de sólo 2,3 mm de grosor, solapando los bordes y remachando a través de orificios para unir cada plancha a sus vecinas. Para comprobar si el método daba resultado, se montó provisionalmente la estatua en el patio de Gaget, Gauthier et Cie. En 1885 —con nueve años de retraso respecto al centenario que pretendía conmemorar—, la estatua emprendió por fin el viaje a Nueva York.

Allí, la construcción del gigantesco pedestal también había sufrido retrasos. El diseño era del arquitecto norteamericano Richard Morris Hunt, especialista en el estilo artístico. Por sí solo, el pedestal ya representa una obra considerable, con sus 27 metros de altura sobre unos cimientos de 20 metros. El estilo elegido por Hunt es sólido y sencillo, con vagas influencias egipcias, y realza la estatua colocada sobre él. La construcción del pedestal se inició en 1883 y concluyó en 1886. Para entonces la estatua llevaba quince meses aguardando dentro de su embalaje. Para montarla se procedió de abajo a arriba, sin andamiajes exteriores. Según iba creciendo la infraestructura, se

Monumento a la libertad

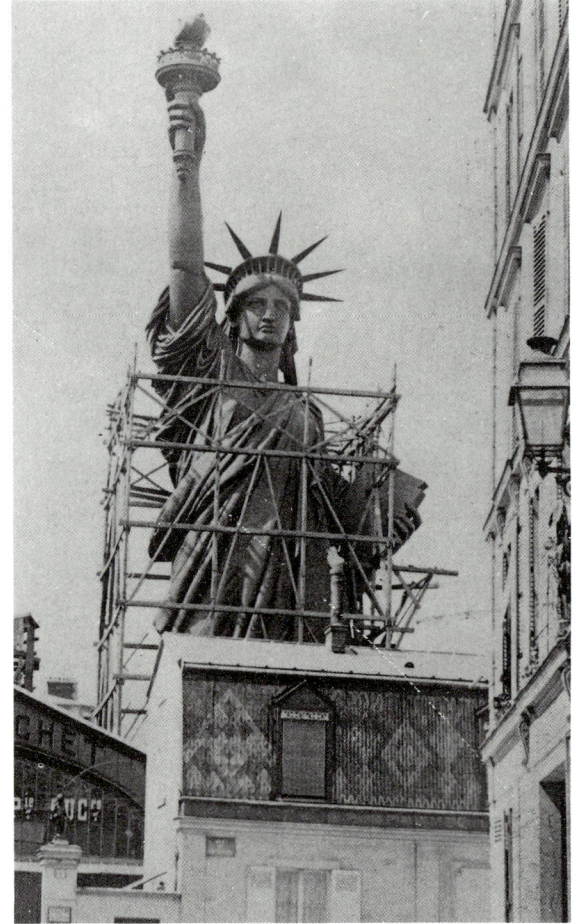

le acoplaban las planchas de cobre. Un trabajador se inclinaba sobre el borde y aplicaba los remaches. Por fin, en octubre de 1886 se pudo inaugurar la estatua.

Los métodos de construcción funcionaron bien, pero tuvieron un importante fallo: las barras de la estructura de hierro reaccionaron electrolíticamente con el cobre de la estatua, provocando una corrosión que en 1980 había causado ya graves daños en la estructura. Las barras se habían dilatado, haciendo saltar los remaches y creando aberturas por las que penetraba la lluvia, agravando el problema. La superficie interna del cobre se había pintado muchas veces para facilitar su conservación, pero había absorbido agua; y en algunos lugares, las barras de la estructura estaban rotas y sólo la pintura mantenía unidos los trozos. Las partes en peor estado de conservación eran la antorcha y la estructura que sostenía el brazo levantado.

Para procurar que la estatua durase otro siglo, se emprendió un ambicioso plan de restauración. Se sustituyeron todas las barras de hierro de la estructura por barras nuevas de acero inoxidable, trabajando poco a poco y cambiando unas pocas barras cada vez, para mantener la integridad de la estructura: se quitaban las barras viejas, se hacían copias exactas de acero y se instalaban éstas, utilizando los orificios originales para los remaches. Se tardó un año en cambiar 3.000 metros de barras de la estructura.

La reparación más importante consistió en cambiar la antorcha. Bartholdi había querido que la antorcha brillara, proyectando una fuerte luz desde la plataforma hacia la llama, que estaba dorada; pero el plan se desechó en el último momento, temiendo que la luz reflejada deslumbrara a los navegantes del puerto. En lugar de eso, se abrieron troneras y se instalaron luces en su inte-

En París se realizaron copias en yeso de los componentes de la estatua, en torno a las cuales se construyó un «negativo» de madera, con los contornos del modelo invertidos. Para hacer estas copias, de tamaño definitivo, se utilizaron técnicas de vaciado y torneado.

rior, produciendo un resultado mortecino, que Bartholdi comparó con el brillo de una luciérnaga.

En 1916, el escultor norteamericano Gutzon Borglum, creador del monumento del monte Rushmore, transformó la llama en un farol, abriendo ventanas, instalando cristales de color ámbar y encendiendo una luz en el interior. A estas alturas, la llama no se parecía en nada a la diseñada por Bartholdi, y además comenzaba a tener goteras, debilitándose por efecto de la corrosión.

Cuando se emprendió la restauración de los años ochenta, la llama se encontraba en tal mal estado que hubo que cambiarla entera. Se decidió entonces ceñirse lo más posible al diseño original de Bartholdi, y suprimir el farol de Borglum, que ahora se exhibe en el museo de la estatua. A tono con la tradición, el contrato se adjudicó a una empresa francesa, Les Métalliers Champenois, de Reims, que construyó una llama dorada tan semejante a la original como resultó posible. Se instalaron luces modernas, mucho más intensas que las existentes en tiempos de Bartholdi, y ahora, por fin, la llama brilla de noche como Bartholdi había deseado.

Incongruente imagen de la estatua de la Libertad en la fábrica parisina de Gaget, Gauthier. Las planchas de cobre se montaron de abajo a arriba, utilizando sólo uno de cada diez remaches para este montaje provisional, de manera que se pudiera desmantelar con facilidad para introducir las piezas en 210 cajas y embarcarlas hacia Nueva York.

Antorcha

Acceso a la antorcha

Plataforma de observación en la corona

Los siete radios de la corona simbolizan los siete continentes y mares del mundo. En la tablilla, de 7,3 metros, está grabada en números romanos la fecha «4 de julio de 1776», el día en que los Estados Unidos se declararon independientes. La estatua es capaz de oscilar 7,5 cm con un viento de 80 km/h, lo cual demuestra el acierto de Eiffel al combinar resistencia con flexibilidad.

La antorcha y la llama fueron las primeras partes de la estatua que llegaron a Estados Unidos, ya que fueron enviadas a la Exposición del Centenario, en Filadelfia, en 1876. Tras haber sido expuestas en Madison Square Park, Nueva York, se enviaron de vuelta a París en 1883, para modificar el diseño de la llama.

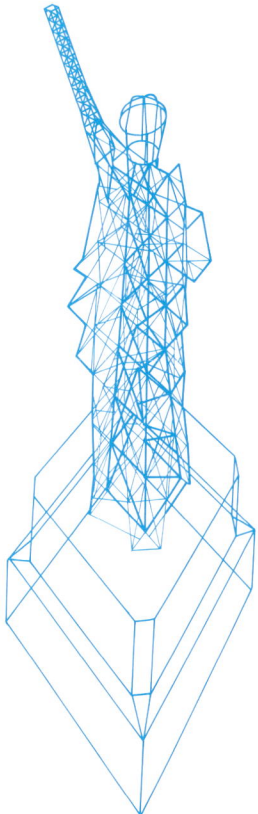

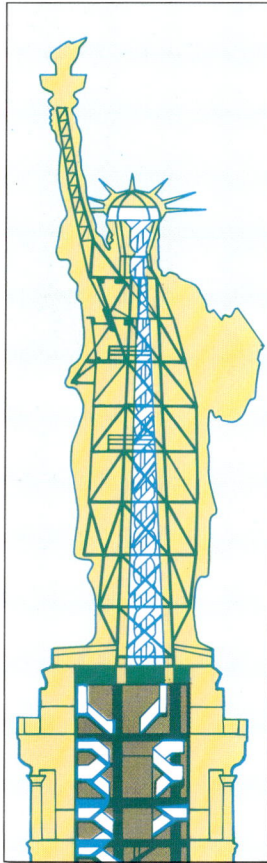

Esquema del esqueleto de hierro de la estatua (izquierda), realizado por ordenador durante la restauración efectuada entre 1982 y 1986. La red de armazones fijada a la torre central es la única parte basada en las ideas de Viollet-le-Duc. Las dos escaleras de caracol (arriba) comunican la base con la corona, donde existe una plataforma de observación con 25 ventanas y capacidad para 30 visitantes.

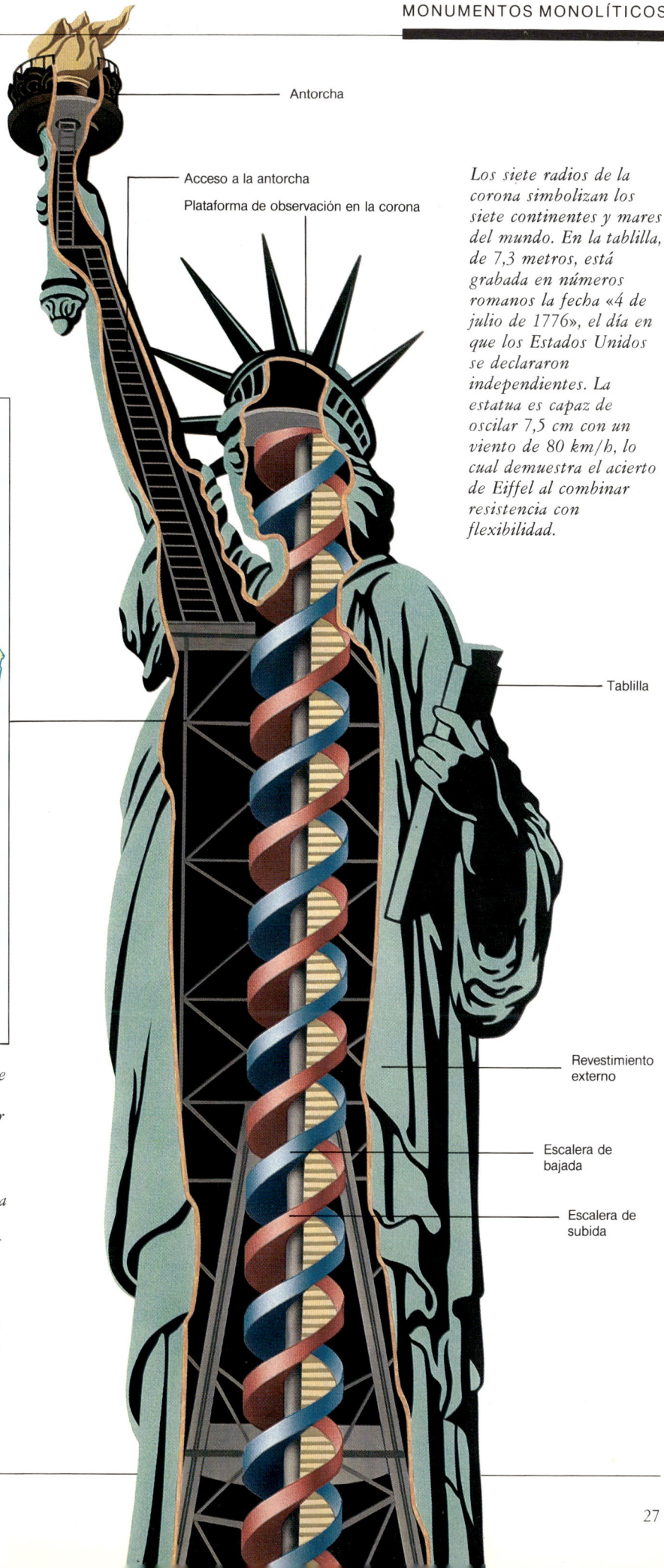

Tablilla

Revestimiento externo

Escalera de bajada

Escalera de subida

Forjadores de una nación

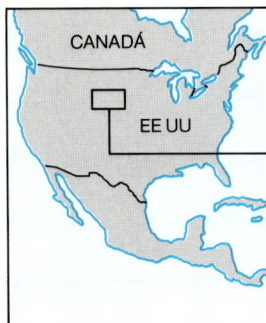

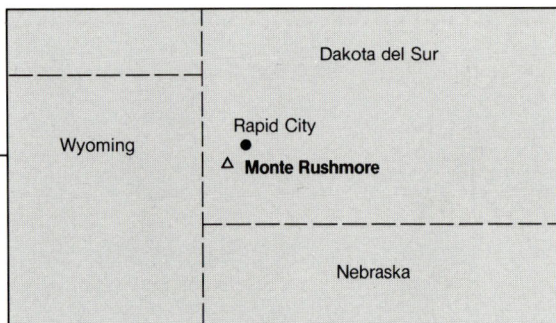

Datos básicos

La mayor escultura del mundo, tallada en una pared de granito.

Escultor: Gutzon Borglum.

Fecha de construcción: 1927-1941.

Material: Granito.

Altura: 18 m.

Roca extraída: 450.000 toneladas.

La escultura más grande del mundo se encuentra en las Colinas Negras de Dakota del Sur, EE UU. Su autor es Gutzon Borglum, y representa los rostros de cuatro presidentes norteamericanos, tallados en una pared de granito. Cada rostro mide unos 18 metros de altura, y para esculpir el grupo fue necesario retirar 450.000 toneladas de roca con explosivos, taladros neumáticos y cinceles. Las narices miden seis metros, las bocas cinco y medio, los ojos más de tres metros. Si tuvieran cuerpos de la misma escala, los cuatro presidentes —George Washington, Thomas Jefferson, Abraham Lincoln y Theodore Roosevelt— medirían 140 metros de altura.

La realización de la obra duró más de quince años, aunque la mayor parte de este tiempo no se pasó en la roca, sino en un estrado, tratando de reunir el dinero necesario. El responsable de la idea fue Doane Robinson, abogado y escritor que a principios de los años veinte obtuvo el cargo de historiador oficial de Dakota del Sur. En 1923 se le ocurrió la idea de encargar una escultura gigantesca en las Colinas Negras, para atraer más turistas al estado. Como no logró interesar al escultor Lorado Taft, Robinson le planteó la idea a Gutzon Borglum. Había encontrado al hombre adecuado, tal vez el único dotado de la confianza y el talento necesarios para convertir su sueño en realidad.

Borglum era un escultor de éxito, ávido de publicidad y con muy poco tacto. Era hijo de un inmigrante danés, estudió arte en San Francisco y París, y trabajó durante tres años en Londres antes de establecerse en Nueva York. Esculpió 100 estatuas para la catedral de San Juan el Divino de Nueva York, e inició su carrera en el campo del gigantismo con una cabeza de Abraham Lincoln tallada en un bloque de mármol de seis toneladas, que actualmente se encuentra en la rotonda Capital de Washington.

Esto le convenció de la necesidad de realizar esculturas gigantescas, dignas de lo que él llamaba la Era Colosal. «El volumen, las grandes masas, tienen más efecto emocional sobre el observador que la calidad de las formas —escribió—. La calidad de las formas afecta a la mente; el volumen sacude los centros nerviosos o del alma, y ejerce un efecto sobre las emociones.» Lamentándose de que en EE UU no existiera un monumento más grande que una caja de rapé, Borglum se propuso remediar la deficiencia. Encontró su lienzo en el monte Rushmore, un gran precipicio de 120 metros de altura y 150 de anchura, que se alzaba como una muralla de piedra por encima de los pinos y la vegetación.

Aunque Borglum declaró más de una vez que resultaría fácil reunir el dinero para el proyecto, estaba muy equivocado. A pesar de todo, Borglum, Robinson y dos senadores de Dakota del Sur lograron por fin convencer al Congreso de que subvencionara la obra con 250.000 dólares, la mitad del coste previsto, confiando en reunir el resto a base de donativos del público. El Congreso aprobó la subvención y el presidente Calvin Coolidge la ratificó justo a tiempo: a los pocos meses, el hundimiento de la Bolsa de 1929 había destruido fortunas enteras, y no se habría concedido dinero para un proyecto tan frívolo como parecía aquél de esculpir rostros en una montaña.

Al parecer, Borglum estaba convencido de que ya disponía del dinero suficiente para iniciar el trabajo. Pero apenas conocía la roca y no sabía si se podría trabajar con ella. Tampoco tenía ideas preconcebidas sobre el aspecto definitivo de la escultura. Decidió que la cabeza de Washington debía dominar el grupo, y comenzó a esculpirla sin saber aún dónde irían las demás cabezas. La única manera de proceder, afirmó, era adecuar las formas a la piedra. «Una obra escultórica en una

El capataz William Tallman, colgado del párpado inferior de Jefferson, cuando el ojo estaba aún sin terminar. Para evitar que los ojos tuvieran una mirada vacía, Borglum talló una pupila lo bastante profunda como para permanecer siempre en sombra, dejando en su centro un saliente de roca para representar el reflejo de la luz sobre la pupila.

montaña debe *integrarse* en la montaña, formando parte natural de ella; de lo contrario, se convierte en un añadido mecánico repelente.» Cuando terminara la cabeza de Washington, ya decidiría cómo combinar con ella la siguiente cabeza.

La elección del monte Rushmore se debió en parte a que el granito de grano fino parecía esculpible. Era durísimo, pero aun así tenía una superficie desgastada que se podía desprender, dejando al descubierto roca lisa e intacta, adecuada para la escultura. Para la primera cabeza, la del primer presidente, George Washington, Borglum arrancó nueve metros de roca. La cabeza más hundida del grupo, la de Theodore Roosevelt, exigió el desprendimiento de 36 metros de roca.

El problema de crear rostros convincentes para los cuatro presidentes se resolvió por un método muy sencillo, inventado por el propio Borglum. Primero, preparó maquetas de 1/12 (una pulgada en la maqueta equivalía a un pie en la montaña) del tamaño definitivo. En el centro de la cabeza

de cada maqueta instaló un indicador giratorio, con un transportador para medir el ángulo exacto del indicador, a la derecha o a la izquierda. Del indicador colgó una plomada que podía desplazarse a lo largo del mismo, así como subir y bajar. De este modo, cualquier punto del rostro de la maqueta quedaba definido por el ángulo del indicador, la posición del punto de suspensión y la longitud vertical de la plomada. A continuación, instaló un indicador similar, pero mucho más grande, de 10 metros de longitud, en el centro de lo que sería la cabeza tallada en la montaña. Las mediciones tomadas desde cualquier punto de la maqueta podían trasladarse al punto equivalente de la roca, para así determinar la cantidad de roca que debía arrancarse. El sistema resultaba sencillo y efectivo, y no se necesitó otro sistema de medición para completar la escultura.

Los operarios contratados para realizar el trabajo eran mineros y canteros, familiarizados con el manejo de taladros neumáticos y explosivos, pero no acostumbrados a trabajar colgados como arañas en la pared de una montaña de casi 1.800

El monte Rushmore, con sus 1.745 metros de altitud, domina el paisaje circundante y ofrecía a Borglum una pared de granito de grano fino orientada al este, la mejor dirección para que la luz cayera sobre las figuras. La colocación definitiva de George Washington, Thomas Jefferson, Theodore Roosevelt y Abraham Lincoln se decidió sobre el terreno, comenzando por Washington.

Forjadores de una nación

metros de altura. Para llegar a sus puntos de trabajo se ataban a un dispositivo semejante a un columpio y caminaban hacia atrás por el precipicio, mientras un hombre soltaba cable con un torno. Para mantenerse fijos mientras taladraban la roca, primero tenían que insertar dos tornillos y una cadena, que se pasaban por la espalda para apoyarse en ella. La roca era tan dura que las puntas de los taladros se embotaban con rapidez, y hubo que contratar a un herrero, a tiempo completo, para afilarlas.

Para comenzar a esculpir cada rostro, se crearon en primer lugar volúmenes ovoides de roca limpia, con la superficie de uno a dos metros por encima del perfil definitivo. A continuación se utilizaban los indicadores, trasladando a la roca las instrucciones para esculpirla. Los contornos aproximados se esculpieron taladrando en cuadrículas y arrancando la roca con cincel. Los toques finales se aplicaron siguiendo las instrucciones de Borglum, que hizo gala de un gran talento para saber lo que se necesitaba para infundir vida a los rostros. Entre los toques más inspirados figuran la barba de Lincoln, definida mediante líneas verticales en la roca, y las gafas de Roosevelt, sugeridas mediante el puente sobre la nariz y un mero esbozo del borde de la montura alrededor de los ojos.

El trabajo prosiguió durante toda la década de los treinta, con frecuentes pausas cuando se agotaban los fondos o las condiciones meteorológicas eran adversas. Cuando falleció Borglum, el 6 de marzo de 1941, el monumento estaba prácticamente terminado. De los toques finales se encargó su hijo, Lincoln Borglum, que había empezado a trabajar en el proyecto a los quince años, manejando el indicador. El coste definitivo ascendió a poco menos de un millón de dólares. Sólo en un sitio —el labio superior de Jefferson, donde se encontró una zona de feldespato imposible de tallar— fue preciso «remendar» la escultura. Para ello se insertó un pequeño bloque de granito, de 60 cm de longitud y 25 de anchura, pegándolo con azufre fundido. En la actualidad, cada año acuden a las Colinas Negras dos millones de personas para admirar el monumento del monte Rushmore, justificando todas las esperanzas puestas en él por Doane Robinson.

En 1991, para celebrar el quincuagésimo aniversario del monumento, se emprendió un plan de restauración con un presupuesto de 40 millones de dólares, que incluirá el primer análisis estructural de las esculturas para comprobar que no se están formando grietas en la roca. Se llevarán a cabo las reparaciones necesarias y se obtendrán otras informaciones que faciliten la gestión de lo que Dan Wenk, superintendente del monte Rushmore, ha denominado «este importante recurso».

La principal alteración introducida por Borglum fue el cambio de posición de la cabeza de Jefferson, después de haber iniciado el trabajo. Tal como se ve desde la carretera, iba a estar situada a la izquierda de Washington (abajo), pero la roca era inestable y a Borglum no le gustó la perspectiva. Para colmo, al cambiar la posición, una grieta en la nariz obligó a inclinar la cabeza hacia atrás.

El rostro recién tallado de Jefferson permite apreciar la técnica de «colmena» para esculpir: se perforan orificios muy juntos y se arranca la roca intermedia con un cincel. El granito resultó ser tan duro que Borglum tuvo que renunciar a su intención de no emplear dinamita, ya que usando sólo martillos neumáticos el trabajo habría durado décadas. Después de la técnica de la colmena se utilizaban martillos neumáticos más ligeros para suavizar los contornos y crear detalles.

La cabeza ya terminada de Jefferson, con Washington más al fondo, antes de empezar con las de Roosevelt y Lincoln. Jefferson es el único de los cuatro que aparece retratado tal como era antes de convertirse en presidente. El número de operarios que trabajaban en el monumento variaba según el tiempo y los fondos disponibles; a veces sólo había uno, y otras veces llegaba a haber 70, pero la media estaba en torno a 30. La jornada comenzaba a las 7,30 de la mañana, después de subir 760 escalones hasta lo alto de la montaña. Un cable transportador izaba los materiales.

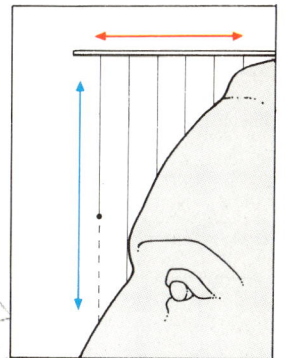

Borglum utilizó maquetas, transfiriendo su diseño a la montaña por medio de una «máquina transportadora», con un indicador giratorio montado en el centro de la cabeza de cada modelo (arriba).

El indicador (derecha) disponía de un transportador de ángulos y una cuerda de plomada que se podía desplazar a lo largo del indicador, para transferir las medidas.

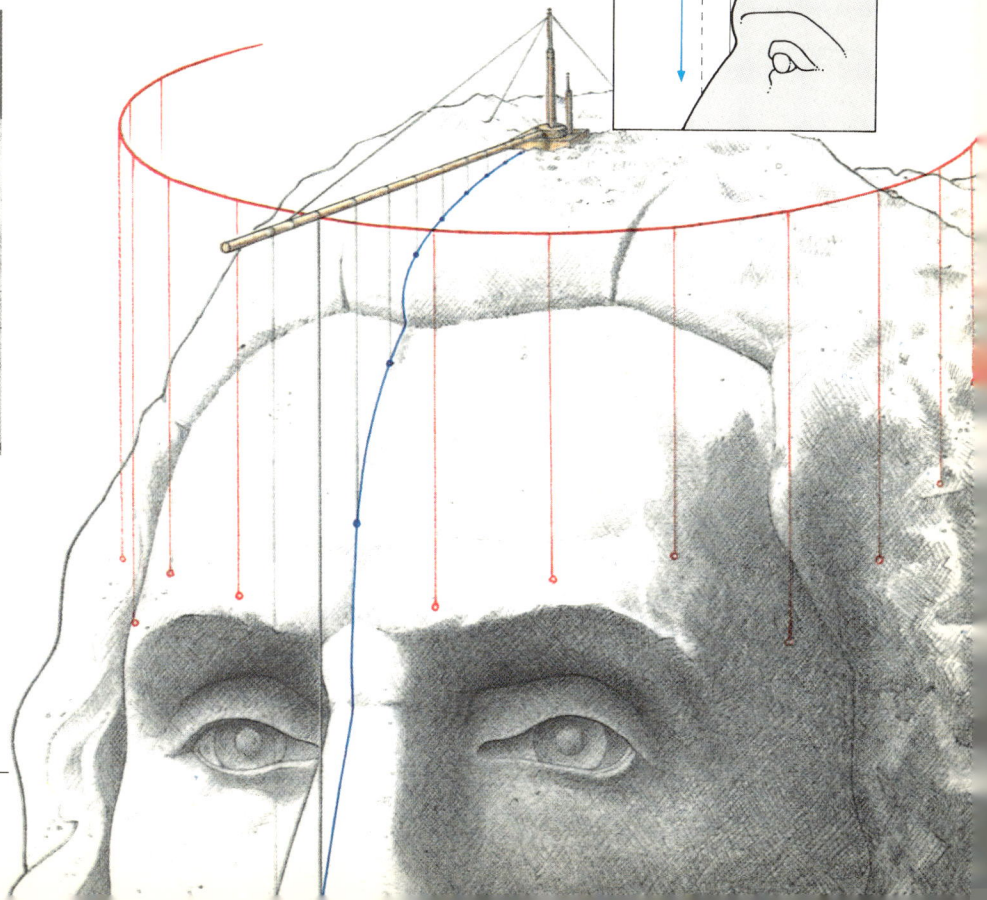

Monumento a la victoria

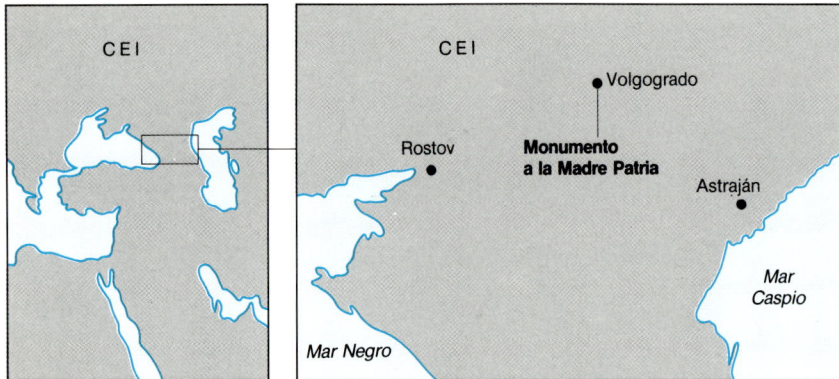

Datos básicos

La estatua de cuerpo entero más grande del mundo.

Escultor: Yevgeni Vuchetich.

Fecha de construcción: 1959-1967.

Material: Hormigón armado.

Altura: 82 m.

En el invierno de 1942-43 se libró en Stalingrado, a orillas del Volga, una de las batallas decisivas de la segunda guerra mundial. Las fuerzas alemanas habían avanzado en agosto de 1942 hasta formar un frente de ocho kilómetros al norte de Stalingrado, y la 62ª División soviética se exponía a quedar rodeada y destruida por la 6ª División del ejército alemán, mandada por el general Friedrich von Paulus, y la 4ª División Panzer.

Lo que siguió fue una de las defensas más memorables de la historia, una batalla en la que se movilizó hasta la última persona útil con el fin de derrotar al enemigo. Atacantes y defensores tuvieron que soportar condiciones durísimas y ambos bandos sufrieron terribles bajas: entre febrero de 1943 (cuando concluyó la batalla) y abril del mismo año, recibieron sepultura 147.200 soldados alemanes y 47.700 rusos. De las 48.190 casas que existían en Stalingrado al comienzo de la batalla, 41.685 quedaron destruidas por los bombardeos, el fuego o la artillería.

Algunos de los enfrentamientos más duros tuvieron lugar en una pequeña colina situada al norte del centro de la ciudad, la colina Mamayev, llamada así en honor del kan tártaro Mamai, que acampó en ella durante sus campañas, y que figuraba en los mapas militares como la «Cota 102» (su altitud en metros). La lucha por el control de este importantísimo punto estratégico duró más de cuatro meses a finales de 1942. Por fin, el 26 de enero de 1943, las unidades de la 21ª División soviética, procedentes del oeste, lograron contactar en esta colina con la 62ª División, que había cargado con el peso de la defensa de la ciudad. Las tropas alemanas quedaron cortadas en dos y pronto fueron derrotadas.

Los combates fueron tan intensos que alteraron la forma de la colina, la cual permaneció negra a pesar de la crudeza del invierno, ya que el fuego continuo fundía la nieve. Al llegar la primavera no creció nada de hierba. No existía en toda la colina Mamayev un puñado de tierra que no contuviera, al menos, siete u ocho fragmentos de metralla.

La colina sigue dominando la ciudad, que pasó a llamarse Volgogrado tras la muerte y posterior caída en desgracia de Stalin. En ella se alza ahora el monumento de guerra más grandioso de la antigua Unión Soviética, cuyo elemento principal es una gigantesca escultura de hormigón armado que representa a la Madre Rusia, bajo la forma de una mujer algo ligera de ropa que llama a sus hijos para que se alcen en su defensa. La estatua, obra del escultor Yevgeni Vuchetich, es la figura de cuerpo entero más grande del mundo: mide 82 metros desde la base del pedestal a la punta de la espada que empuña; y sólo la espada, hecha de acero inoxidable, mide más de 27 metros y pesa 14 toneladas.

Aunque la estatua es impresionante y se ve desde cualquier punto de la ciudad, no constituye más que uno de los elementos de un colosal monumento de guerra, diseñado para contemplarse como un espectáculo dramático. Todo el concepto es obra de Vuchetich, que ganó en 1959 el concurso de diseños para un monumento a los caídos en Stalingrado. La realización duró ocho años y el monumento no se inauguró hasta el 15 de octubre de 1967.

Vuchetich, que falleció en 1974, fue un prolífico escultor que dedicó gran parte de su carrera a glorificar al pueblo soviético y su triunfo en la Gran Guerra Patriótica. Realizó más de 40 bustos de generales, oficiales y soldados, y existen monumentos suyos por lo menos en diez ciudades de la antigua Unión Soviética. También es obra suya el magnífico monumento al ejército soviético que se alza en el parque Treptow, de Berlín. Nació en Dniepropetrovsk en 1908 y estudió en la Escuela de Arte Rostov y en la Academia de Artes de Leningrado. Durante la guerra sufrió neurosis de combate. Una vez finalizada la contienda trabajó en el Estudio Grekov de Pintores de Obras Bélicas.

El monumento que diseñó para Volgogrado es didáctico y militante, un discurso del Politburó hecho piedra.

Comienza al pie de la colina, en la avenida Lenin, donde un mural de piedra representa una procesión que avanza colina arriba, llevando flores, coronas y banderas en honor de los caídos. Los rostros de hombres y mujeres reflejan un profundo dolor, pero también una firme determinación socialista. A la cabeza de la procesión marchan un hombre con el brazo extendido hacia la colina y una niña con un humilde ramo de flores. Delante de ellos comienza una escalinata que conduce a un sendero ascendente, flanqueado de álamos. Desde el comienzo mismo del sendero se divisa ya la enorme figura de la Madre Patria en lo alto de la colina, avanzando contra el viento que hace ondear sus velos. Parece estar gritando algo y señala hacia el Volga. El mensaje resulta

Monumento a la victoria

inconfundible: está llamando a sus hijos para que se alcen en defensa de su país.

Pero antes de llegar a la gigantesca figura, se pasa ante otra más pequeña, que representa a un soldado emergiendo de un estanque, con el torso desnudo, una granada en la mano derecha y una metralleta en la izquierda. Esta imagen idealizada del Ejército Rojo no es ningún alfeñique, ya que supera los 12 metros de altura. Vuchetich llamó a esta escultura *Lucha a muerte* y declaró que representaba a todo el pueblo soviético disponiéndose a asestar un golpe devastador al enemigo. «Su figura, labrada en la piedra que sobresale del agua, se convierte en una especie de firme baluarte contra el fascismo», declaró Vuchetich, cuya prosa tenía mucho en común con sus esculturas.

Tras esta simbólica pieza de realismo socialista, Vuchetich decidió levantar dos grandes muros, con perspectiva convergente, que transmitieran la imagen de la ciudad en ruinas. Como el resto del monumento, tienen un tamaño gigantesco, con 50 metros de longitud y 18 de altura. Los muros, ennegrecidos por el fuego, están cubiertos de inscripciones y escenas de la batalla. «Adelante, siempre adelante», reza una de las más típicas. Al final del muro de la derecha se ha representado un incidente auténtico de la batalla: el sacrificio del joven Mijail Panikaja, miembro del Komsomol (la organización juvenil comunista), que, habiéndosele terminado las granadas, destruyó un tanque alemán arrojándose sobre él con un *cóctel mólotov* encendido en la mano.

La siguiente parada en la ascensión es la Plaza de los Héroes, un amplio espacio abierto, rodeado de muros decorados con nuevas escenas de heroísmo. Un poco más allá, se llega al salón de la Gloria Militar, un enorme y resplandeciente recinto, con muros exteriores de granito gris pero con las paredes interiores repletas de incrustaciones de oro y cobre y que tienen inscritos los nombres de 7.200 soldados soviéticos que cayeron en Stalingrado. En el centro del recinto, una gigantesca mano recubierta de esquirlas de mármol sostiene una antorcha con llama eterna.

En la antorcha aparecen inscritas las palabras «Gloria, Gloria, Gloria», y el monumento está rodeado por una guardia de honor de la guarnición de Volgogrado.

Como si no estuvieran seguros de que los numerosos relieves, inscripciones y esculturas bastaran, por sí solos, para impresionar al público soviético, Vuchetich y sus colaboradores recurrieron también al sonido para establecer la atmósfera adecuada.

En los *Muros en Ruinas* se puede escuchar música de Bach, canciones de guerra, estampidos de cañón, gritos de soldados y la voz quebrada de un locutor de radio. En el salón de la Gloria Militar

La construcción del complejo monumental duró ocho años. Hubo que extraer más de un millón de metros cúbicos de tierra y aplicar más de 20.000 metros cúbicos de hormigón. A la izquierda de la Madre Patria se encuentra El Dolor de una Madre, que contribuye a equilibrar la masa del salón de la Gloria Militar, al otro lado de la plaza. La madre que se inclina sobre el cadáver de su hijo recuerda la Piedad de Miguel Ángel, donde los personajes son Jesucristo y la Virgen.

se oyen los *Sueños* de Schumann, tristes y solemnes.

Alrededor del salón de la Gloria Militar (también conocido como el Panteón) hay otra plaza, llamada Plaza del Dolor, donde se alza otra estatua, que representa a una mujer inclinada sobre el cuerpo de su hijo muerto. Por fin, tras otro breve ascenso, se llega a la base del pedestal de la Madre Patria. A lo largo del sendero de hormigón que serpentea colina arriba se encuentran las tumbas de numerosos héroes de la Unión Soviética caídos en la batalla, con dedicatorias como éstas:

«Al teniente mayor de la Guardia Vladimir Petrovich Jazov, Héroe de la Unión Soviética, ¡Gloria Eterna!», «Al sargento primero Pavel Mijailovich Smirnov, Héroe de la Unión Soviética, ¡Gloria Eterna!»

Desde distintos puntos del sendero se pueden contemplar diferentes perspectivas de la estatua. Por fin, desde los pies de la misma, uno mira ha-

La estatua de la Madre Patria (izquierda) no está sujeta a su pedestal, sino que se sostiene por su propio peso. Sólo la tela que ondea al viento a su espalda pesa 250 toneladas. La estatua resulta impresionante desde cualquier punto de vista.

cia arriba y comprueba, según palabras de un autor soviético, que la colosal figura con los brazos abiertos y extendidos abarca la mitad del cielo. Como música de fondo suena *Gloria*, el himno de Glinka. Durante las noches de invierno, la estatua se ilumina con reflectores.

Todo el conjunto tiene un aire típicamente soviético y representó una de las principales justificaciones del Partido Comunista para regir el país: la victoria en la Gran Guerra Patriótica. Para los comunistas convencidos y para los veteranos de guerra, visitar el monumento es una experiencia emocionante. Hoy, los más jóvenes y escépticos tienden a considerarlo como una de las producciones grandiosas típicas de los años en que Leónidas Brezhnev condujo al país al estancamiento, y llaman a la colosal estatua de la Madre Patria «La tía de Brezhnev». Sin embargo, no deberían quejarse: en otros tiempos no se habría erigido en Volgogrado una estatua de la Madre Rusia, sino del propio Stalin, y eso habría resultado mucho más difícil de digerir.

Lucha a muerte *(arriba)* se encuentra en el eje central del complejo y está hecho con un bloque de hormigón armado e impermeabilizado, revestido de planchas de granito. El estanque del que surge la escultura está rodeado de abedules, el árbol más característico de los bosques rusos.

El salón de la Gloria Militar (izquierda) está decorado con 34 mosaicos en forma de banderas con crespones negros. El suelo está pavimentado con mármoles negros, grises y rojos.

CAPÍTULO DOS

Maravillas arquitectónicas

LOS grandes edificios se diseñan con una intención. Algunos honran a Dios y otros simbolizan el poder de un gobernante; desde que los seres humanos comenzaron a amontonar piedras, se han construido templos, catedrales y palacios. Algunos son monumentos a la riqueza o instrumentos de guerra; otros son santuarios de la cultura o el deporte. Varios de ellos reflejan un deseo, existente en todas las épocas, de construir estructuras cada vez más altas y más grandes, que pongan a prueba la tecnología de su tiempo e incluso superen sus límites. Muchas torres se han hundido porque la ambición fue superior al conocimiento de las leyes de la construcción; una de las torres caídas más famosas es la aguja gótica de Fonthill, que figura en el apéndice.

Aunque el propósito de estas construcciones puede variar, ninguna de ellas se habría creado si no tuviera una función, ya que los arquitectos, a diferencia de otros artistas, no pueden trabajar sin un cliente dispuesto a pagar la factura.

Todas las construcciones que aquí se describen son únicas en algún sentido: la primera, la más grande, la más alta, la más original o la más fantástica de su clase. Algunas de ellas pueden jactarse de haber abierto nuevos campos en el arte de la construcción, como el Crystal Palace de Londres, la torre Eiffel o el Superdome de Nueva Orleans. Otras se han seleccionado porque reflejan las obsesiones de un hombre concreto, como Antonio Gaudí o Félix Houphouet-Boigny, decididos a dejar tras ellos un testamento de piedra u hormigón. Tenemos también misterios como la gran pirámide de Cholula, fantasías de ciencia-ficción como la Biosfera II, y empresas que rozan la locura, como el Teatro de la Ópera de Sidney, en el que se hizo realidad una hermosa idea pasando sobre toda clase de dificultades.

Toda cultura importante ha producido grandes edificios; en algunas ocasiones, es lo único que ha quedado de ellas. Aquí ofrecemos una selección de los más notables, que abarca un período de cuatro mil años. Si la arquitectura es, como dijo un gran filósofo alemán, música congelada, aquí tenemos algunos de los sonidos más fuertes y algunos de los más dulces que la humanidad ha logrado producir.

Maravillas arquitectónicas

Templo de Amón en Karnak

Pirámide de Cholula

Pirámides: santuarios de la antigüedad

Krak des Chevaliers

Palacio del Vaticano

La Ciudad Prohibida

Crystal Palace

La influencia de Paxton

La Sagrada Familia

El genio creativo de Gaudí

La torre Eiffel

Otras obras de Eiffel

Isla de Manhattan

Epcot Center

Estadio olímpico de Munich

Teatro de la Ópera de Sidney

Superdome de Louisiana

La torre CN

Las torres más altas

Palacio del sultán de Brunei

Basílica de Nuestra Señora de la Paz

Biosfera II

El santuario del dios del viento

Mar Mediterráneo

Mar Rojo

El Cairo

EGIPTO

Río Nilo

Mar Rojo

Templo de Amón

Luxor

Datos básicos

El complejo religioso más grande que jamás se ha construido.

Constructores (edificios principales): Tutmosis I-Ramsés II.

Fecha de construcción: 1524-1212 a.C., aprox.

Material: Granito, arenisca y piedra caliza.

Extensión (Gran Patio): 8.500 m².

A orillas del Nilo, en un lugar que los egipcios consideraban como el punto del nacimiento del mundo entero, se alza el edificio religioso más grande jamás construido. El templo de Amón en Karnak (la antigua Tebas) es más que un edificio; su historia abarca más de 1.300 años y constituye todo un registro de la civilización egipcia, acumulado en capas superpuestas hasta formar un enorme y confuso conglomerado que impresiona más por sus dimensiones que por su belleza. En sus tiempos de apogeo, cuando Tebas dominaba Egipto, el templo de Amón estaba atendido por 81.000 esclavos y recibía tributos en oro, plata, cobre y piedras preciosas de otras 65 ciudades y poblaciones. Los numerosos edificios del conjunto tienen una sola cosa en común: todos se construyeron en honor del gran dios Amón y para asegurar larga vida y gran poder a sus constructores.

Los antiguos egipcios tenían muchos dioses y construían santuarios para atraer sus favores. Algunos dioses sólo tenían importancia local, pero otros pertenecían a la categoría de «grandes dioses», como Ra, el dios del Sol, considerado como fuente de toda vida en todo Egipto, aunque el centro de su culto estaba en Heliópolis, y Amón,

dios del viento y la fertilidad, al que en un principio sólo se adoraba en Tebas, pero que acabó convirtiéndose en «Rey de los dioses», formando una trinidad real con su esposa Mut y su hijo Khonsu. Sin embargo, no existían conflictos entre los grandes dioses, cada uno de los cuales podía incorporar cualidades de los otros. De este modo, con el beneplácito de los poderosos faraones, Amón adquirió los atributos de Ra, el dios del Sol, convirtiéndose en Amón-Ra, y adquiriendo así más importancia, por lo menos en Tebas. Poco a poco, los demás dioses empezaron a ser considerados como facetas de Amón, que, a base de absorber divinidades, se iba convirtiendo en un dios único y todopoderoso, cada vez más semejante al de la tradición judeo-cristiana.

La historia del templo de Amón coincide con el ascenso y caída de Tebas. El templo es todo lo que hoy queda de la ciudad, porque la gran urbe de Tebas, como todos los edificios domésticos de Egipto, estaba construida con ladrillos de arcilla y se ha desintegrado. Hasta las residencias de los faraones eran de ladrillo, y su mobiliario estaba diseñado para durar sólo una vida humana. En cambio, el templo era otra cosa. Se pretendía que durase toda una eternidad, y se construyó con granito, arenisca y caliza, extraídos y cortados con instrumentos y técnicas sumamente primitivos.

El granito procedía de las canteras de Asuán, la caliza de Tura, cerca de El Cairo, y la arenisca de diversos lugares del valle del Nilo. Parece que las rocas blandas se extraían con un instrumento semejante a un pico, pero no se ha conservado ningún ejemplar. Los bloques para la construcción se cortaban, al parecer, con una sierra, probablemente de cobre, utilizando un mineral abrasivo, como la arena de cuarzo, para aumentar su eficacia. Para perforar orificios se utilizaban taladros huecos de sección circular, también de cobre; se han encontrado los cilindros de piedra extraídos por este método, aunque no se han conservado sierras ni taladros.

Los egipcios utilizaban métodos de construcción bastante primitivos. El templo de Amón, por ejemplo, apenas tiene cimientos. Se daban por satisfechos con plantar los pilares sobre la base de roca. En Karnak, los desbordamientos de 1899 socavaron los frágiles cimientos del hipóstilo, haciendo caer 11 columnas. Esto permitió examinar los cimientos, que resultaron consistir en poco más que una zanja rellena de arena para nivelar la superficie, y más o menos un metro de piedras sueltas, colocadas encima de la arena.

El edificio más grande y espléndido de Karnak es el hipóstilo (palabra griega que significa «bajo columnas»), que actualmente parece un bosque de columnas. En sus tiempos tenía 134 columnas y era el edificio más grande que se construyó en la antigüedad, con 103 metros de longitud y 51 de

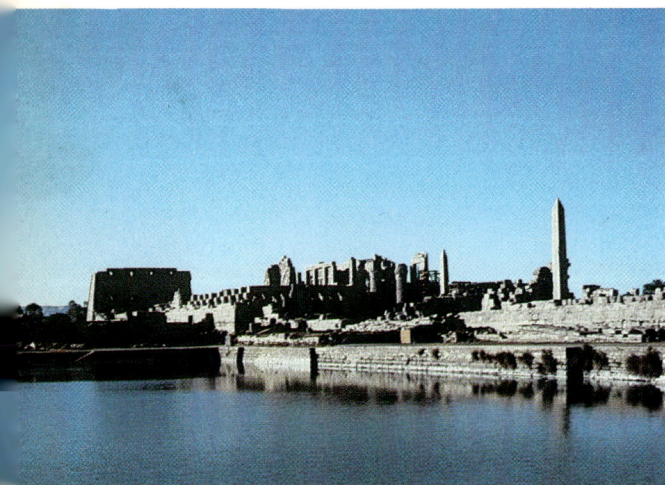

El lago sagrado (izquierda) que bordea la parte sureste del complejo de templos simboliza a Nun, el océano eterno en el que se purifican los sacerdotes de Amón. Las 134 columnas del hipóstilo (derecha) están dispuestas en 16 hileras, y las de la doble hilera central miden 21 metros de altura. Todas las superficies están decoradas con relieves e inscripciones.

El santuario del dios del viento

anchura. Las columnas de la doble hilera central miden 10 metros de circunferencia y 21 de altura.

A cada lado de esta doble hilera hay otras siete hileras de columnas, cada una de 14,5 metros de altura. El recinto, en el que cabe holgadamente la catedral de Notre-Dame de París, tenía un tejado de losas de piedra, más alto en el centro, y con claraboyas en la cúpula de la nave para iluminar el interior.

Dado lo rudimentario de los instrumentos disponibles, la construcción del enorme edificio constituye una hazaña asombrosa. Los egipcios no conocían la polea, y los bloques que forman las columnas y el tejado se izaron hasta su posición por medio de rampas hechas con ladrillos de arcilla. Se utilizaban andamios, pero sólo para pequeñas tareas de decoración y acabado de la piedra. Los obreros que construyeron el templo trabajaban en equipos con turnos fijos. Se llevaba un diario del trabajo realizado por cada equipo, donde también se registraba el peso de los instrumentos de cobre confiados a cada obrero, y se tomaba nota de las excusas alegadas en caso de ausencia. Se pagaba a los obreros con comida, leña, aceite y ropas, y a veces se añadía una gratificación en forma de vino, sal o carne.

El salón hipóstilo se diseñó y empezó a construir en tiempos de Ramsés I, cuyo reinado duró tan sólo dos años. Le sucedió su hijo, Seti I, en 1312 a.C., pero quien terminó el edificio fue el hijo de éste, Ramsés II, que sucedió a su padre en 1290 a.C. y reinó durante 67 años. Su afición por la construcción le llevó a construir más templos y monumentos que ningún otro faraón; entre las obras de su reinado figuran los templos de Abu Simbel.

La decoración exterior del hipóstilo representa la guerra de Ramsés II contra los hititas, incluyendo el texto literal del tratado de paz definitivo, que fue el primer tratado de no agresión de la historia. Incluye también una oración a Amón, pronunciada cuando Ramsés, abandonado por casi todo su ejército, se enfrentó a las fuerzas hititas: «Te invoco, padre Amón. Me encuentro rodeado de extraños a los que no conozco. Todas las naciones se han aliado contra mí. Estoy solo y no tengo a nadie... Pero te invoco y compruebo que Amón vale más que millones de soldados de a pie y cientos de miles de carros.» La pared norte describe las campañas de Seti I en Líbano, el sur de Palestina y Siria.

El edificio que hoy puede contemplarse es el resultado de una reconstrucción llevada a cabo principalmente por arqueólogos franceces. Cuando fue redescubierto por el ejército de Napoleón a finales del siglo XVIII, se encontraba en ruinas. Las columnas estaban caídas o inclinadas, y la arena cubría casi todo el conjunto. Tras largos

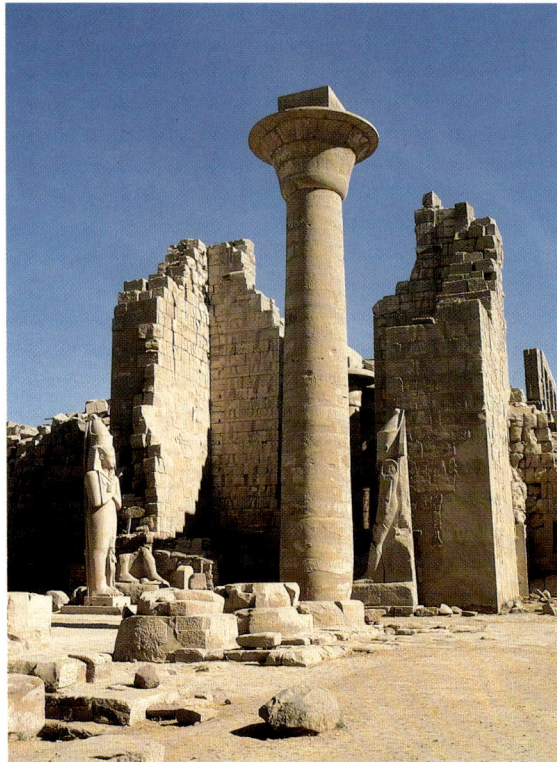

Los capiteles de las columnas (izquierda) tienen un diámetro superior a 3,65 m, con una superficie en la que cabrían 100 personas.

La decoración del hipóstilo ha proporcionado abundante información a los arqueólogos. Los egipcios no utilizaban arcos y casi nunca construían bóvedas; sus templos consistían en grandes columnatas techadas con bloques planos de piedra. Las limitaciones de tamaño de estos bloques de caliza y arenisca exigían un gran número de columnas.

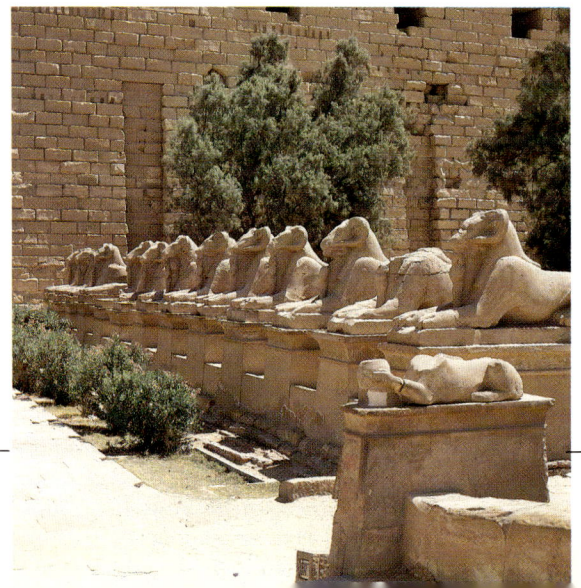

Una serie de esfinges con cabeza de carnero (derecha) guarda la entrada oeste al templo de Amón, desde el río Nilo. Las esfinges, con el disco solar en la cabeza y una estatua del faraón bajo la quijada, simbolizan la fuerza del dios del Sol (el león) y su docilidad (el carnero).

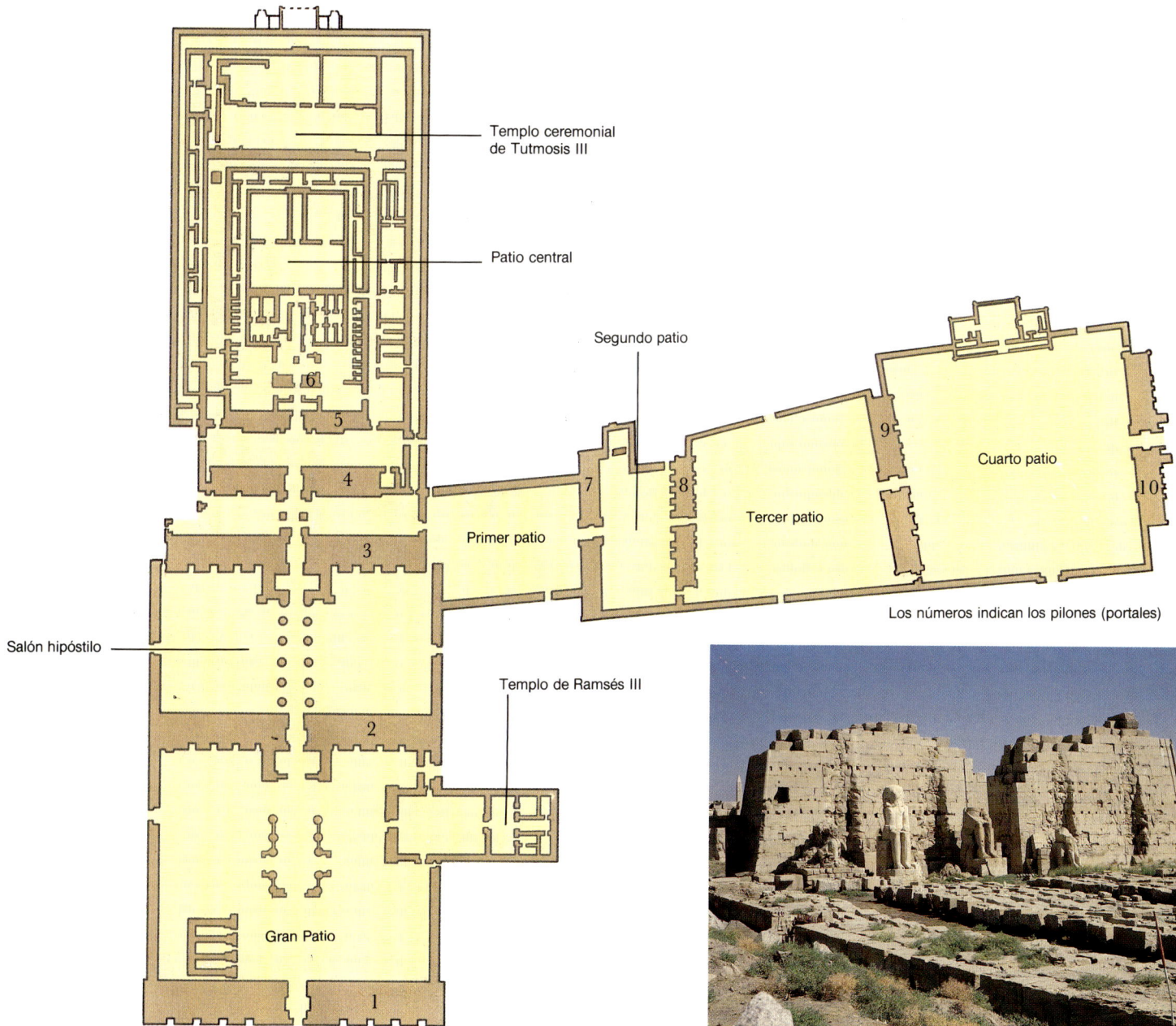

Templo ceremonial
de Tutmosis III

Patio central

Segundo patio

6

5

4

9

Cuarto patio

7

8

Tercer patio

10

3

Primer patio

Los números indican los pilones (portales)

Salón hipóstilo

Templo de Ramsés III

2

1

Gran Patio

años de trabajo, se logró reconstruir el edificio completo, menos el tejado.

El hipóstilo es tan sólo uno de los veinte templos, santuarios y recintos ceremoniales de Karnak. La última estructura que allí se construyó fue el gigantesco pilón, o portal, levantado por los últimos gobernantes nativos del antiguo Egipto, los faraones tolomeicos. Este enorme portal mide 15 metros de grosor, 113 de anchura y 44 de altura. Uno de sus muros está incompleto y todavía presenta el acabado tosco de la piedra sin pulir. También se conservan los restos de las rampas de ladrillo por las que se subían los bloques para construir el muro.

Al otro lado del portal se extiende un patio descubierto, construido por los faraones libios de la XXII dinastía (945-715 a.C.), y en el muro sur de este patio se alza uno de los templos egipcios

más bellos que se conservan, el de Ramsés III, que consta de un patio anterior, un salón con columnas y un santuario.

Todo el conjunto ocupa un espacio en el que cabrían diez catedrales europeas. Representa la postura imperial respecto a un dios cuyo templo, en sus tiempos de apogeo, durante el reinado de Ramsés III, controlaba por lo menos al 7 por 100 de la población egipcia y el 9 por 100 de la tierra, más 81.000 esclavos, 421.000 cabezas de ganado, 433 huertos, 46 centros de construcción y 83 barcos.

Los arqueólogos todavía siguen realizando descubrimientos en Karnak: en 1979-80 se desenterró un santuario completo, que constituye uno de los descubrimientos más importantes y espectaculares que se han llevado a cabo durante los últimos tiempos.

El octavo pilón lo mandó construir la reina Hatshepsut. Los pilones fueron una innovación introducida por Amenhotep III (1417-1379 a.C.) para señalar las entradas a los templos. Las paredes están inclinadas hacia dentro, y decoradas con escenas de las victorias del gobernante que hizo construir cada pilón. Las acanaladuras servían para introducir los mástiles de banderas ornamentales.

Una legendaria tumba

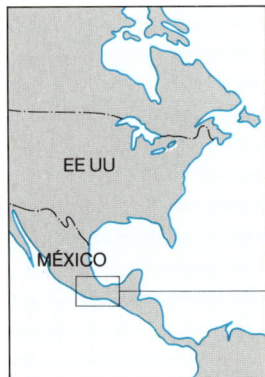

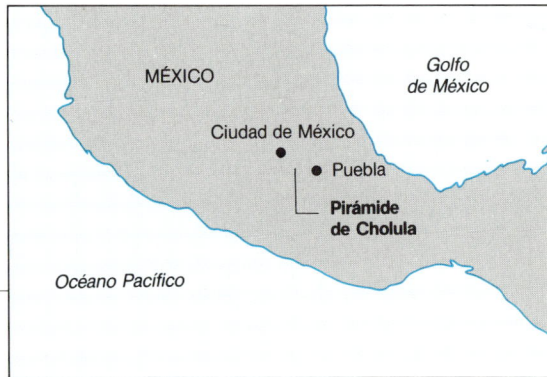

Datos básicos

La pirámide más grande del mundo.

Fecha de construcción: Siglos II al VIII.

Material: Adobe.

Altura: 60 m.

Base: 425 m de lado.

Cerca del tranquilo y apacible pueblo mexicano de Cholula se alza una bonita iglesia de estilo colonial, con una cúpula de tejas doradas y verdes, construida en lo alto de una extraña colina que se levanta en la llanura. La iglesia, construida por los conquistadores españoles, está dedicada a Nuestra Señora de los Remedios y es una de las muchas que existen en el pueblo, aunque presenta la particularidad de estar construida —posiblemente, sin que lo supieran los constructores— sobre otra estructura religiosa mucho más interesante. Porque la colina sobre la que se alza la iglesia no es un accidente natural, sino la pirámide más grande del mundo y la mayor estructura antigua del Nuevo Mundo. En realidad, no se trata de una sola pirámide, sino de cuatro por lo menos, cada una de ellas construida sobre una estructura anterior.

La gran pirámide, de 425 metros de lado y unos 60 metros de altura, se encontraba ya en ruinas y cubierta de espesos matorrales cuando llegaron aquí los primeros españoles. La construcción de la pirámide debió iniciarse en el siglo I o el II d.C., y las sucesivas ampliaciones continuaron hasta finales del siglo VIII, aunque se siguieron añadiendo modificaciones hasta el siglo XII. En la construcción de tan enorme estructura debieron participar muchos miles de personas, bajo las órdenes de una casta sacerdotal que ejercía un poder absoluto. Las pirámides más antiguas de Cholula son contemporáneas de las dos grandes pirámides de Teotihuacán, una ciudad más grande, situada 160 km al norte, que en sus tiempos de apogeo fue capital de un importante imperio.

La gran pirámide de Cholula está hecha de adobe —ladrillo sin cocer— revestido de piedras y luego cubierto de yeso o arcilla. En el interior de la pirámide existe una red de túneles, muchas de cuyas paredes están decoradas con pinturas, y una escalera de piedra que conduce a la terraza superior. Por fuera hay una plaza de unos 4.000 metros cuadrados, por donde se llegaba a la escalinata que subía por la cara exterior de la pirámide.

Alrededor de la plaza hay varios edificios, algunos de ellos con pinturas murales de estilo similar a las de Teotihuacán, aunque existe al menos una de estilo diferente. Se trata de un mural de más de 45 metros de longitud, que representa una escena de bebida ceremonial que debía tener lugar en la época de la cosecha. Las figuras, de tamaño natural y pintadas con gran soltura, son todas masculinas, con excepción de dos ancianas llenas de arrugas. Los bebedores que aparecen en esta escena de disipación están casi todos desnudos y presentan los estómagos hinchados, lo que da a entender que llevan bastante tiempo bebiendo. Se cree que el mural se pintó entre los siglos II y III.

En Cholula, lo mismo que en Teotihuacán, se adoraba al dios Quetzalcóatl, que se representaba con cuerpo de serpiente y plumas de quetzal. Las plumas de esta ave, que vive en una reducida zona de la frontera entre México y Guatemala, eran muy apreciadas en el antiguo México por su escasez y belleza, hasta el punto de llegar a utilizar la palabra «quetzal» para designar un objeto precioso.

Pero ¿quiénes fueron los constructores de la mayor pirámide del mundo? Nadie lo sabe. Fueron anteriores a los toltecas, que dominaron la región después de su declive, y también a los aztecas. Pero se sabe muy poco de su idioma, sus costumbres y su importancia política durante los siglos en que se fue construyendo la pirámide. El gigantesco tamaño de la estructura y la organización que tuvo que necesitarse para construirla parecen indicar que se trataba de una sociedad controlada por una élite que se hacía obedecer en una zona bastante extensa.

Las ruinas de Teotihuacán, mejor conservadas, aportan algunos indicios acerca de Cholula, pues está claro que existía una relación entre los dos lugares. Teotihuacán tiene un trazado cuadriculado, que abarca 23 kilómetros cuadrados. Su principal arteria es la avenida de los Muertos, que comienza en la gran pirámide de la Luna y pasa ante otra aún mayor, la pirámide del Sol. A lo largo de esta avenida se alzaban otras estructuras

Una legendaria tumba

piramidales de cumbre plana, con un templo en lo alto de cada una.

Se ha calculado que para construir la gran pirámide del Sol, con una altura de casi 70 metros y una base de 225 metros de lado, se necesitarían unos treinta años de trabajo, 3.000 obreros y un millón de metros cúbicos de material. La pirámide de Cholula, aunque no es tan alta, tiene una base cuatro veces más grande, y se le calcula un volumen de más de cuatro millones de metros cúbicos, lo cual permite suponer que para construirla debieron necesitarse unos 10.000 trabajadores y un total de cuarenta años.

Pero en realidad, la construcción se llevó a cabo por etapas, y las pequeñas pirámides iniciales sirvieron de base para las posteriores. Así pues, lo más probable es que la estructura fuera desarrollándose a lo largo de varios siglos, con períodos de pausa tras la conclusión de cada sucesiva pirámide. Como referencia, diremos que la gran pirámide de Keops, una de las siete maravillas del mundo antiguo, medía 147 metros de altura (ahora mide 137, ya que ha perdido la punta) y su base medía 230 metros de lado. Su volumen total asciende a más de tres millones de metros cúbicos.

El pueblo que construyó las pirámides de Cholula y Teotihuacán disponía tan sólo de instrumentos muy rudimentarios, pero con ellos supo crear no sólo la arquitectura monumental de las pirámides, sino también esculturas y cerámicas.

En el lado oriental de la gran plaza de Cholula, los arqueólogos han encontrado una enorme losa de piedra, de diez toneladas de peso, cuyo borde está tallado con un motivo de serpientes enroscadas una en otra. En la cara oeste de la pirámide se ha descubierto una cabeza estilizada de serpiente, tallada en un estilo rectilíneo.

No parece que los autores de estas obras fueran guerreros. Ni en Teotihuacán ni en Cholula existen fortificaciones, lo cual podría explicar la rápida desaparición de la civilización sacerdotal que creó ambas ciudades, tras la llegada de tribus guerreras nómadas, procedentes del norte. En su apogeo, la ciudad de Teotihuacán tenía por lo menos 125.000 habitantes, y es posible que llegaran a 200.000, más de los que tenía Atenas en la cumbre de su poder. Sin embargo, desapareció bruscamente y por completo hacia el año 750 d.C. (puede que antes). Cholula nunca fue tan grande, y es posible que sobreviviera un poco más, pero también acabó siendo conquistada y su cultura quedó borrada del mapa.

Cuando Cortés llegó a México, la ciudad de Cholula había pasado por las manos de, por lo menos, tres oleadas de conquistadores. Los más conocidos fueron los toltecas, que debieron apoderarse de la ciudad en 1292, y fueron desplaza-

dos en 1359 por el reino de Huexotzingo. Aunque ninguno de estos pueblos profesaba la religión de los constructores de la pirámide, seguían considerándola como una de las maravillas de la nación. Según los informes del propio Cortés, la ciudad de Cholula, cuyo aspecto era «tan bueno como el de cualquier ciudad española», tenía 20.000 casas y 400 pirámides.

A comienzos del siglo XIX, el explorador e investigador alemán Alexander von Humboldt realizó los primeros estudios sobre las antiguas civilizaciones de México. Fue el primer investigador moderno que midió las dimensiones de la pirámide, que describió como «una montaña de ladrillos sin cocer». Le sorprendió la similitud de la pirámide con las del antiguo Egipto y con el zigu-

Casi toda la pirámide está construida con adobe, revestido de piedras pequeñas y con una gruesa capa de yeso o arcilla, que luego se pintaba. Se dice que los españoles construyeron 364 iglesias en Cholula.

Las excavaciones han sacado a la luz varios monumentos de piedra (izquierda). Aunque estaban rotos, han sido restaurados e instalados de nuevo en sus antiguos emplazamientos. Este monumento, situado en el lado oriental de la plaza, mide casi cuatro metros de altura y le falta la parte superior. En torno a su perímetro hay un diseño de greca.

Las perforaciones a través de la pirámide han permitido determinar que existían, por lo menos, cuatro grandes estructuras superpuestas (arriba). La más antigua medía 113 por 107 metros de base y 18 metros de altura; la última ampliación tenía una base de 425 metros de lado y una altura aproximada de 60 metros.

rat de Belus, en Babilonia, y especuló con una posible conexión entre los constructores de estos monumentos.

Lo más curioso es que también existe una coincidencia entre las leyendas prehispánicas referentes a la pirámide y los mitos del diluvio y la torre de Babel. Según Humboldt, la pirámide se construyó después de una gran inundación que devastó el territorio. Siete gigantes se salvaron de las aguas, y uno de ellos construyó la pirámide con intención de llegar al cielo. Pero los dioses, irritados por esta osadía, arrojaron fuego sobre la pirámide para destruirla. Se dice que a Cortés le mostraron uno de los meteoritos caídos sobre la pirámide, que tenía una forma parecida a la de un sapo.

Inevitablemente, una estructura tan grande y misteriosa como la pirámide de Cholula tiende a rodearse de mitos, que sólo se pueden desmentir mediante el estudio científico de la cultura que la creó. Las excavaciones en Cholula comenzaron en 1931, y desde entonces se han abierto en la estructura más de seis kilómetros y medio de galerías, con el fin de desentrañar sus secretos. Gracias a estas excavaciones se han descubierto las sucesivas fases de construcción y se han despejado las plazas y plataformas de la tierra y la vegetación que llevaban siglos cubriéndolas. Pero aún carecemos de detalles concretos sobre el pueblo que construyó Cholula, los métodos que empleó y las razones de su rápida y completa desaparición.

Las excavaciones realizadas en torno a la base de la pirámide han revelado la existencia de grandes plazas y patios rodeados por plataformas. Se encontraban cubiertos por unos diez metros de tierra y en buenas condiciones, pero los edificios se habían desintegrado. Sólo se ha excavado una pequeña parte de la zona.

Pirámides: santuarios de la antigüedad

Los primeros constructores de pirámides fueron los antiguos egipcios, y la primera de todas fue la tumba del rey Djoser, de la Tercera Dinastía (h. 2668-2649 a.C.), cuya forma es consecuencia casi accidental de su situación: hubo que elevar la altura para lograr un efecto dominante, y para ello se amplió el trazado cuadrangular con escalones de ladrillo. Durante el siguiente milenio, todos los faraones de cierta importancia recibieron sepultura bajo una pirámide. La más grande es la pirámide de Keops, que ostentó el récord mundial de altura durante más tiempo que ninguna otra construcción humana: aproximadamente desde 2580 a.C. hasta 1307 d.C., cuando fue superada por la catedral de Lincoln, Inglaterra. Las pirámides de América Central se construyeron mucho después, y no eran tumbas, sino templos.

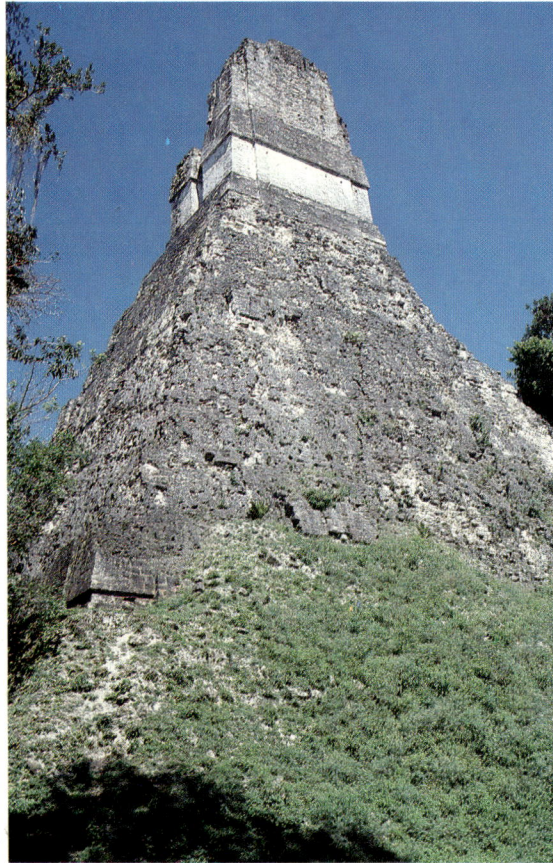

Templo del Jaguar Gigante, Tikal, Guatemala
Esta pirámide, similar a las situadas en la mayor parte de las ciudades mayas, debió construirse hacia el año 800 d.C. El templo debe su nombre al motivo tallado en su dintel. Se ha restaurado una parte, para mostrar la sucesión de nueve terrazas, rematadas por un templo con tres recintos. En el interior del templo se encontró una tumba abovedada, y en ella un esqueleto adornado con 180 piezas de jade y rodeado de perlas, alabastro, cerámica y conchas. La ciudad de Tikal ocupaba una extensión de 120 kilómetros cuadrados, y en ella existían otras siete pirámides.

Zigurat de Ur
Este zigurat es el principal monumento de la antigua ciudad de Ur, en el actual Irak, que estuvo habitada hacia el año 3500 a.C. Se cree que los zigurat, como las pirámides de Centroamérica, estaban rematados por templos; también es posible que contuvieran cámaras funerarias, como en Egipto.

Pirámide de la Luna, Teotihuacán, México
Esta pirámide, de 60 metros de lado en la base, constituía el punto focal de la ciudad, fundada hacia el año 30 d.C. La otra gran pirámide de la ciudad está dedicada al sol. Tanto el sol como la luna estaban representados por grandes ídolos de piedra recubierta de oro.

Las pirámides de Gizeh, Egipto

Al suroeste de El Cairo se alza la pirámide más grande del mundo, con una altura actual de 137 metros, aunque en sus tiempos medía 147. Cuando estaba completa, constaba de unos 2.300.000 bloques de piedra caliza, cada uno de los cuales pesaba 2,5 toneladas, con un volumen total de unos 300.000 metros cúbicos. La mayor de las tres pirámides es la del faraón Kufu (conocido por los griegos como Keops), que reinó entre los años 2589 y 2566 a.C. Durante el reinado de su padre, Snefru, la pirámide de aristas rectas sustituyó a la escalonada.

Pirámide del Adivino, Uxmal, México

La ciudad maya de Uxmal se encuentra en el norte de Yucatán. La pirámide tiene una altura total de unos 35 metros, y consta de cuatro secciones dispuestas en una insólita forma elíptica, y rematadas por un templo al que se llegaba por dos escalinatas. Los trabajos de restauración han revelado que la pirámide se construyó por lo menos durante cinco períodos distintos, ya que los mayas tenían la costumbre de superponer nuevas construcciones sobre las ya existentes. El nombre alude a una leyenda, acerca de un enano cuyos poderes de adivinación acabaron por convertirlo en rey, a raíz de lo cual hizo construir esta importante pirámide.

La fortaleza de los cruzados

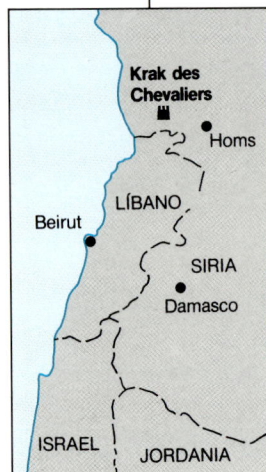

El Krak des Chevaliers, que muchos consideran como el más magnífico de los castillos medievales que han sobrevivido hasta nuestros días, es un recordatorio de las Cruzadas, una pasión religiosa que, durante dos siglos, empujó a miles de hombres a la guerra en tierras extrañas. El Krak es la mayor de las fortalezas construidas por los cruzados en Tierra Santa, y durante 130 años, de 1142 a 1271, estuvo ocupado por los Caballeros Hospitalarios de San Juan.

Se alza en un promontorio que domina una fértil llanura de la actual Siria y, como fortaleza, resultaba prácticamente inexpugnable. Cuando por fin cayó, fue a consecuencia de una estratagema. Para T. E. Lawrence, el Krak era «posiblemente, el castillo mejor conservado y más admirable del mundo».

Al igual que otros castillos de los cruzados, el Krak se construyó para defender las conquistas realizadas por los ejércitos cristianos desplazados a Palestina a finales del siglo XI para liberar los sagrados lugares de la ocupación musulmana. El instigador de las cruzadas fue el papa Urbano II, que en el concilio de Clermont (1095) prometió que los cruzados quedarían absueltos de sus pecados, obtendrían grandes riquezas si sobrevivían e irían directamente al cielo en caso de morir. Cristo les guiaría en la Guerra Santa. Sus palabras tuvieron un efecto arrollador. «Jamás un discurso ha ejercido unos efectos tan extraordinarios y duraderos», ha escrito un historiador.

El objetivo religioso de las cruzadas justificó los impulsos belicosos de la nobleza europea, cada vez más pagada de sí misma y ansiosa de aventuras de poder.

Cuando la primera cruzada consiguió tomar Jerusalén en 1099, muchos de los cruzados regresaron a su patria, considerando cumplido su objetivo. Pero algunos se quedaron, estableciendo estados cruzados a lo largo de una estrecha franja de tierra en las costas orientales del Mediterráneo. Para proteger estos estados de los ataques musulmanes, construyeron castillos; el mayor de estos castillos fue el Krak des Chevaliers. Su nombre es una mezcla de árabe y francés: Krak es una corrupción de Kerak, palabra árabe que significa «fortaleza», y los Chevaliers eran los Caballeros de San Juan, que ocuparon en 1140 un castillo que se alzaba en aquel mismo lugar y lo reformaron por completo.

El Krak formaba parte de una red de castillos construidos por los cruzados en lo alto de otros tantos montes, desde las fronteras de Siria, por el norte, hasta los desiertos que se extienden al sur del mar Muerto. Entre uno y otro solía haber menos de un día a caballo, y podían enviarse señales de noche encendiendo fuego en las almenas. Disponían de sus propios suministros de agua, mediante fuentes naturales o mediante cisternas excavadas en la roca, y podían resistir un asedio durante meses e incluso años. Constituían un sistema de defensa que permitió a los francos y sus sucesores rechazar durante dos siglos los ataques de fuerzas musulmanas muy superiores en número.

El Krak se encontraba en el condado de Trípoli, un estado cruzado fundado por Raymond de St. Gilles, conde de Tolosa. St. Gilles falleció en 1105, y sus sucesores ocuparon en 1110 un pequeño castillo conocido como «Castillo de los Kurdos», reformándolo considerablemente. Pero en 1142, el conde de Trípoli, tal vez abrumado por la responsabilidad de mantener un castillo tan importante, se lo cedió a una orden religioso-militar, los Caballeros de San Juan u Hospitalarios, que habían fundado en Jerusalén un hospital para peregrinos y se habían ganado la gratitud de los cruzados.

Gracias a los donativos de los guerreros cuyas heridas habían curado, los Caballeros de San Juan se convirtieron en una organización rica y poderosa, y el Krak, ocupado por ellos, llegó a ser el castillo más importante de toda Tierra Santa. Las mayores reformas se realizaron después de un terremoto ocurrido en 1202, que destruyó parte de las fortificaciones existentes.

El diseño del Krak es concéntrico, con dos círculos de murallas en los que se intercala una serie de torres. La construcción es tremendamente sólida, y todo el diseño constituye un perfecto ejemplo del concepto de defensa en profundidad, que alcanzó en este edificio su más alta manifestación.

La sucesión de murallas tiene por objeto evitar ataques por sorpresa y mantener las máquinas de asedio de los atacantes lo bastante lejos del corazón del castillo. Los muros están hechos con bloques de piedra de unos 35 cm de altura y hasta un metro de longitud, y tienen un núcleo interior de mampostería y argamasa, algo habitual en las construcciones medievales.

Bajo la triple torre del homenaje hay un gran muro inclinado, el talud, que desciende unos 25 metros hasta un foso que también servía como depósito de agua. La inclinación de esta muralla, que los árabes llamaban «la montaña», resulta desconcertante, ya que parece fácil de escalar por las tropas asaltantes.

Cuando T. E. Lawrence visitó el Krak en 1909, subió descalzo hasta más arriba de la mitad del muro, tras lo cual dedujo que su propósito no debía consistir en impedir que los atacantes socavaran las murallas, ya que el castillo está construido sobre roca, ni en resistir los ataques de los arietes, ya que su grosor —25 metros— resultaría excesivo, sino en evitar que las tropas atacantes pudieran acercarse tanto a la muralla que quedaran protegidos contra el fuego de los defensores.

Datos básicos

Principal fortaleza de los cruzados. Jamás fue conquistada por las armas.

Fecha de construcción: Constantemente reforzada entre los siglos XI y XIII.

Grosor máximo de las murallas: 25 m.

Guarnición máxima: 2.000 hombres.

Cuartel general de los Caballeros Hospitalarios desde 1142 a 1271.

Los numerosos matacanes construidos en torno a las murallas del castillo cumplían una función similar. Se trata de pequeños parapetos voladizos que sobresalen en lo alto de los muros, con aspilleras en el suelo para poder observar a las tropas atacantes y arrojarles flechas, piedras o aceite hirviendo. Los matacanes del Krak son muy pequeños, de apenas 40 cm de anchura, y en ellos sólo cabía un soldado.

Para evitar que los atacantes irrumpieran a través de la entrada principal, el pasaje de entrada tiene tres bruscos recodos que hacen imposible una carga a ciegas. Además, la entrada está protegida por un puente levadizo, un foso, cuatro puertas, un matacán y, por lo menos, un rastrillo.

Antes de la invención de la pólvora, el Krak resultaba inexpugnable. Mientras lo ocuparon los Caballeros de San Juan, disponía de una guarnición de unas 2.000 personas. En la muralla norte se había construido un molino para moler grano.

En el salón, construido en el siglo XIII, se celebraban reuniones y banquetes, y en la capilla se cantaba misa todos los días. Los alcaides del castillo ocupaban la torre del suroeste, los mismos

El Krak se alza en la cima de una empinada colina de 700 metros de altitud, dominando todos sus alrededores. Casi todas las torres son redondas, y no cuadradas, para reducir al mínimo los efectos de las catapultas. La arcada de entrada y la torre cuadrada trasera son posteriores a los cruzados.

La fortaleza de los cruzados

La torre del homenaje, compuesta por las tres más altas, se levanta en el único punto expuesto a ataques directos, el lado sur. En tiempos anteriores, las torres del homenaje se construían en el punto de defensa más fuerte, hasta que se comprobó que esto constituía un error táctico. Debajo de estas torres hay un pronunciado talud, para impedir el acceso de los atacantes y convertirlos en un blanco fácil.

Reconstrucción del Krak, visto desde el nordeste (derecha). En primer plano, la entrada principal; frente a ella, la torre de la capilla, con dos ventanas ojivales. En el molino de la derecha se molía grano. Las torres no tenían tejado de protección, debido a la falta de madera y pizarra.

aposentos que T. E. Lawrence encontró ocupados por el gobernador de la provincia y su harén cuando visitó el Krak en 1909.

El Krak sufrió muchos ataques, pero todos fracasaron. En 1163, el emir Nur ed-Din puso sitio a la fortaleza, pero un día cometió el error de echarse a dormir la siesta frente a las murallas. Los caballeros hicieron una salida, le tomaron por sorpresa y pusieron en fuga a su ejército. Una generación más tarde, Saladino condujo su ejército hasta las murallas, les echó un vistazo y se retiró sin intentar siquiera el asedio.

Sin embargo, con el paso del tiempo, el poder de los cruzados en Tierra Santa empezó a decaer. Una tras otra, sus posiciones fueron cayendo: Jerusalén en 1244 y Antioquía en 1268. Poco a poco, el Krak se fue encontrando rodeado por fuerzas hostiles, que cada día se volvían más atrevidas. En 1268, el gran maestre de los Caballeros de San Juan escribió a Europa en petición de ayuda, declarando que en las fortalezas del Krak y de Markab sólo quedaban en total 300 hombres para defenderlas de los sarracenos. Pero la ayuda no llegó, y en 1271 el sultán Beibars rodeó el castillo con su ejército y logró traspasar las murallas exteriores. Pero el talud y las altas torres se le resistieron.

Protegidos por los gruesos muros, los caballeros habrían podido aguantar, probablemente, varios meses.

Por fin, Beibars recurrió a una estratagema: hizo llegar a los defensores una carta falsa, supuestamente firmada por el conde de Trípoli, donde se ordenaba a la guarnición que se rindiera. De este modo consiguió lo que no lograran antes sus ataques: los caballeros salieron de sus fortificaciones, recibieron un salvoconducto para llegar a la costa y abandonaron su castillo, dejando atrás, según palabras de un escritor, «las sombras de los cernícalos que volaban en las alturas y las piedras calcinadas por el sol».

Fortificación sur

Castillo interior

Castillo exterior

Foso exterior

Matacanes

Aspilleras

Torre del alcaide

Pasaje de la muralla

Refectorio

Capilla

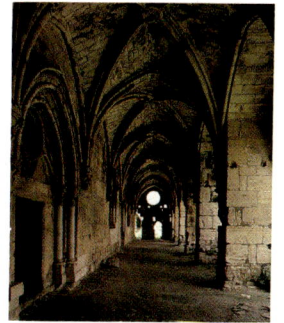

*Las bóvedas del claustro
demuestran la calidad de
la construcción del Krak.
El trabajo más exquisito
se aprecia en los
aposentos del gran
maestre de los
Hospitalarios, en la torre
del alcaide: delicadas
pilastras, bóvedas góticas
y un friso decorativo.*

*La muralla interna estaba
construida en terreno
más elevado que la
externa, para servir de
apoyo a la primera línea
de defensa. Las dos
murallas concéntricas
dominaban la llanura
circundante.*

Terreno escarpado

Entrada principal interior
Entrada principal a la fortificación interior

La ciudad sagrada

En el Vaticano, uno de los estados más pequeños del mundo, se encuentra la iglesia más espléndida y, hasta hace poco, la más grande del mundo. El Vaticano posee además el techo más famoso del mundo —el de la Capilla Sixtina— y la mayor colección de arte antiguo, que se conserva en el Museo Vaticano. Cuenta también con una amplísima biblioteca. En ningún otro lugar existen tantos tesoros del Renacimiento reunidos en tan poco espacio.

En este lugar sufrió martirio san Pedro, apóstol de Cristo y primero de los papas, probablemente en el año 67. Los cristianos lo enterraron en una sencilla sepultura en la pendiente de la colina Vaticana. Más tarde, Constantino el Grande construyó sobre su tumba una gran basílica que, a pesar de los saqueos de los godos, hunos, vándalos y sarracenos, se mantuvo en pie durante más de mil años.

En tiempos del papa Nicolás V (1447-55), el viejo edificio se encontraba en estado ruinoso. Sus muros se habían arqueado, desviándose hasta 1,80 m de la vertical, y parecían a punto de derrumbarse. El papa Nicolás decidió sustituirlo por un edificio nuevo, pero apenas se hizo nada hasta el papado de Julio II (1503-13). Éste decidió construir un nuevo San Pedro que «encarnase la grandeza del presente y del futuro... y superase a todas las demás iglesias del universo». Eligió como arquitecto a Donato Bramante.

Bramante diseñó un edificio en forma de cruz griega, con cuatro brazos de igual longitud, coronado por una magnífica cúpula central. En 1507 se puso la primera piedra; y en 1510, los dos mil quinientos trabajadores a las órdenes de Bramante habían terminado los cuatro colosales pilares que determinan las dimensiones del punto central. Bramante falleció en 1513, y en 1514 el papa León X contrató al joven Rafael como arquitecto jefe. Rafael había decorado ya con pinturas los aposentos oficiales del Vaticano —las *stanze*—, pero no aportó grandes contribuciones al diseño de San Pedro y falleció en 1520 a la edad de 37 años.

Rafael era un hombre complaciente, que procuraba alegrar la vida al prójimo, a veces con resultados alarmantes. Así, permitió que los albañiles que trabajaban en San Pedro dejaran huecos en los cimientos para guardar sus almuerzos, sus instrumentos y la leña para el fuego. A los pocos años, las secciones huecas empezaron a hundirse y fue preciso sustituirlas por nuevos cimientos para que pudieran soportar el peso de la estructura.

Tras la muerte de Rafael, las obras progresaron con gran lentitud y quedaron completamente interrumpidas en 1527, cuando Roma fue saqueada por las tropas españolas. Cuando se reanudaron en la década siguiente, los pilares levantados bajo la dirección de Bramante se encontraban cubiertos de vegetación. Hacia 1540, Antonio de Sangallo alteró los planos, pero tras una serie de disputas y de las muertes de Sangallo y de su sucesor en 1546, el papa Pablo III recurrió al anciano Miguel Ángel, que contaba ya 71 años.

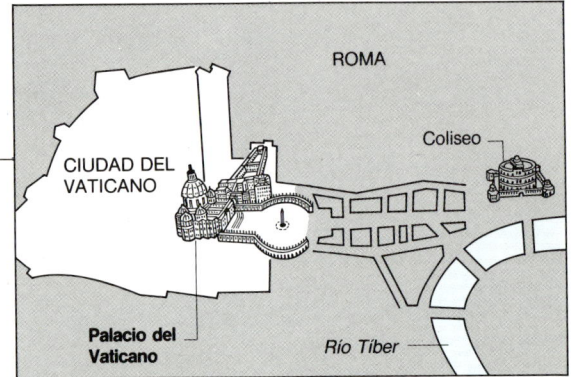

De mala gana, Miguel Ángel aceptó la responsabilidad, tras lo cual dedicó el resto de su vida a trabajar gratis en la construcción. Exigió carta blanca y le fue concedida. Podía hacer los cambios que quisiera, e incluso derribar partes ya terminadas de la basílica. También podía disponer de dinero sin tener que dar cuentas. La actual basílica de San Pedro es, en gran parte, fruto del talento de Miguel Ángel, que tuvo que superar un

Datos básicos

La mayor concentración de arte renacentista en todo el mundo.

Arquitectos (Basílica de San Pedro): Bramante, Miguel Ángel.

Fecha de construcción: 1507-1612.

Materiales: Piedra y ladrillo.

Longitud: 210 m.

Superficie: 5.000 m².

El estado de la Ciudad del Vaticano (izquierda) ocupa una extensión de 43 hectáreas y posee 30 calles y plazas, 50 palacios, la basílica de San Pedro y otras dos iglesias, una emisora de radio, una estación de ferrocarril y una imprenta. En primer plano, a la derecha, el castillo de Sant'Angelo, construido por Adriano en 130 d.C.

El altar papal, visto desde la entrada de San Pedro. Sobre el altar, el baldaquino de Bernini, de 29 metros de altura, sostenido por cuatro columnas doradas en espiral; y sobre el baldaquino, la cúpula de Miguel Ángel, con una altura interior de 138 metros y un diámetro de 48 metros.

La ciudad sagrada

torrente de críticas y varios intentos de desacreditarle por parte de rivales envidiosos. Cuando falleció, en 1564, llevaba 17 años dedicado al edificio y había tratado con cinco papas. Para entonces, el gigantesco tambor que sostiene la cúpula estaba ya terminado.

Se tardaron aún 26 años en completar la cúpula, que sufrió numerosos retrasos. Por fin, en 1590 se colocó la última piedra y el papa Sixto V pudo celebrar una misa solemne de acción de gracias en la basílica. La cúpula definitiva no es exactamente como Miguel Ángel la había diseñado, sino algo más alta y puntiaguda.

Las maquetas que se conservan demuestran que también se alteró la estructura. El diseño de Miguel Ángel presentaba tres cubiertas de ladrillo, una dentro de otra, pero la cúpula definitiva sólo tiene dos. Su estructura consiste en 16 nervios de piedra, con los espacios intermedios de ladrillo, dispuesto en forma de espina de pescado. Tres hileras de ventanas dejan pasar la luz al espacio comprendido entre las dos cubiertas, y una estrecha escalera asciende hasta la enorme linterna de la cúspide.

La plaza de San Pedro (arriba), un lugar conocido en toda la cristiandad por ser el lugar desde el que el Papa dirige sus mensajes a los fieles. La columnata de Bernini, con 284 columnas y 88 pilares dispuestos en cuatro hileras, sostiene una cornisa jónica con balaustrada, sobre la cual se alzan 140 estatuas de santos.

La cúpula de San Pedro está rematada por una linterna, una esfera de cobre de 2,5 metros de diámetro y una cruz. Una serie de escaleras permite subir hasta la misma esfera.

MARAVILLAS ARQUITECTÓNICAS

La Pinacoteca (izquierda), o museo de pintura del Vaticano, consta de 15 salas de estilo renacentista lombardo, y se inauguró en 1932. En 1797, Napoleón obligó al papa Pío VI, que había reunido una gran colección de antiguos maestros, a entregar a Francia las mejores obras, aunque en 1815 se recuperaron 77 de ellas.

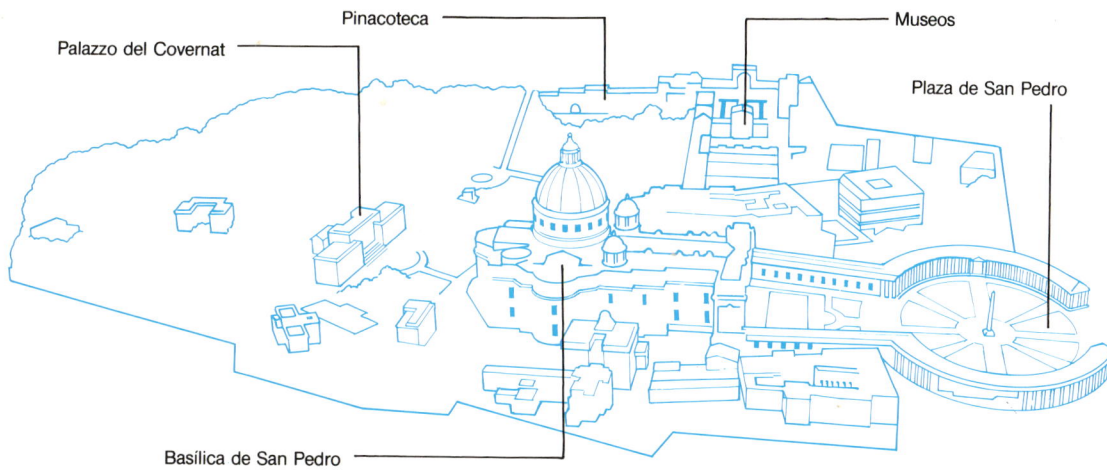

Palazzo del Covernat

Pinacoteca

Museos

Plaza de San Pedro

Basílica de San Pedro

Los museos del Vaticano (arriba) contienen la mayor colección del mundo de arte y antigüedades, con varios miles de esculturas y 460 pinturas de antiguos maestros. La mayor parte de la colección data de los tiempos del papa Clemente XIV (1769-74) y está formada por antigüedades etruscas, egipcias y griegas, muchas de las cuales se encontraban en Roma. Además de las 15 salas de la Pinacoteca, hay que tener en cuenta las 55 del Museo de Arte Religioso Moderno, situado bajo la Capilla Sixtina. La biblioteca del Vaticano contiene unos 800.000 volúmenes, 8.000 manuscritos y más de 100.000 grabados y xilografías.

La columnata de Bernini (derecha), vista desde lo alto de la cúpula de San Pedro. Al fondo, la Via della Conciliazione, una iniciativa de Mussolini para la que hubo que demoler dos calles de edificios viejos. Al final de la avenida está el puente Sant'Angelo, que también posee esculturas de Bernini: diez grandes ángeles, que se instalaron en la balaustrada en 1668.

La ciudad sagrada

Una escalera de caracol, con peldaños de frente casi imperceptible, comunica la entrada del Museo Vaticano —flanqueada por estatuas de Rafael y Miguel Ángel— con las galerías superiores. Desde la entrada principal del museo hasta la Capilla Sixtina —punto culminante de toda visita al Vaticano— hay un recorrido de unos 800 metros por corredores de mármol.

Durante la construcción de la cúpula se insertaron en ella tres cadenas para evitar que se deformara bajo el peso de la linterna, pero al cabo de 150 años se comprobó que con ello no bastaba: empezaban a aparecer grietas y los nervios se arqueaban hacia fuera. Entre 1743 y 1744 se insertaron otras cinco cadenas, y en 1748 se añadió una sexta. Desde entonces, no se han vuelto a apreciar señales de deformación.

En 1598, Clemente VIII encargó a Giuseppe Caesari el diseño de los mosaicos que decoran el interior de la cúpula, y que representan a Jesucristo, la Virgen María y numerosos apóstoles, santos y papas. A través del *oculus* del centro se ve a Dios impartiendo bendiciones a la humanidad. A lo largo del borde inferior hay una inscripción en letras de color azul oscuro de metro y medio de altura:

Tu es Petrus et super hanc petram aedificabo ecclesiam meam et tibi dabo claves regni caelorum (Tú eres Pedro, y sobre esta piedra edificaré mi iglesia, y a ti te daré las llaves del reino de los cielos).

Aun así, la basílica todavía estaba incompleta. El problema consistía en que el diseño de Miguel Ángel no incluía la zona ocupada por la iglesia de Constantino, gran parte de la cual todavía tenía que derribarse. ¿Se podía consentir que un terreno santificado por tantos siglos de devoción quedara fuera del perímetro del nuevo edificio? El papa Pablo V decidió ampliar la nave, transfor-

El esplendor del Vaticano se manifiesta incluso en la elaborada decoración de una antesala de la Secretaría de Estado. Estas paredes las pintó Rafael, que fue nombrado superintendente de Antigüedades Romanas por el papa Médici, León X (1513-21).

mando la cruz griega de Bramante y Miguel Ángel en una cruz latina. Finalmente, Carlo Maderno diseñó la nueva nave, y un ejército de mil hombres trabajó día y noche para completarla en 1612.

Faltaba un último detalle, precisamente el que hace que San Pedro resulte reconocible al instante: la columnata semicircular que rodea la enorme plaza de San Pedro, diseñada por Bernini y terminada hacia 1667. Consta de 284 columnas de estilo dórico/toscano y 88 pilares.

San Pedro es el fruto del esfuerzo de muchas personas a lo largo de más de un siglo y medio. El techo de la Capilla Sixtina, por el contrario, es obra de un solo hombre. Según palabras de Goethe, quien no haya visto la Capilla Sixtina no puede hacerse una idea de lo que es capaz de lograr un solo hombre. El hombre en cuestión es, por supuesto, Miguel Ángel, a quien el papa Julio II encargó, en marzo de 1508, que pintara a los doce apóstoles en el techo de la capilla. El artista accedió de mala gana y decidió hacer mucho más: cubrir todo el techo, casi mil metros cuadrados, con un gigantesco fresco, un medio pictórico con el que no estaba especialmente familiarizado. Solicitó ayudantes y se presentaron

siete, pero tras unas breves pruebas los rechazó a todos. Así pues, Miguel Ángel cerró la puerta y comenzó a trabajar solo.

Trabajó tumbado de espaldas en un andamio, con la pintura goteándole sobre los ojos y el cabello, y apremiado constantemente por Julio II, que no cesaba de preguntarle cuándo acabaría. «Cuando pueda», era la respuesta de Miguel Ángel. Las condiciones de trabajo eran tan incómodas que, al cabo de algún tiempo, Miguel Ángel ya no podía leer una carta si no era sosteniéndola en alto y echando la cabeza hacia atrás. Tardó cuatro años en terminar la obra, y no la firmó con su nombre, sino con una inscripción que atribuía el mérito a Dios, el alfa y omega, gracias al cual se había iniciado y concluido. El resultado es uno de los grandes triunfos del Renacimiento, un fresco deslumbrante y glorioso que ha despertado admiración sin límites desde su creación hasta nuestros días.

Y mientras Miguel Ángel trabajaba en la Capilla Sixtina, Rafael decoraba los aposentos oficiales del palacio del Vaticano, las cuatro *stanze* que servían de residencia al papa Julio II, con unos frescos que figuran entre sus obras más importantes.

La Capilla Sixtina debe su nombre a Sixto IV (1471-84), que la reconstruyó como capilla privada de los papas. Su principal timbre de gloria son los frescos del techo abovedado, pintados por Miguel Ángel, que entre 1508 y 1512 creó un verdadero poema en imágenes sobre la Creación, basado en escenas del Antiguo y el Nuevo Testamento. En 1980 se inició la restauración de los frescos, que quedó prácticamente terminada diez años después, en medio de furiosas controversias: las opiniones variaban desde «un Chernóbil artístico» hasta las más encendidas alabanzas.

El laberinto imperial

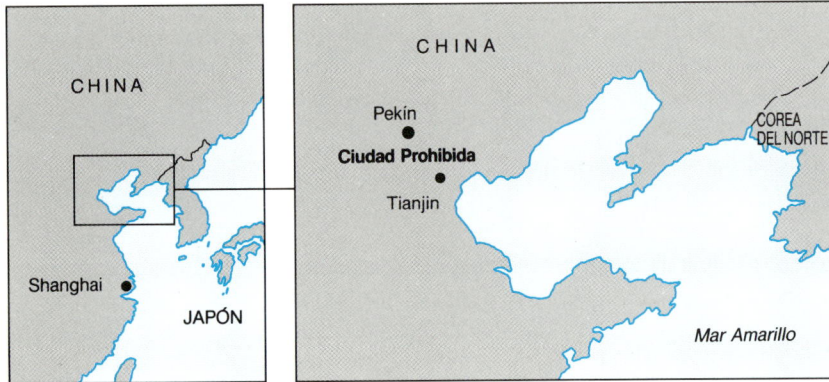

Datos básicos

Fue, durante siglos, el palacio más misterioso y sobrecogedor del mundo.

Constructor: Yung Lo.

Fecha de construcción: 1406-1420; reconstruida en su mayor parte.

Materiales: Madera y azulejos.

Número de habitaciones: 9.000.

En el centro de Pekín existe un lugar «donde se juntan el cielo y la tierra, donde se mezclan las cuatro estaciones, donde se reúnen el viento y la lluvia, y donde el yin y el yang están en armonía». Se trata del palacio imperial, o Ciudad Prohibida. Desde este enorme complejo de construcciones, los emperadores Ming y sus sucesores manchúes gobernaron China durante 500 años, rodeados de concubinas, eunucos y unos cuantos burócratas temblorosos, encargados de poner en práctica las órdenes de los «Hijos del Cielo». Ningún ciudadano corriente podía traspasar sus murallas.

La Ciudad Prohibida se alza en un emplazamiento escogido por los gobernantes mongoles de la dinastía Yuan (1279-1368), pero fue construida por el tercer emperador Ming, Yung Lo, que reinó de 1403 a 1423. Yung Lo ascendió al trono tras rebelarse contra el nieto del primer emperador Ming, Hung Wu, considerado como «el tirano más cruel y más irrazonable de la historia de China». El carácter violento y la caprichosa crueldad de Hung Wu tenían tan aterrorizados a sus altos funcionarios que, cuando el emperador los llamaba a audiencia, se despedían para siempre de sus familias.

A la muerte de Hung Wu, le sucedió durante un breve período su nieto, de 16 años de edad, al que no tardó en derrocar su tío Yung Lo. A pesar de su nombre, que significa Felicidad Eterna, Yung Lo resultó tan cruel y caprichoso como Hung Wu. Decidió trasladar la capital de China desde Nanjing a un lugar más cercano a su zona de influencia, en el norte de China, y en 1404 inició la reconstrucción de Pekín. El grueso de la Ciudad Prohibida se construyó entre 1406 y 1420, con el esfuerzo de 100.000 artesanos y un millón de obreros, y representa una de las mayores proezas urbanísticas de la historia.

Según la leyenda, el plano de la construcción le fue entregado a Yung Lo en un sobre sellado por un famoso astrólogo. Está basado en principios geománticos, y cada edificio importante representa una parte del cuerpo. La base del diseño es una línea recta, el eje del universo, dado que la función del emperador consiste en «situarse en el centro de la Tierra y estabilizar los pueblos de los cuatro mares», según el maestro confuciano Mencio. El eje principal va de norte a sur, con una serie de patios y pabellones que se suceden en estricto orden. El conjunto ocupa aproximadamente un kilómetro cuadrado, y se encuentra rodeado por un foso y una muralla de 10 metros de altura, con cuatro puertas.

La ciudad está dividida en dos sectores, con los edificios oficiales (incluyendo seis palacios) en el primer sector y los residenciales detrás. En total, consta de 75 salones, palacios, templos, pabellones, bibliotecas y estudios, conectados mediante patios, senderos, jardines, pórticos y muros. Se calcula que el número total de habitaciones asciende a 9.000.

La Ciudad Prohibida no se construyó de piedra, sino de madera. En consecuencia, sus edificios se fueron deteriorando —o quedaron destruidos por el fuego, la humedad y la carcoma— con mucha más rapidez que si se hubieran construido con un material más duradero. Muy pocos de los edificios que aún se conservan pueden considerarse muy antiguos según los criterios europeos. Gran parte de la Ciudad Prohibida quedó destruida cuando los ejércitos manchúes saquearon Pekín en 1644 y derrocaron a la dinastía Ming, y tuvo que ser reconstruida durante el reinado del emperador Qian Long (1736-96), de la dinastía Qing. Durante el siglo XIX, la emperatriz viuda Cixi añadió nuevos elementos. Resulta extraño que los emperadores chinos no hicieran construir estructuras más permanentes, teniendo en cuenta que sus propios mausoleos se construían de piedra. Es posible que les interesara más la vida eterna que la vida terrenal y, en consecuencia, dedicaran más presupuesto y energía a la construcción de estructuras permanentes que los alojaran después de muertos.

En el aspecto arquitectónico, la Ciudad Prohibida presenta dos elementos particularmente llamativos: las exóticas curvas de los tejados y el brillante colorido de los edificios. Aunque podrían haber adaptado sus métodos de construcción para edificar en planos y no en curvas, parece que los

chinos preferían las curvas por razones estéticas. Les gustaba el contraste entre las líneas rectas de las columnas y la base de los edificios y las sensuales curvas de los tejados.

Si se entra a la Ciudad Prohibida por el Wumen o Puerta Meridiana —en otro tiempo reservada para uso exclusivo del emperador—, lo primero que se encuentra es un enorme patio. Desde lo alto de la puerta, el emperador podía pasar revista a sus ejércitos, examinar a los prisioneros para decidir quién moriría y quién salvaría la vida, y anunciar a la corte el calendario del nuevo año. Su poder era tan absoluto que hasta ponía nombre a los días y meses del año. En algunas revistas de tropas se hacía acompañar por elefantes traídos por sus súbditos birmanos.

Más allá de este patio, y después de atravesar el Taihamen o Puerta de la Suprema Armonía, se extiende un segundo patio, más grande que el anterior, donde se celebraban las principales audiencias del emperador. En él cabía toda la corte, formada por unas 100.000 personas, que entraban por las puertas laterales: los civiles por la del este y los militares por la del oeste. Ante la presencia del emperador, todos guardaban silencio y se postraban nueve veces.

De cara a la multitud que rendía acatamiento se alzaba el primero de los tres grandes salones ceremoniales, construidos uno tras otro sobre una terraza elevada de mármol, llamada el Paseo del Dragón. El Taihedian, o Salón de la Suprema Armonía, construido en 1420 y restaurado en

El patio comprendido entre la Puerta Meridiana, o entrada sur a la Ciudad Imperial, y la Puerta de la Suprema Armonía (a la izquierda) es uno de los siete grandes espacios abiertos comprendidos entre las principales edificaciones. Entre las balaustradas paralelas discurre un arroyo atravesado por cinco puentes, que simbolizan las cinco virtudes.

El laberinto imperial

La vista desde la colina de la Esperanza, mirando al sur, hacia la Puerta Meridiana y la plaza de Tiananmen, permite apreciar el diseño de los tejados y las dimensiones de la ciudad. En primer plano, la principal puerta del norte, la Puerta del Divino Genio Militar.

1697, es el mayor edificio de la Ciudad Prohibida, con una superficie de media hectárea y una altura de 35 metros. Estaba prohibido construir en Pekín un edificio más alto que éste, que se utilizaba en ocasiones especiales, como el cumpleaños del emperador. Aquí se encontraba instalado el trono, con dos elefantes —símbolo de paz— a sus pies y un biombo detrás, decorado con dragones que simbolizaban longevidad y la unión de la tierra y el cielo. El techo estaba sostenido por veinte columnas, las seis centrales decoradas con el dragón imperial.

El segundo salón, más pequeño que el primero, era el Zhonghedian o Salón de la Perfecta Armonía, donde el emperador se preparaba y se vestía para las ceremonias. El tercero, llamado Baohedian o Salón de la Armonía Protectora, se utilizaba para los exámenes de palacio, en los que se seleccionaba a los candidatos a puestos en la administración. En teoría, los candidatos se seleccionaban en función de sus méritos —aquí está el origen de toda la meritocracia moderna—, pero en la práctica existía mucha corrupción. Poco a poco, los exámenes se fueron convirtiendo en un formalismo, en el que sólo se exigía a los aspirantes que se aprendieran de memoria las máximas de Confucio. El emperador utilizaba también este

salón para recibir a los gobernantes que le traían tributos. En la actualidad, sus antesalas están convertidas en galerías donde se exhiben reliquias imperiales y regalos traídos por gobernantes extranjeros, muchos de los cuales jamás se llegaron a desenvolver, lo cual demuestra el desprecio que sentían los chinos por los tributos de los bárbaros.

Detrás de los tres grandes salones, en el Patio Interior, se encuentran las residencias imperiales. El primer edificio es el Qianqinggong; o Palacio de la Pureza Celestial, que sirvió de residencia a los cuatro últimos emperadores Ming. El último es el Kunninggong, o Palacio de la Tranquilidad Terrenal, donde vivían las emperatrices y donde, según la tradición, el emperador y la emperatriz pasaban su noche de bodas. La última vez que se utilizó la cámara nupcial —una habitación pequeña, toda pintada de rojo y decorada con símbolos de fertilidad— fue en 1922, para la boda de Puyi, el último emperador manchú, que todavía era un niño en aquel momento.

Entre estos dos edificios se alza el Jiaotaidan (Salón de la Unión, o de la Fertilidad Vigorosa), que se utilizaba para las fiestas de cumpleaños y para guardar los sellos de los anteriores emperadores. Aquí se exhibe actualmente un antiguo in-

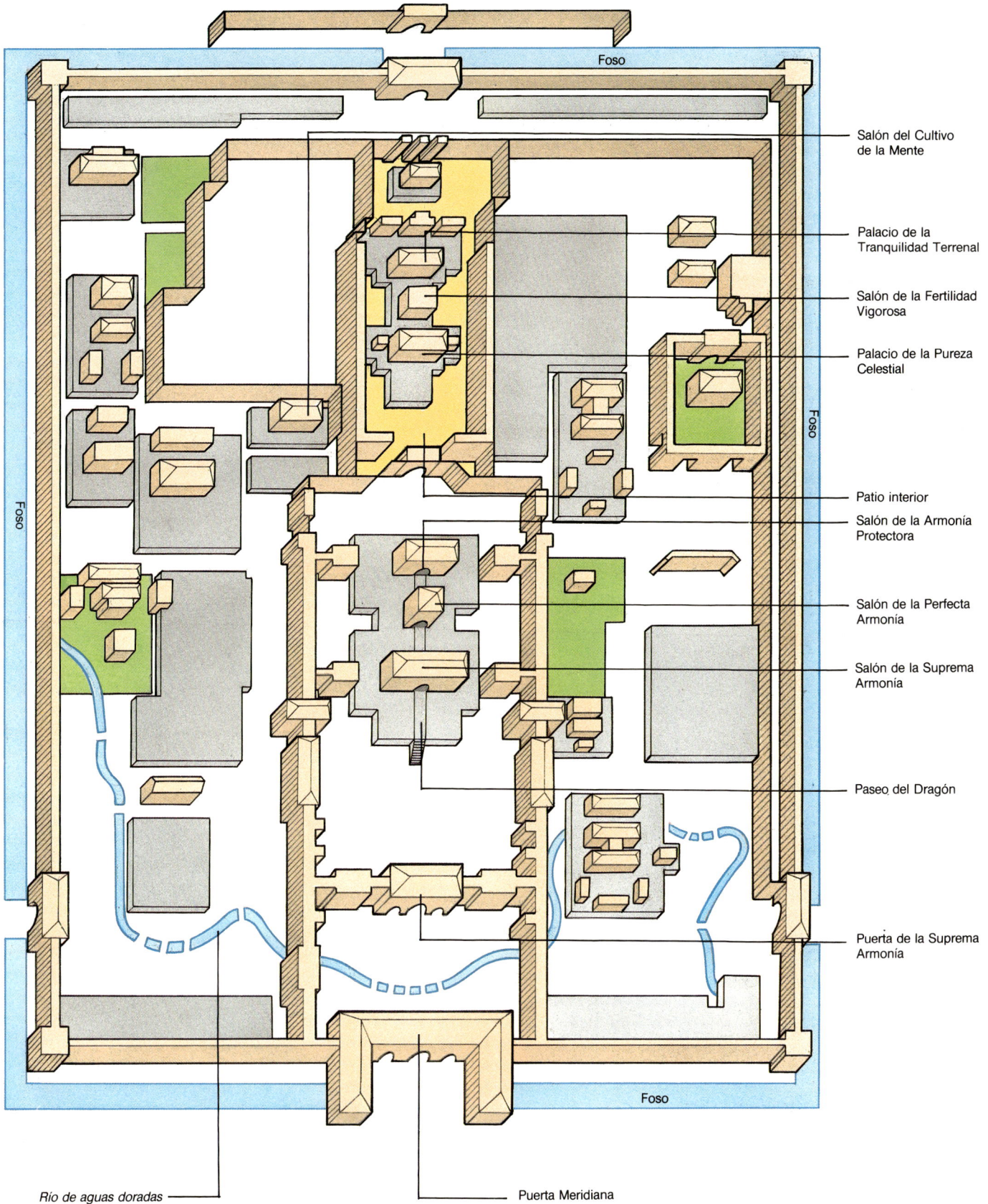

Foso

Salón del Cultivo
de la Mente

Palacio de la
Tranquilidad Terrenal

Salón de la Fertilidad
Vigorosa

Palacio de la Pureza
Celestial

Foso

Patio interior

Salón de la Armonía
Protectora

Salón de la Perfecta
Armonía

Salón de la Suprema
Armonía

Paseo del Dragón

Puerta de la Suprema
Armonía

Foso

Foso

Río de aguas doradas

Puerta Meridiana

El laberinto imperial

El Paseo del Dragón atraviesa los tres salones principales comprendidos entre la Puerta de la Suprema Armonía y la Puerta de la Pureza Celestial. Los escalones, flanqueados por bajorrelieves de dragones, estaban reservados exclusivamente para el palanquín imperial. El último residente imperial del palacio fue Puyi, protagonista de la película de Bertolucci El último emperador.

vento chino: una clepsidra o reloj de agua de 2.500 años de antigüedad.

En el Salón de la Pureza Celestial, que está rodeado por un complejo de viviendas, consultorios médicos, bibliotecas y alojamientos para los sirvientes de palacio, los emperadores guardaban las instrucciones referentes a su sucesión. Cada emperador escribía el nombre del sucesor elegido en dos tiras de papel, quedándose una y escondiendo la otra detrás de una placa instalada en la pared, que tenía inscritas las palabras «Recto y brillante». Al morir el emperador, sus consejeros reunían los dos papeles y los comparaban. Si en ambos figuraba el mismo nombre, se coronaba al sucesor designado.

Los seis salones citados forman el eje principal norte-sur de la Ciudad Prohibida. Sus funciones eran principalmente ceremoniales, y los emperadores pasaban la mayor parte del tiempo en otro edificio, situado más al oeste, el Yangxindiang o Salón del Cultivo de la Mente. Toda su vida transcurría en este complejo, del que casi nunca salían para caminar entre su pueblo. Pocas familias reinantes han llevado una vida tan aislada, autocrática y regalada. Sus comidas eran pantagruélicas, cientos de concubinas satisfacían sus apetitos sexuales y un ejército de eunucos —los únicos sirvientes varones que podían vivir en la Ciudad Prohibida— se ocupaba de las faenas cotidianas de palacio.

Durante el reinado de la dinastía Ming, los eunucos fueron adquiriendo una posición cada vez más dominante. La razón de utilizarlos era que se creía que serían fieles y de confianza, puesto que carecían de familia propia y no podían mantener relaciones ilícitas con las mujeres de palacio. Muchos de ellos eran antiguos delincuentes que habían sido castrados como castigo; como los chinos creían que ninguna persona incompleta podía aspirar a la felicidad celestial, los eunucos llevaban siempre consigo su escroto amputado, o por lo menos se aseguraban de que lo enterrarían con ellos cuando murieran. Hung Wu había intentado limitar su número a cien, pero en 1644, a finales del período Ming, había en la Ciudad Prohibida 70.000 eunucos, y otros 30.000 desempeñaban tareas administrativas fuera de ella.

Con el declive de los emperadores Ming, el poder de los eunucos fue aumentando. A partir de 1620, el poder del gobierno cayó primero en manos de una concubina y después en las de un eunuco de 52 años, llamado Wei Chung-hsien. Wei tenía tanta influencia sobre el emperador, un muchacho de 15 años cuyo principal interés era la carpintería, que se convirtió en el gobernante efectivo de China. Se erigieron templos en su honor y, según la historia oficial de la casa de Ming, hizo ejecutar a «un número incalculable» de oponentes. Pero el emperador murió de repente y Wei se vio obligado a suicidarse para evitar ser encarcelado. Poco después, la dinastía Ming fue derrocada por los manchúes, que incendiaron parte de la Ciudad Prohibida y fundieron la plata que había en ella.

En el siglo XIX, la Ciudad Prohibida volvió a caer en manos de una concubina, la autocrática emperatriz viuda Cixi, cuyo poder se basaba en el hecho de que, entre todas las concubinas del emperador Hsien Feng, era la única que le había dado un hijo y heredero. El emperador murió cuando el niño tenía sólo cinco años, y Cixi asumió el poder, desplazando a otros cortesanos. Cuando su hijo falleció a los 19 años de edad, Cixi atacó de nuevo, insistiendo en que se designara como emperador a otro menor de edad, para que su regencia pudiera continuar. Cuando el nuevo emperador ocupó el trono y empezó a introducir reformas, Cixi golpeó por tercera vez, abandonando su semirretiro para adueñarse de nuevo del poder.

Cixi era una mujer intolerante, brutal y xenófoba, que hizo causa común con los miembros de una organización denominada Sociedad de los Puños Rectos y Armoniosos, que culpaba a los imperialistas extranjeros de todos los males de China. Cuando esta sociedad —que los occidentales conocían como los bóxers— atacó a los misioneros, Cixi se negó a ordenar su disolución como exigían las potencias occidentales. En junio de 1900, los bóxers atacaron las embajadas y las residencias de extranjeros en Pekín, y Cixi se puso

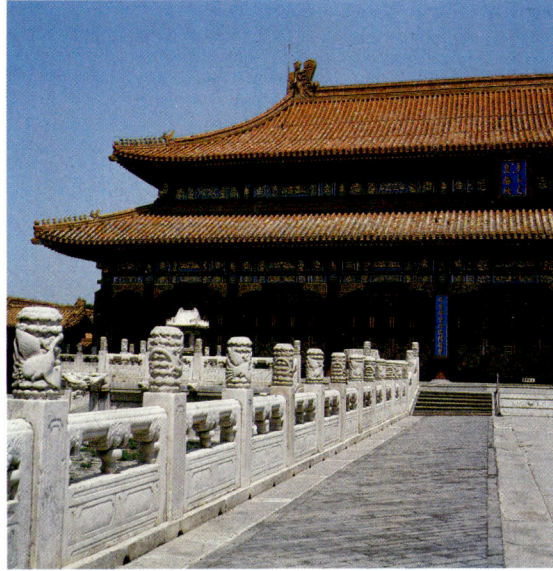

El colorido de la Ciudad Prohibida viene determinado por los diferentes elementos de las construcciones: los podios sobre los que se apoyan los edificios son blancos; los pilares y muros son de color rojo mate (izquierda); y los tejados, de un brillante amarillo dorado, un color reservado exclusivamente para uso imperial.

de su parte. En agosto, llegaron tropas occidentales para rescatar a los diplomáticos sitiados; la Ciudad Prohibida fue invadida y Cixi tuvo que huir. Pero los desacuerdos entre las fuerzas occidentales permitieron que regresara, y en enero de 1902 llegó de nuevo a Pekín. Trató entonces de introducir las reformas que treinta años antes podrían haber salvado a la dinastía, manteniéndola como monarquía constitucional, pero ya era demasiado tarde. Cixi murió en 1908, y en 1911 triunfaba la revolución dirigida por Sun Yat-sen.

Durante los años veinte fracasaron varios intentos de restaurar el poder imperial, y en la década de los treinta, durante la ocupación japonesa, la Ciudad Prohibida fue saqueada y se perdieron

muchos objetos de gran valor. En 1949, las tropas de Chiang Kai-shek, que se retiraban de China continental rumbo al exilio en Taiwan, se llevaron mucho más.

El 1 de octubre de 1949, Mao Zedong se asomó a la terraza de la Puerta de la Paz Celestial y anunció el nacimiento de la República Popular China, la última «dinastía» que ha reinado en el país.

A partir de entonces, la Ciudad Prohibida sirvió de fondo a los actos multitudinarios celebrados en la plaza de Tiananmen, sobre todo a los relacionados con la Revolución Cultural y el culto a su dirigente Mao Zedong, cuyo retrato fue colgado incongruentemente de la Puerta de la Paz Celestial.

La intrincada carpintería que se aprecia bajo los aleros (arriba izquierda) es puramente ornamental. En algunos edificios llegaba a ser tan elaborada que se hacía necesario una columnata adicional para sostener el peso. Arriba derecha: uno de los feroces leones de bronce que flanquean el Paseo del Dragón.

Un diseño inspirado en la naturaleza

Datos básicos

El primer local para exposiciones construido en hierro y cristal.

Diseñador: Joseph Paxton.

Fecha de construcción: 1850-1851.

Materiales: Hierro fundido y dulce, cristal.

Longitud: 563 m.

Anchura: 124 m.

(mapa: Mar del Norte, REINO UNIDO, Londres, Crystal Palace)

Pocos edificios se han diseñado en tan poco tiempo y construido a velocidad tan vertiginosa como el Crystal Palace de Londres. Transcurrió menos de un año desde el momento en que Joseph Paxton concibió el edificio hasta el día de su inauguración en 1851, oficiada por la reina Victoria, para servir de sede a la Gran Exposición. Dos veces más grande que la catedral de San Pablo, ocupó siete hectáreas y media en Hyde Park y en su crucero central se instaló un gigantesco olmo de 33 metros de altura. Para su construcción se utilizaron 4.500 toneladas de hierro fundido y forjado, 170.000 metros cúbicos de madera y 300.000 paneles de cristal, y el revolucionario diseño abrió el camino a los modernos edificios de estructura de acero. Las obras de construcción duraron sólo siete meses.

Paxton formuló su brillante idea exactamente en el momento adecuado. La Gran Exposición pretendía demostrar la superioridad británica en todos los campos de la ingeniería, y su principal patrocinador era el príncipe Alberto. Para planear y organizar la exposición se había formado una Real Comisión de personajes distinguidos, que delegó las decisiones sobre el edificio en un comité de ingenieros y arquitectos, del que formaban parte Charles Barry (el arquitecto que diseñó el Parlamento), Isambard Kingdom Brunel y Robert Stephenson. Tras casi enloquecer examinando 245 conjuntos de planos presentados a concurso, el comité no sabía qué hacer y, a la desesperada, elaboró un diseño propio (en su mayor parte, obra de Brunel). Con la misma desesperación, la Real Comisión lo aceptó. Se trataba de un engendro, consistente en una inmensa nave de ladrillo con una enorme cúpula de hierro encima. Para construirla, se habrían necesitado por lo menos 16 millones de ladrillos; aun cuando se hubiera podido conseguir semejante cantidad, es muy dudoso que se hubieran podido colocar a tiempo. *The Times* acogió el proyecto con horror, y muchas personas compartieron su opinión.

En este ambiente frenético irrumpió de pronto Joseph Paxton, jefe de jardineros del duque de Devonshire. Paxton, nacido en 1803, era hijo de campesinos y carecía de formación académica. El duque había advertido su talento y le había contratado, con 23 años de edad, para que dirigiera sus jardines de Chatsworth, donde Paxton había hecho maravillas, creando lagos artificiales, desviando arroyos y cambiando colinas de sitio para embellecer los terrenos del duque. Allí había construido un invernadero para lirios, cuya estructura se inspiraba en la de las hojas de la gigantesca planta acuática *Victoria regia*. Al poco tiempo de terminarlo, Paxton decidió aplicar los mismos métodos al diseño de un local para la Gran Exposición. A pesar de que ya parecía tarde, el comité se mostró dispuesto a considerar su diseño si podía presentárselo en dos semanas. «Voy a casa y en nueve días les traeré todos los planos completos», respondió Paxton.

Tras visitar Hyde Park para examinar el emplazamiento, confirmó su decisión de construir una versión gigante de su invernadero. El diseño presentaba muchas ventajas: se podía levantar con rapidez y, como no utilizaba cemento ni yeso, quedaría listo para ocupar sin tener que esperar a que se secase; con la misma facilidad, se podía desmontar y trasladar a cualquier otro lugar, saliendo así al paso de las críticas que opinaban que la exposición iba a destruir Hyde Park. Y si no se le podía encontrar un emplazamiento definitivo, por lo menos se podrían revender los materiales como chatarra.

Tres días después, en una junta directiva de la compañía ferroviaria, Paxton trazó con aire ausente sus primeros dibujos; aunque se trataba de meros apuntes, ya contenían la esencia del diseño, una construcción rectilínea, de varios niveles, con columnas de hierro y paredes de cristal. Los planos quedaron terminados en una semana. Se necesitó otra semana para que la empresa contratista, Fox & Henderson, y la fábrica de cristales elaboraran presupuestos para la construcción. Según su dictamen, el edificio de Paxton, con sus 330 kilómetros de parteluces, sus 3.300 columnas de hierro, sus 2.150 vigas y sus 83.500 metros cuadrados de cristal, se podía construir por 150.000 libras, o por 79.800 si se podían recuperar los materiales después de desmantelarlo. El comité no tuvo más remedio que aceptar: incluso la cifra más alta era muy inferior al presupuesto de su propio diseño.

Una vez comenzada la construcción, se hizo evidente el genio de Paxton. Las columnas de hierro, que eran huecas para facilitar el desagüe de la lluvia caída sobre el tejado, se podían levantar a gran velocidad para instalar encima las vigas. En cuanto los obreros se familiarizaron con la tarea, podían instalar tres columnas y dos vigas en 16 minutos, según informó el propio Paxton. Cuando la construcción del primer piso estuvo suficientemente avanzada, se contrataron nuevos equipos para construir el segundo. Se instaló ma-

Las técnicas revolucionarias que se emplearon en la construcción del Crystal Palace se ajustaban a la perfección a los objetivos de la Gran Exposición, que pretendía demostrar la supremacía industrial británica. Abajo: inauguración, a cargo de la reina Victoria y el príncipe Alberto.

Un diseño inspirado en la naturaleza

El diseño de Paxton estaba inspirado en el del invernadero que había construido para el duque de Devonshire, basado a su vez en el principio de arcos y travesaños que Paxton había observado en un lirio de Chatsworth.

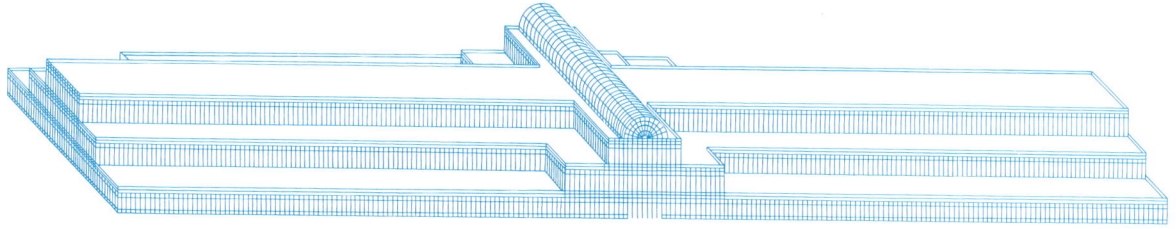

quinaria especial en la misma obra para fabricar los kilómetros de «canalones Paxton» —cabrios de madera con la parte superior ahuecada para servir como canalones y una tubería insertada en la parte inferior para dejar salir el agua que se condensara en el interior del cristal.

Los arcos del transepto, que convierten una enorme caja de cristal en un edificio elegante, se hicieron de madera y se instalaron desde arriba. Una vez montados, comenzó el acristalamiento. En una semana, 80 operarios instalaron 18.000 paneles de cristal. Esgrimiendo esta elevada productividad, los cristaleros, que cobraban 4 chelines al día, solicitaron un aumento de salario a 5 chelines y se declararon en huelga. La reacción de Fox & Henderson fue típicamente victoriana: despidieron a los cabecillas de la huelga y ofrecieron al resto la oportunidad de volver al trabajo con la paga antigua. Los obreros aceptaron.

Todo el mundo quedó asombrado ante la velocidad con que se iba levantando el edificio en Hyde Park. La revista *Punch* le puso nombre: Crystal Palace, el palacio de cristal; y William Thackeray escribió unos versos en su honor:

Como si un mago lo pusiera en acción,
Un arco radiante de transparente cristal
Salta de la hierba como un manantial
Y sube al encuentro del sol.

A estas alturas, las críticas se iban acallando, aunque no faltaba quien asegurase que un fuerte viento o una granizada podían derribar el edificio. *The Times* auguró que la salva de cañonazos que se dispararía durante la inauguración como saludo a la reina Victoria «haría pedazos el tejado del palacio y convertiría en picadillo a miles de damas». La catastrófica profecía no se cumplió, y la inauguración, que tuvo lugar el 1 de mayo de 1851, constituyó un éxito sin precedentes. «Cuando llegamos al centro, la vista era mágica. Tan enorme, tan glorioso, tan conmovedor», escribió la reina Victoria en su diario. Para entonces, el gigantesco edificio se había llenado con millones de objetos, muchos de los cuales daban testimonio del vigoroso mal gusto de la Inglaterra victoriana.

La exposición obtuvo un gran éxito, y sus beneficios se invirtieron en la construcción del conjunto de museos situados entre Brompton Road y

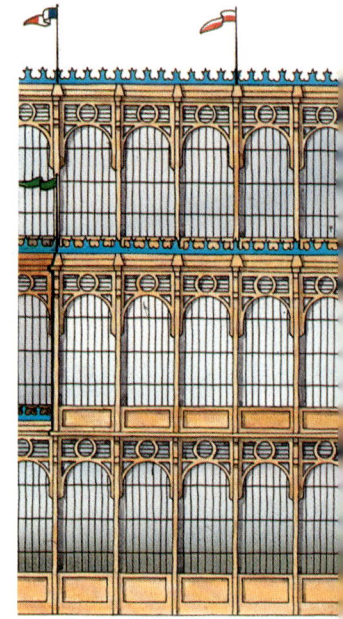

La rapidez con que se construyó demuestra el ingenio de Paxton: el empleo de grúas de tijera, poleas y caballos eliminó la necesidad de andamiajes; sólo había que atornillar las vigas a las columnas (abajo).

Hyde Park: el Victoria and Albert, el Museo de la Ciencia y el de Historia Natural. Cuando la exposición cerró sus puertas, el 11 de octubre, más de seis millones de visitantes habían pasado por taquilla.

Paxton tenía mucho interés en que su obra maestra sobreviviera, y emprendió una campaña para que se quedara de manera permanente en Hyde Park. Pero se encontró con una fuerte oposición, y el Parlamento rechazó su propuesta. Para entonces, Paxton había reunido 500.000 libras para comprar el edificio y un nuevo emplazamiento para el mismo, en un terreno de 80 hectáreas de parque con árboles situado en la cima de Sydenham Hill, al sur de Londres. Allí reconstruyó su estructura, aún mayor y más espléndida. El Crystal Palace de Sydenham Hill es una vez y media más grande que su antecesor de Hyde Park, con un tejado abovedado de extremo a extremo y con un transepto el doble de ancho.

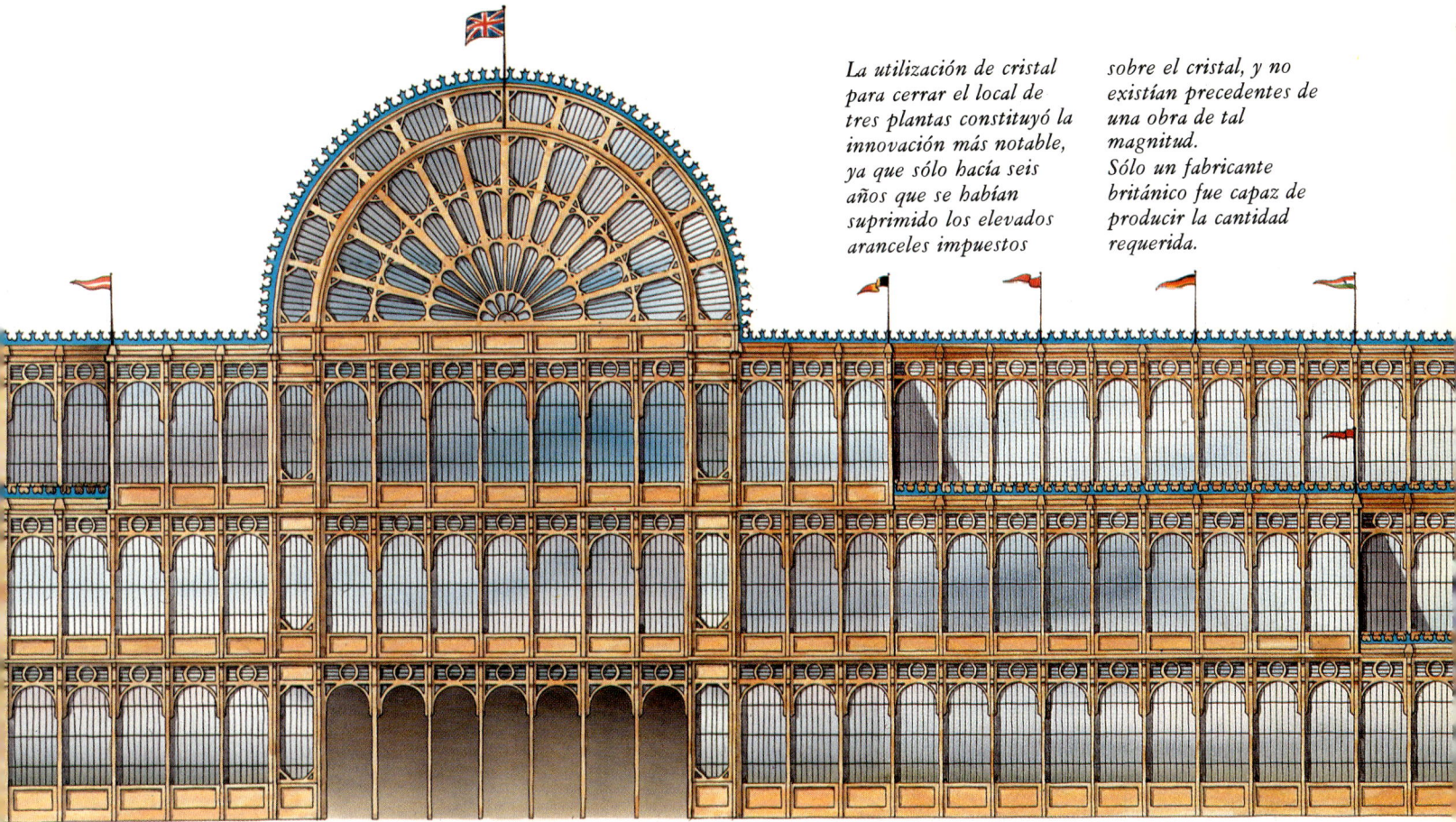

La utilización de cristal para cerrar el local de tres plantas constituyó la innovación más notable, ya que sólo hacía seis años que se habían suprimido los elevados aranceles impuestos sobre el cristal, y no existían precedentes de una obra de tal magnitud.
Sólo un fabricante británico fue capaz de producir la cantidad requerida.

El transepto perpendicular a la planta del edificio fue una idea del comité de la exposición, para evitar tener que talar varios olmos que se alzaban en el lugar (izquierda). Con este fin, se levantó un transepto de 32 metros de altura.

Se necesitaron 83.600 metros cuadrados de cristal para cubrir el Crystal Palace. El cristal tenía 1,5 mm de grosor y fue fabricado por Chance Brothers, de Birmingham. Los acristaladores trabajaban montados en pequeñas vagonetas que encajaban en los canales de desagüe y avanzaban a lo largo de los mismos. El agua de lluvia bajaba por los surcos del tejado y caía

en los canalones, de los que pasaba a las columnas huecas, de 20 cm de diámetro. The Times auguró que «la vibración provocada por las salvas disparadas durante la inauguración harían pedazos el tejado de cristal del Palacio, convirtiendo en picadillo a miles de damas».

Un diseño inspirado en la naturaleza

El Crystal Palace de Sydenham no representaba para Paxton la mejor solución al problema de qué hacer con el edificio al concluir la Gran Exposición, el 11 de octubre de 1851. Él habría preferido dejarlo en Hyde Park, para convertirlo en un jardín de invierno, con abundancia de árboles y plantas. El Parlamento rechazó esta idea, pero Paxton ya había logrado reunir medio millón de libras para adquirir un solar y reinstalar en él su edificio.

Además de crear en Sydenham Hill la proyectada colección botánica, Paxton hizo copiar esculturas, urnas y recipientes de antiguas civilizaciones, y construyó magníficas fuentes, capaces de competir con las de Versalles. Las dos torres de cada extremo (arriba) las construyó Isambard Kingdom Brunel para surtir de agua a la instalación. Una vez terminadas, proporcionaban 26 millones de litros por hora a 12.000 tuberías.

Una vez terminado, se llenó de objetos extraordinarios: patios que representaban diferentes períodos de la historia del arte, cientos de esculturas —algunas de ellas colosales—, árboles, galerías de arte, una galería de la fama, un teatro, y una sala de conciertos con 4.000 asientos y espacio para una gran orquesta de 4.000 músicos y un órgano de 4.500 tubos.

El Crystal Palace de Sydenham Hill no era ni un museo, ni una sala de conciertos ni un parque: era las tres cosas a la vez, quizá el primer ejemplo de los que hoy se denominan parques temáticos. Las familias podían pasar allí todo el día, disfrutando del paisaje y el espectáculo, rematado al anochecer por fastuosos castillos de fuegos artificiales que hicieron famoso el lugar. Muchas personas vieron allí sus primeras sesiones de cine. Había subidas en globo, funámbulos, variedades, exposiciones, conferencias, pantomimas y espectáculos sensacionales, como una escenificación de una invasión, en la que se destruyó un pueblo entero ante 25.000 espectadores. El Crystal Palace ofrecía por vez primera un centro recreativo donde el público podía pasar su tiempo libre.

Todo esto terminó el 30 de noviembre de 1936. En un lavabo de empleados se inició un pequeño incendio que, a pesar de los esfuerzos por apagarlo, se extendió con alarmante rapidez. La madera de los suelos, las paredes y los marcos ardió con enorme facilidad, y nada pudieron hacer los 381 bomberos que acudieron con 89 coches a intentar extinguir el fuego. Fue el más colosal de los espectáculos ofrecidos por el Crystal Palace. El incendio se podía ver desde todo Londres, y acudieron multitudes a contemplar la destrucción del edificio. Por la mañana, no quedaba nada en pie. La dura situación económica de los años treinta frustró toda iniciativa de reconstrucción.

La influencia de Paxton

Joseph Paxton nació en 1803 en Milton Bryant, cerca de Woburn, Bedfordshire, en el seno de una familia humilde. A base de trabajo e inteligencia, se hizo notar por el duque de Devonshire; a los 23 años, Paxton pasó a ocuparse de los jardines del duque en Chatsworth.

Los principios en los que se basaron el invernadero de Chatsworth y el Crystal Palace ejercieron una considerable influencia. En ellos se inspiraron las estaciones de King's Cross, St. Pancras y Paddington. Pero aún más importante fue que introdujeron los conceptos de construcción modular y de una estructura interna como soporte del edificio, en lugar de un muro exterior.

Estación de St. Pancras, Londres

La terminal en Londres de la línea Midland Railway fue diseñada por R. M. Ordish y W. H. Barlow, que habían colaborado en la construcción del Crystal Palace de Paxton. Las costillas de hierro forjado que sostienen el techo están unidas por medio de vigas por debajo de los andenes.

El Bond Centre de Hong Kong

Este rascacielos de oficinas, construido por el empresario australiano Alan Bond, es uno más de los miles de edificios de oficinas de todo el mundo con paredes de cristal, y está basado en un sistema de prefabricación que reduce costes, aunque limita la libertad del arquitecto.

Oficinas de Willis Faber Dumas en Ipswich, Inglaterra

Este edificio, diseñado por Foster Associates y terminado en 1975, es un ejemplo de la reducción de las paredes exteriores a una mera pantalla contra la intemperie, sin función estructural alguna. Las estructuras internas de acero u hormigón y la sustitución de los marcos de ventana por junturas de silicona o neopreno permiten que esta fachada-pantalla esté hecha totalmente de cristal.

La maravilla modernista de Gaudí

Datos básicos

La catedral más original del mundo.

Arquitecto:
Antonio Gaudí y Cornet.

Fecha de construcción:
Comenzada en 1882 e inacabada.

Materiales: Piedra, ladrillo, acero y hormigón.

Altura: 170 m.

Capacidad: Más de 13.000 personas.

Océano Atlántico

FRANCIA

La Sagrada Familia

ESPAÑA

Barcelona

Mar Mediterráneo

Hay una iglesia en Barcelona que lleva construyéndose más de cien años. Es una construcción enorme, fantástica e interminable, el sueño de un arquitecto arrebatado por la imaginación. La catedral de la Sagrada Familia es un edificio que no se parece a ningún otro, con columnas que se tuercen y se ramifican como si fueran árboles, y con enormes torres horadadas que se alzan silenciosas sobre una nave vacía. Unos lo han descrito como una obra genial y otros como el producto de una imaginación enferma. Pocas construcciones han provocado emociones tan intensas y encontradas.

La Sagrada Familia se concibió como una igle-sia neogótica perfectamente respetable, que debía construirse en la zona nueva de Barcelona, financiada por la Asociación Espiritual de Devotos de San José. Debía constituir un homenaje a san José y la Sagrada Familia, símbolos de la vida familiar y, por extensión, de la base del sistema social. Se adquirió un solar, el arquitecto diocesano Francisco de Paula del Villar elaboró unos planos, y en 1882 se colocó la primera piedra.

Al poco tiempo, la asociación prescindió de los servicios del arquitecto, sustituyéndolo por un joven de sólo 31 años, llamado Antonio Gaudí. Lo que empezó siendo un encargo se convirtió para Gaudí en una obsesión a la que dedicó el resto de su vida, una devoción en la que el arte y la religión se fundían en una pasión arrasadora. Jamás llegó a terminar el edificio, que continúa inconcluso, pero que ahora es el monumento más importante de Barcelona y una de las creaciones más extraordinarias de toda la historia de la arquitectura occidental.

Resulta difícil describir el estilo que Gaudí adoptó para la Sagrada Familia, ya que no existen equivalentes en ninguna otra parte. Utiliza elementos góticos, pero las formas sinuosas y casi líquidas deben mucho al Art Nouveau. Es como si los dibujos de Aubrey Beardsley o las piezas de platería del Movimiento Inglés de Artes y Oficios se hubieran convertido en piedra. Las principales

El altar mayor (izquierda), situado bajo la cúpula central. Gaudí pensaba utilizar como único ornamento un Cristo crucificado, con una vid enroscada al pie de la cruz. Las siete capillas absidales estarían dedicadas a las alegrías y sufrimientos de san José.

La fachada de la Natividad (derecha), cuya construcción se inició en 1891 y no se terminó hasta 1930. Los cuatro campanarios están dedicados, de izquierda a derecha, a los apóstoles Bernabé, Simón, Tadeo y Matías. La fachada está orientada al este e iluminada por el sol naciente.

La maravilla modernista de Gaudí

influencias de Gaudí parecen haber sido John Ruskin, William Morris y el arquitecto neogótico francés Viollet-le-Duc. Trabajó durante tantos años en esta iglesia —desde que aceptó el encargo en 1883 hasta su muerte en 1926— que la construcción refleja sus propios cambios de opinión en temas arquitectónicos y religiosos.

El primer paso de Gaudí consistió en agrandar las dimensiones de la iglesia. Le habría gustado alterar también su posición, pero los cimientos ya estaban puestos. Durante unos diez años, se dedicó a construir la cripta, en un estilo más o menos gótico; su principal innovación consistió en introducir ornamentación naturalista. Pero a partir de 1890 sus ideas se dispersaron. Abandonó los austeros conceptos de Villar, sustituyéndolos por una abigarrada decoración con motivos florales, humanos y animales.

En 1895 estaba todavía diseñando la fachada este, una decisión polémica, ya que el pueblo de Barcelona empezaba a impacientarse, y la fachada oeste, que daba a la ciudad, parecía una prioridad más urgente. Gaudí justificó su decisión alegando que el tema de la fachada oriental era el nacimiento de Cristo, y que por eso debía construirse antes que la occidental, cuyo tema era la Pasión. Gaudí ya no consideraba la iglesia como un edificio que debía construirse con la mayor rapidez posible, sino como una manifestación religiosa por derecho propio, en realidad un catecismo hecho piedra.

Sus planes fueron haciéndose cada vez más ambiciosos y complicados. En torno a la iglesia deberían levantarse 18 agujas, con una gran torre central de 170 metros de altura (tan alta como la catedral de Colonia y mucho más que las de San Pablo de Londres y San Pedro de Roma). Gaudí pretendía que las torres simbolizaran a los doce apóstoles, los cuatro evangelistas, la Virgen María y el propio Cristo (la torre más alta). Las tres fachadas de la iglesia representarían el nacimiento, la muerte y la resurrección de Cristo.

La abundancia de simbolismos se aprecia también en los detalles del diseño. Da la impresión de que Gaudí aborrecía las superficies planas. Lo que más llama la atención del visitante es el dinamismo de la decoración, con animales, plantas, figuras humanas, árboles y esculturas ocupando hasta el último centímetro cuadrado. Si Gaudí hubiera vivido para terminarlas, muchas de las esculturas se habrían enmarcado en marcos de colores. También planeaba construir una especie de claustro alrededor de todo el edificio, que habría aislado el recinto sagrado de los ruidos de la calle.

Las cuatro agujas de la fachada oriental, de 100 metros de altura, fueron las últimas partes de la iglesia construidas bajo la dirección de Gaudí, que sólo llegó a ver terminada la torre que da al sur,

dedicada a san Bernabé. Tras su muerte, y después de una larga interrupción —desde 1936, cuando comenzó la guerra civil española, hasta 1952—, las obras continuaron, pero aún falta mucho para su conclusión, a pesar de los intentos de terminarla a tiempo para los Juegos Olímpicos de 1992 en Barcelona.

El esplendor de las ideas de Gaudí sólo se puede apreciar de modo fragmentario; por ejemplo, cuando el interior se ilumina por la noche y se ve salir la luz a través de la piedra horadada. Entonces la Sagrada Familia representa verdaderamente, como Gaudí deseaba, la expresión en piedra de las palabras de Cristo: «Yo soy la luz del mundo.»

La Sagrada Familia se alza en una zona de Barcelona que permaneció sin urbanizar hasta este siglo. El contraste entre el color de la piedra en la fachada de la Natividad (arriba) y en las torres más modernas que se alzan detrás es consecuencia de décadas de contaminación urbana. Sobre la puerta principal está representada la coronación de la Virgen.

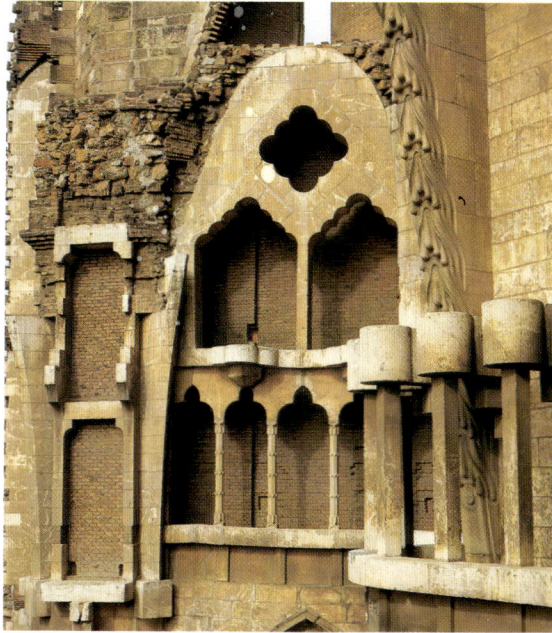

Interior de la fachada de la Natividad. Gaudí decidió la posición de las estatuas de una manera pragmática: colocando maquetas de escayola de tamaño natural a la luz de la mañana y observándolas desde una cierta distancia, para resituarlas como mejor le pareciera. Gaudí estaba tan obsesionado con los detalles cotidianos de las obras que se quedaba con frecuencia a dormir allí.

Detalle de la fachada de la Natividad (abajo), donde se aprecia la profusión de decoraciones y simbolismos que cubre toda la superficie exterior. Corresponde a la parte de encima de la puerta central, que simboliza la Caridad. Bajo las ventanas, la escena de la Natividad. El ángel que toca el arpa a la derecha sustituye a otro que resultó destruido durante la guerra civil española.

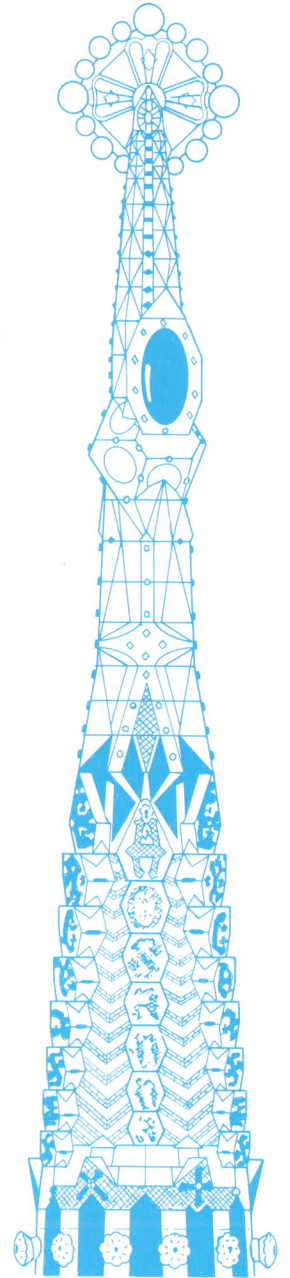

Los pináculos de las torres que se alzan sobre la fachada de la Natividad están incrustados con mosaicos y figuras de nácar, y representan los atributos episcopales de la cruz, la mitra, el báculo y el anillo. Las palabras «Hosanna» y «Excelsis» aparecen en líneas verticales alternas.

El genio creativo de Gaudí

Antonio Gaudí y Cornet, nacido en Reus, Tarragona, el 25 de junio de 1852, fue un ferviente catalán y un devoto católico, cuyas construcciones representan la expresión artística del resurgimiento político catalán. Pese a sus humildes orígenes, su fuerza de carácter y su inteligencia le permitieron ingresar, en 1873, en la Escuela Provincial de Arquitectura de Barcelona.

A pesar de su fervor catalanista —siempre se negó a hablar castellano—, Gaudí fue un hombre conservador, tanto en su vida privada como en el terreno espiritual. Nunca se casó, ni viajó, ni fundó una escuela de arquitectura. Sus visiones murieron con él, en un momento en el que cobraba auge el moderno estilo internacional de arquitectura, geométrico y funcional.

Gaudí pretendía que su parque Güell (derecha) pareciera una zona residencial ajardinada de tipo inglés, pero sólo se llegó a construir el parque, en el que trabajó hasta 1914. En la actualidad es una zona pública, con una iglesia, árboles, esculturas y un gran teatro. En la fotografía, el salón de las cien columnas.

La casa Batlló de Barcelona (arriba) es una remodelación de un edificio ya existente. Entre 1905 y 1907, Gaudí cubrió la vulgar fachada con un mosaico que representa el cielo, las nubes y el mar, añadió un tejado de escamas vidriadas que parece el lomo de un dragón, e insertó delgadas columnas en las ventanas, que son la causa de que a este edificio se le conozca popularmente como «la casa de los huesos».

La terraza del teatro al aire libre del parque Güell (derecha) tiene bancos con respaldo ondulado, hechos de fragmentos de cerámica, vidrio y porcelana, e incluso trozos de botellas y cacharros de las alfarerías locales. Estos materiales, además de ser baratos, se prestaban a la composición espontánea. Con su actitud pragmática, Gaudí se asemejaba más a un artesano medieval que a un arquitecto moderno.

En su empleo de formas naturales, Gaudí reflejaba la influencia del crítico de arte John Ruskin. En lugar de tomar sólo ciertos elementos de la naturaleza, Gaudí los utilizaba tan completos como era posible; además de este lagarto del parque Güell (arriba), incorporó a sus obras flores, semillas, árboles, caracoles, perros, peces, escamas, huesos y músculos.

Los mosaicos de la casa del parque Güell sirven para realzar la forma del edificio. El empleo de azulejos de colores brillantes fue introducido en la península por los árabes. La afición de Gaudí por la ornamentación, el color y las formas poco corrientes demuestra su sentido del humor y de las formas. Gaudí es admirado en Barcelona por los vigorosos y a veces extravagantes edificios que legó a la ciudad.

Escalera al cielo

Datos básicos

La torre más distintiva del mundo, construida para conmemorar el centenario de la Revolución Francesa.

Diseñador: Gustave Eiffel.

Fecha de construcción: 1887-1889.

Material: Hierro dulce.

Altura: 300 m.

La torre Eiffel domina el paisaje urbano de París con una elegancia que hasta sus críticos del primer momento se vieron obligados a reconocer.

La torre Eiffel, el monumento más instantáneamente reconocible de Francia, fue calificada de engendro desde el momento de su concepción. «Una deshonra para París, una torre ridícula y mareante, que parece una gigantesca y sucia chimenea de fábrica», declaró un grupo en el que figuraban los escritores Alejandro Dumas y Guy de Maupassant y el compositor Charles Gounod.

En la actualidad, resulta imposible imaginar París sin esta «trágica farola», «candelero invertido» o «gran supositorio», descripciones que se le aplicaron en uno u otro momento.

La torre se levantó con motivo del centenario de la Revolución Francesa, conmemorada con una gran exposición, la *Exposition Universelle* de París. Los organizadores consideraron diversos proyectos para el motivo central de la exposición, incluyendo la grotesca idea de una gigantesca guillotina de 300 metros de altura. La mejor propuesta fue la presentada por Gustave Eiffel, conocido ingeniero considerado como un experto en hierro forjado. Un material que por entonces era más barato que el acero y con el que había construido puentes, cúpulas y cubiertas. La idea había partido de dos jóvenes miembros de su empresa, Maurice Koechlin y Emile Nougier, que realizaron los cálculos preliminares. Eiffel presentó el proyecto a los organizadores de la exposición y consiguió que lo respaldaran.

La intención era construir la estructura más alta del mundo: una torre de 300 metros de altura. En aquel tiempo, el récord lo ostentaba el monumento a Washington, en Washington DC, un obelisco de piedra con una altura de 169 metros. El monumento antiguo más alto era la gran pirámide de Keops, con 147 metros de altura.

Eiffel se propuso levantar una torre casi el doble de alta que cualquier estructura existente con anterioridad.

Su diseño consistía en una estructura de barras de hierro forjado, sujetas con remaches, apoyada en unos sólidos cimientos. A diferencia de un puente, donde muchas de las vigas son idénticas, la torre exigía muchos componentes diferentes, diseñados uno a uno por un equipo de 50 técnicos bajo la dirección de Eiffel. Para facilitar la construcción, el peso máximo de cada componente no debía superar las tres toneladas.

La erección de la torre comenzó en enero de 1887. Para los cimientos se utilizaron cajones de acero de 15 metros de longitud, 7 de anchura y 2 de profundidad, llenos de hormigón y enterrados en el subsuelo. Sobre ellos comenzó a levantarse la estructura de hierro a finales de junio. Los componentes se izaban con grúas, y su fabricación era tan precisa que cuando la construcción alcanzaba ya los 50 metros de altura, los orificios de las piezas prefabricadas seguían coincidiendo a la perfección. Esto era importante porque el hierro forjado no se puede soldar, y es preciso montarlo con remaches. Una vez completada la primera plataforma (el 1 de abril de 1888), se subieron a ella las grúas.

La construcción avanzó a buen ritmo durante todo el año 1888, y a finales de marzo del 89 la torre había alcanzado ya su altura definitiva. Un dato estadístico interesante es que no se produjo ningún accidente mortal durante la construcción, aunque un operario italiano murió mientras se instalaban los ascensores, después de haberse inaugurado la torre. El peso total de la estructura es de 9.547 toneladas; consta de 18.000 componentes, sujetos con dos millones y medio de remaches. En su construcción trabajaron 230 obreros, 100 de ellos para fabricar las piezas y 130 para montarlas. La altura final es de 301 metros, con una dilatación en días calurosos de hasta 17 centímetros.

El 31 de marzo, un pequeño grupo ascendió los 1.792 escalones para izar en lo alto de la torre la bandera tricolor francesa, un enorme pabellón de 7 metros de longitud y 4,5 de anchura. Se brindó con champaña y se lanzaron gritos de «¡Vive la France! ¡Vive Paris! ¡Vive la République!» El descenso, según el *Times,* «resultó tan fatigoso como la subida y duró 40 minutos». Al pie de la torre se habían instalado mesas para una celebración a la que asistieron 200 trabajadores, los ingenieros que habían diseñado la torre y el primer ministro, Tirard, que confesó que al principio no le había gustado la idea de la torre, pero que estaba dispuesto a hacer una *amende honorable* y reconocer que había estado equivocado.

Ahora que la torre estaba levantada, muchos de sus críticos la encontraron más elegante de lo que

Escalera al cielo

habían esperado, más ligera y atractiva de lo que parecía en los dibujos. Gounod retiró sus críticas y *Le Figaro* celebró la inauguración de la torre con un elocuente homenaje en verso a su creador: *Gloire au Titan industriel/qui fit cet escalier au ciel* (Gloria al Titán industrial que hizo esta escalera al cielo).

Tampoco se cumplieron las pesimistas predicciones que auguraban un desastre económico. La construcción de la torre costó 7.799.401 francos y 31 céntimos —aproximadamente un millón más de lo que había calculado Eiffel—, pero atrajo a cantidades inmensas de visitantes. Sólo en los cinco últimos meses de 1889, la torre recibió 1.900.000 visitantes, que pagaron dos francos para subir a la primera plataforma, un franco más por llegar a la segunda y otros dos francos para acceder a la cúspide. Al final del primer año se había amortizado el 75 por 100 del coste total. Resultó una empresa muy provechosa, aunque el récord de asistencia de 1889 no se superó hasta la aparición del turismo de masas en los años sesenta. En 1988, el número total de visitantes ascendió a cuatro millones y medio.

Diseñada en principio para durar sólo 20 años, la torre aún se mantiene en pie al cabo de un siglo. En los años ochenta se llevó a cabo una restauración a fondo, que costó 28 millones de dólares. Una de las operaciones realizadas consistió en eliminar el exceso de peso que se había ido añadiendo a la estructura a lo largo de los años. En total, se retiraron unas 1.000 toneladas de material, incluyendo una escalera giratoria de 180 metros de altura.

La torre Eiffel se ha gestionado siempre como una empresa comercial. Durante algún tiempo, la compañía automovilística Citroën poseyó los derechos de publicidad, e instaló un impresionante sistema de luces que daban la impresión de llamas que ascendían desde la base de la torre. En el aspecto utilitario, la torre resultó una excelente plataforma para emisiones, primero de radio y más tarde de televisión.

La torre está pintada de color terroso, de una tonalidad denominada específicamente *brun Tour Eiffel*. Cada siete años se le aplican 45 toneladas de pintura.

De manera inevitable, ha sido escenario de numerosos suicidios: unas 400 personas se han arrojado desde ella. El primer salto en paracaídas lo llevaron a cabo, en 1984, dos ingleses, Mike McCarthy y Amanda Tucker, que burlaron a los guardias de seguridad y saltaron desde la cúspide, llegando al suelo sin contratiempos. En cierta ocasión, un elefante subió hasta la primera plataforma, y en 1983 dos motoristas consiguieron subir en motos de trial los 746 escalones que llevan hasta la segunda plataforma, dar la vuelta y bajar sin sufrir ningún accidente.

Los dos ascensores que llevan al primer piso tienen un diseño francés de dos niveles y capacidad para 50 pasajeros. Durante la segunda guerra mundial, una misteriosa avería impidió que Hitler los utilizara, obligándole a subir a la torre a pie. Tras la liberación de la ciudad en 1944, la avería se solucionó con sólo apretar un tornillo.

En la base de las 16 columnas de la torre (4 por cada soporte) se instalaron gatos hidráulicos que permitían ajustar los soportes de manera que las vigas del primer piso quedaran horizontales.

A

Etapas de la construcción
La prefabricación de secciones representó una innovación revolucionaria. Eiffel se vio obligado a ello a causa del escaso plazo de tiempo de que disponía, y decidió que los siete millones de orificios de las vigas se perforaran en la fábrica, con lo que sólo había que remacharlos in situ mediante fraguas portátiles. La posición de los orificios se especificaba en 5.300 dibujos.

as
tiplicadoras fijas

as
tiplicadoras móviles

Ascensor subiendo

Plataforma de embarque

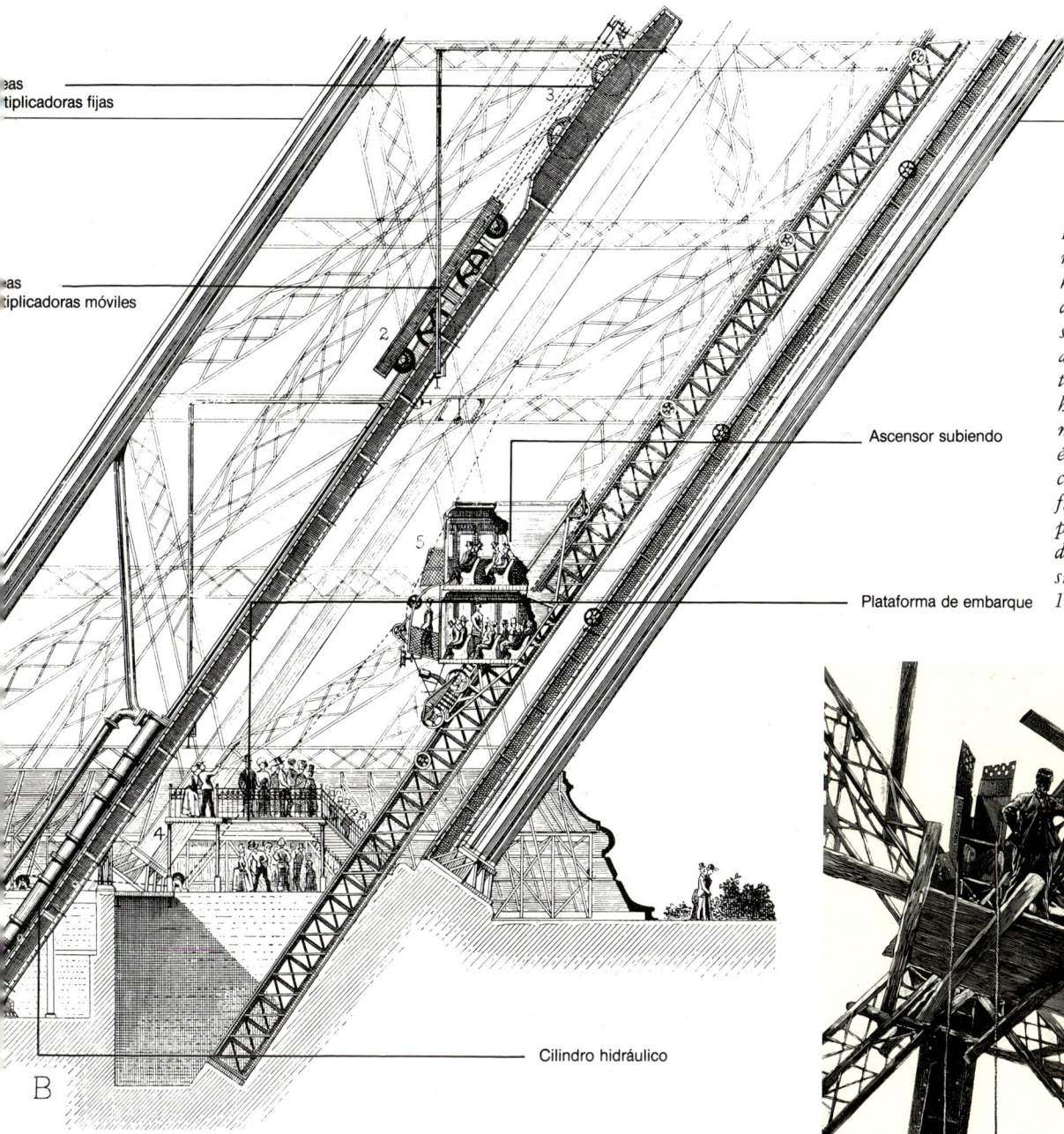

La base del soporte norte, con el ascensor hidráulico Otis que subía directamente a la segunda plataforma. El agua era empujada a través del cilindro hidráulico de once metros, moviendo un émbolo acoplado a los cables que hacían funcionar los ascensores por medio de un sistema de poleas. Los ascensores subían a una velocidad de 120 metros por minuto.

Cilindro hidráulico

B

La mayor parte de la estructura de hierro se levantó durante el año 1888. Los arcos que parecen sostener la primera fase, y que en realidad sólo tienen una función estética, se añadieron dos meses después de terminada la plataforma inferior. Por encima de la tercera plataforma, acristalada, Eiffel construyó un pequeño apartamento para su propio uso, con habitaciones para experimentos científicos.

Otras obras de Eiffel

Grandes almacenes Bon Marché, París, Francia
Los diseños de Eiffel para estructuras de hierro se basaban en rigurosos cálculos que le permitían construir con un mínimo de material, sin sacrificar por ello la rigidez y la resistencia de la construcción. Incluso publicó una fórmula aplicable a todas las estructuras de hierro dulce, que eliminaba muchas de las incertidumbres en los cálculos de las fuerzas y tensiones. La ligereza de sus diseños queda de manifiesto en los grandes almacenes Bon Marché de París (arriba e izquierda), que Eiffel construyó en 1869-79, en colaboración con L. C. Boileau.

Alexandre Gustave Eiffel nació en Dijon el 15 de febrero de 1832. Estudió química en París, pero cuando entró a trabajar en una empresa de fabricación de equipos ferroviarios decidió dejar la química para dedicarse a la ingeniería civil. A la temprana edad de 25 años dirigió la construcción de un puente sobre el río Garona en Burdeos. Adoptando un nuevo sistema de introducción de pilotes, pudo completar a tiempo una de las mayores estructuras de hierro de la época, lo cual contribuyó a cimentar su fama.

Más adelante, Eiffel decidió establecerse por su cuenta como consultor independiente para trabajos de ingeniería, y no tardó en fundar una empresa de construcciones metálicas en París. Su reputación fue en aumento y le permitió obtener contratos para construir puentes en lugares tan apartados como Perú, Argelia y Cochinchina, así como incontables viaductos y puentes ferroviarios en Europa. Pero su talento abarcaba todas las modalidades de ingeniería: un puerto en Chile, iglesias en Perú y Filipinas, conductos de gas, fábricas de acero y presas en Francia, compuertas para Rusia y el canal de Panamá. La torre, construida para la exposición de París, representó la culminación de una brillante carrera.

Observatorio de Niza, Francia
Situado en los Alpes Marítimos, era el más grande del mundo cuando Eiffel lo terminó en 1885.
Eiffel construyó la estructura de hierro de la cúpula, de 22,5 metros de diámetro, que gira sobre un anillo con tan poca fricción que resulta posible mover a mano la cúpula de 110 toneladas.

Puente de Garabit, Francia
Este viaducto en el Macizo Central (abajo) sólo es superado por la torre Eiffel en la lista de éxitos de su creador. Cuando se inauguró en 1884, era el puente de arco más alto del mundo, a 122 metros sobre el río Truyére. El arco de 165 metros sostenía una vía férrea de 560 metros de longitud.

La selva de acero y hormigón

NUEVA YORK

EE UU

NUEVA JERSEY

Isla de Manhattan

NUEVA YORK

Ciudad de Nueva York

Datos básicos

La mayor concentración de rascacielos en todo el mundo.

Longitud: 20 km.

Anchura máxima: 4 km.

Longitud de los cables eléctricos por debajo de Manhattan: 27.000 km.

La isla de Manhattan, con sus 20 kilómetros de longitud y 4 de anchura, posee el paisaje urbano más espectacular del mundo. Aquí, en el corazón de Nueva York, se construyen constantemente enormes edificios que se alzan casi hasta perderse de vista en las alturas, y que muchas veces se derriban al cabo de unos pocos años para construir en su lugar edificios aún más altos. Manhattan jamás termina de construirse; en cuanto se termina un edificio, los arquitectos, ingenieros y constructores se desplazan a otro lugar para empezar una nueva obra.

El espacio disponible es tan reducido que la única solución consiste en construir hacia arriba, y según han ido avanzando las técnicas ha ido aumentando la altura de los edificios de Manhattan, que casi siempre ha podido presumir de poseer el edificio habitable más alto del mundo, desde el Flatiron Building, construido en 1903, hasta el World Trade Center, de 1971, pasando por el Empire State Building, construido en 1931. Y aunque de vez en cuando se ha visto superada por algún edificio excepcional de otra ciudad, Manhattan siempre ha presentado la mayor concentración de rascacielos en una sola zona.

Para que esto fuera posible se ha necesitado mucho ingenio. Hasta que Elisha Otis inventó su «elevador de seguridad», la altura de los edificios estaba limitada por lo que pudieran trepar los operarios, que no solía ser más de seis pisos. Otis inventó un sistema que mantenía fijo el elevador aun cuando se rompiera el cable que lo sostenía, y lo presentó en la Feria Mundial de Nueva York de 1854. La utilización de estructuras de hierro colado permitió levantar edificios más altos, y en 1875 se construyó en Lower Broadway el edificio de la Western Union, de diez plantas, superado a finales de siglo por el Pulitzer Building en Park Road. Esta construcción, coronada por una gigantesca cúpula, presentaba una mezcla de lo antiguo y lo nuevo: tenía una estructura sostenida por pilares de hierro dulce, pero las paredes exteriores se apoyaban en muros portantes de hasta 2,75 m de grosor.

Los edificios tradicionales necesitan muros gruesos para sostener su peso; cuanto más altos sean, más gruesos deben ser los muros al nivel del suelo. Con la limitación de espacio existente en Manhattan, esto habría impuesto un límite de altura a los proyectos de los constructores, de no haberse introducido las estructuras de acero, que soportan todas las cargas internas y externas del edificio y las transmiten a los cimientos.

El primero de estos edificios fue el de Home Insurance de Chicago, construido en 1884 por William Jenney, con una altura de diez pisos. El primero que se construyó en Nueva York debió ser el Tower Building, en el 50 de Broadway, diseñado en 1888 por Bradford Lee Gilbert para un solar de sólo 6,40 metros de anchura. Si hubiera utilizado métodos tradicionales, casi todo el espacio de la planta baja habría quedado ocupado por muros portantes macizos. En cambio, Gilbert utilizó lo que él mismo describió como «el armazón de un puente de hierro, puesto de pie»: una estructura de hierro de 13 pisos de altura. Para tranquilizar a los propietarios, Gilbert prometió quedarse con los dos pisos superiores, como demostración de su confianza en la resistencia del edificio. Muchos de estos primeros rascacielos de Nueva York han desaparecido, pero los métodos de Gilbert abrieron el camino a estructuras aún más altas.

Una de las más curiosas es el Flatiron Building, construido en un estrecho solar triangular con forma de plancha, en el cruce de Broadway con la Quinta Avenida en la calle 23. Sus 20 plantas están sostenidas por una estructura de acero recu-

La parte baja de Manhattan orientada al norte.
El World Trade Center es el edificio alto situado a la izquierda y el situado en el centro, el Empire State Building.
En el límite de la parte derecha el puente de Brooklyn cruza el río Este.

La selva de acero y hormigón

El World Trade Center, construido entre 1966 y 1971, es un caso insólito en los EE UU, ya que fue financiado por dos estados, Nueva York y Nueva Jersey, con la intención de reunir más de 1.000 empresas y agencias oficiales dedicadas al comercio internacional; en él están representados más de 60 países. La mitad del solar, de 6,5 hectáreas, es terreno ganado al río Hudson, y los cimientos tienen seis plantas de profundidad. La torre más alta, de 110 pisos, tiene una altura de 410 metros.

bierta de sillería decorativa y provista de seis ascensores hidráulicos Otis. Según sus constructores —la empresa George A. Fuller—, se trataba del edificio más resistente jamás construido. A diferencia de otros edificios contemporáneos ha sobrevivido hasta nuestros días y ahora es el rascacielos más antiguo de Nueva York.

Pero pronto quedó superado por construcciones mucho más altas, la más llamativa de las cuales era el Woolworth Building, una torre gótica de 231 metros de altura, construida en 1913 por encargo de F. W. Woolworth, fundador de la cadena de almacenes que aún lleva su nombre. Tiene 60 plantas desde el subsótano al ático, cada una de más de tres metros y medio de altura, lo cual constituye un derroche de espacio que hoy resultaría excesivamente caro. La estructura interna es de acero, pero su decoración externa es de terracota, cuidadosamente modelada en complicadas formas y tracerías. Los establecimientos Woolworth proporcionaban tantos beneficios que la construcción del edificio, que costó trece millones y medio de dólares, se fue pagando al contado según avanzaban las obras.

La estructura de acero del edificio Woolworth,

como la de todos los rascacielos de la época, estaba montada con remaches, que se insertaban al rojo vivo en orificios practicados ex profeso en las columnas de acero. Al enfriarse, los remaches se encogían, apretándose más y manteniendo firmemente unidas las piezas de acero.

Así fue como se construyó en 1930-31 el rascacielos más famoso de Nueva York, el Empire State. Desde la torre de observación, situada a 380 metros sobre el pavimento de la Quinta Avenida, resulta estremecedor pensar en los remachadores que trabajaron subidos en delgadas vigas de acero, insertando remaches al rojo vivo a una altura de vértigo. El elegante diseño del edificio, con las plantas superiores remitiéndose progresivamente hacia el interior, fue consecuencia de las ordenanzas urbanísticas de la época, que no permitían construir torres no escalonadas. El arquitecto William Lamb realizó quince diseños diferentes antes de decidirse por el definitivo.

Las obras comenzaron en plena Depresión y progresaron a un ritmo vertiginoso: hubo días en que se levantó más de un piso. Se necesitaron 60.000 toneladas de vigas de acero, fabricadas en Pittsburgh, y entregadas con tal celeridad que

El Empire State era el edificio más alto del mundo cuando se construyó en 1930-31. Sus 102 plantas alcanzaban una altura de 380 metros. Fue diseñado por Shreve Lamb & Harman, y su construcción estuvo tan bien planificada y ejecutada que se llevó a cabo en sólo 18 meses, permitiendo que los primeros ocupantes se instalaran cuatro meses antes de lo previsto. La reducción gradual de las fachadas se debe a que las ordenanzas de construcción de Nueva York prohibían un ascenso en vertical de más de 38 metros. En el piso 30 fue preciso reducir aún más la planta.

El Woolworth Building, con sus 231 metros, ostentó el título de edificio de oficinas más alto del mundo durante 20 años, desde que se terminó en 1913. Fue diseñado por Cass Gilbert y todavía sigue siendo uno de los rascacielos más admirados. En 1983 fue declarado monumento protegido. Las tiendas Woolworth de 5 y 10 centavos tuvieron tanto éxito que sus ingresos permitieron financiar toda la construcción del edificio, que costó 13 millones y medio de dólares. Cada planta tiene más de tres metros y medio de altura, mucho más de lo que admitiría un constructor moderno. La torre está revestida de terracota, y todos sus detalles revelan sus aspiraciones góticas.

muchas de ellas llegaban a la obra tan sólo tres días después de haberse fabricado. El peso total del edificio asciende a 365.000 toneladas.

La planificación de esta obra ha pasado a la leyenda. Cada día se publicaba un plan de trabajo que especificaba el progreso de la obra, el horario de todos los camiones que llegarían en el día, el cargamento que traerían, la persona responsable del mismo y el punto de destino. El espacio es tan escaso en Manhattan que los constructores casi nunca pueden disponer de un solar junto a la obra donde poder almacenar los materiales durante la construcción. Cada pieza de acero venía numerada, para asegurar que se instalara en el lugar correcto, y en cada nuevo piso construido se montaba un ferrocarril de vía estrecha para transportar los materiales a su lugar exacto de destino. Los materiales se cargaban a nivel del suelo en vagonetas, que se izaban con grúas, se colocaban sobre la vía y se llevaban rodando hasta el sitio exacto donde se necesitaban.

La subida al Empire State es un acto obligado en toda primera visita a Nueva York: cada año, dos millones de personas utilizan sus potentes ascensores, que llegan al piso 80 en menos de un minuto. Desde allí, otros ascensores llegan hasta el observatorio acristalado, instalado en el piso 102. Por encima se alza una antena de televisión que es, por sí sola, tan alta como un edificio de 22 pisos.

En un principio, la gente dudaba de la estabilidad del edificio, pero todas las dudas se disiparon en julio de 1945, cuando un bombardero de la aviación estadounidense, que intentaba llegar al aeropuerto de Newark en medio de una espesa niebla, se estrelló contra el Empire State a la altura de los pisos 78 y 79. El impacto mató a los tres tripulantes y once pasajeros, pero el edificio se mantuvo firme. Los remachadores habían hecho un buen trabajo.

En la actualidad se utilizan técnicas diferentes. Las estructuras de acero se montan con pernos o van soldadas, no remachadas. Los operarios que trabajan en las alturas montando las vigas se llaman herreros de obra y van equipados con instrumentos especiales, con un extremo en punta para introducir en los orificios y colocar las vigas en posición y una llave de tuerca en el otro extremo, para apretar los pernos y unir las piezas.

En otros rascacielos no se utiliza acero, sino hormigón, que se vierte directamente en moldes de madera instalados en el punto definitivo. Los pilares verticales que separan y sostienen las plantas se forman en torno a una armadura de barras de acero, y los pisos propiamente dichos se hacen vertiendo hormigón sobre un suelo provisional de madera cubierto por una retícula de barras de refuerzo. Se vierten de 10 a 20 cm de hormigón, utilizando un reborde por la parte ex-

La selva de acero y hormigón

terior del edificio para evitar que se derrame, y después se nivela el piso.

Al cabo de un día, el hormigón está ya lo bastante firme como para andar por encima, y se puede retirar el suelo de madera e izarlo al siguiente nivel para construir otra planta. Para mantener en posición el suelo de hormigón hasta que se endurece por completo, en lo cual puede tardar varias semanas, se utilizan vigas provisionales de madera. Al concluir cada piso se revisa todo el edificio para comprobar que no se han producido deformaciones. De manera muy similar se construyen los pisos de hormigón en edificios con estructura de acero.

La fase final de la construcción de un rascacielos es la instalación de los paneles exteriores, que formarán los muros. Como no tienen que soportar cargas estructurales, se pueden hacer con una gran variedad de materiales: piedra, ladrillo, aluminio, acero inoxidable, azulejo, cristal u hormigón. Los paneles llegan en camiones desde la fábrica, se izan hasta su posición y se montan sobre el esqueleto del edificio con pernos u otros sistemas de sujeción.

Esto permite remozar los edificios viejos, retirando todos los paneles originales y sustituyéndolos por otros más modernos, por una fracción de lo que costaría reconstruir toda la estructura. Los paneles de cristal, que pueden estar coloreados o ser reflectantes como un espejo, requieren un manejo especial. Para levantar las enormes lunas de hasta 2,5 cm de grosor se utilizan ventosas especiales de succión, con lo que se evita que se estropeen los bordes durante la instalación.

Los rascacielos más antiguos de Manhattan, como el Chrysler y el Empire State, tienen estructuras de acero fortísimas y son muy rígidos, capaces de resistir la fuerza del viento. Los estudios realizados demuestran que incluso con vientos muy fuertes el Empire State oscila menos de 6 mm a la altura del piso 85.

En los edificios más modernos, con el fin de reducir gastos, las estructuras de acero no son tan sólidas, y es preciso recurrir a sistemas bastante complicados para evitar la oscilación. Un buen ejemplo es el Citicorp Building de Lexington Avenue, que posee un amortiguador especial formado por un bloque de hormigón de 400 toneladas instalado en el piso 59. El bloque está conectado a la estructura del edificio mediante brazos amortiguadores y puede «flotar» sobre una fina película de aceite. Cuando sopla viento fuerte, se vierte aceite bajo el bloque para que éste pueda moverse. La inercia del bloque es tan enorme que el movimiento es muy lento, y la conexión con la estructura impide que se mueva ésta.

Los cimientos, ocultos bajo el suelo, son la base fundamental de la que depende la estabilidad del edificio. El World Trade Center, construido entre

Remachadores y herreros de obra

Antes de que se introdujera la técnica de soldar vigas de acero, el martilleo de los remachadores reverberaba por todo Manhattan. Los montadores de acero colocaban las vigas en posición y el remache corría a cargo de un equipo de cinco hombres: el primero le pasaba los remaches al segundo, que los calentaba al rojo en una fragua y se los daba al tercero, el cual los recogía en un cubo, los golpeaba uno a uno para quitar las cenizas y los introducía en los orificios. El cuarto hombre los sujetaba, mientras el quinto aplastaba los extremos con un martillo de aire comprimido.

Un trabajador tomándose un descanso durante la construcción del Chrysler Building en 1928 (abajo). Para trabajar entre las vigas a cientos de metros de altura, un requisito fundamental era ser inmune al vértigo.

Un operario utiliza el método más rápido para llegar a su lugar de trabajo durante la construcción del Empire State en 1930. Al fondo, el Chrysler Building. Un equipo podía poner 800 remaches durante su jornada de siete horas y media. En el Empire State trabajaron hasta 38 equipos, en una época en la que no existían apenas medidas de seguridad.

La construcción de la estructura de acero del Empire State (derecha) duró sólo seis meses. Mientras se demolía el hotel Waldorf-Astoria para dejar sitio al Empire State, el mercado de valores se hundía, reduciendo de manera indirecta los gastos de construcción: la previsión era de 44 millones de dólares, pero se ahorraron unos 20.

Un trabajador iroqués delante del Chrysler Building en 1962. Los iroqueses, antiguos habitantes del estado de Nueva York, no son los únicos trabajadores de ascendencia india que demuestran una particular aptitud para el trabajo en las alturas; también los mohawk, procedentes de una reserva cerca de Montreal, han estado muy activos en las alturas de Manhattan desde los años veinte.

La selva de acero y hormigón

1966 y 1971, y que fue durante un breve período de tiempo el edificio más alto del mundo, posee tal vez los cimientos más impresionantes que jamás se han construido. Para hacerlos se excavó una superficie equivalente a 16 campos de fútbol hasta una profundidad de seis pisos, todo ello bajo el nivel del río Hudson.

Para poder conseguir esto, hubo que excavar una fosa alrededor de todo el perímetro, profundizando hasta llegar al lecho de roca, y llenarla de hormigón para crear un gigantesco cajón o ataguía. A continuación, hubo que extraer casi un millón de metros cúbicos de tierra para instalar los cimientos de las dos torres de 110 pisos, que alcanzan una altura de 410 metros. La tierra extraída se utilizó para crear más de nueve hectáreas de terreno a orillas del río Hudson, cerca del Trade Center, en Battery Park City. Durante un breve período, las torres gemelas del Trade Center fueron las estructuras más altas del mundo, pero al poco tiempo fueron superadas por la monumental torre Sears de Chicago, de 443 metros de altura.

Si el millonario neoyorquino Donald Trump se sale con la suya, Nueva York volverá a poseer el edificio más alto del mundo. El objetivo de Trump es construir un gigantesco complejo denominado Television City, sobre un terreno de 30 hectáreas situado en el West Side de Manhattan. Trump adquirió el terreno, una terminal ferroviaria abandonada, en 1984, por 95 millones de dólares, una de las mayores gangas desde que los colonos holandeses compraron Manhattan a los indios que la habitaban por 24 dólares de baratijas. En este lugar, Trump se propone construir seis torres de 70 pisos y una de 65, rodeando a una torre central de 150 plantas, 65 metros más alta que la torre Sears. El proyecto incluiría estudios de televisión, edificios de apartamentos, galerías comerciales y parques. Se trata del proyecto más ambicioso concebido en Manhattan desde la construcción del Rockefeller Center en los años treinta. «La ciudad más grande del mundo se merece el edificio más grande del mundo», ha declarado el financiero Trump. «Va a ser un monumento majestuoso.»

Trump ha construido ya en Manhattan una torre Trump de 68 pisos, en la Quinta Avenida, junto a Tiffany's. Tiene un enorme atrio, de seis plantas de altura, en el que cae de manera constante el agua de la mayor cascada interior del mundo. En el vestíbulo, completamente revestido de mármol rosa, hay elegantes *boutiques* que venden joyas y ropa de lujo, y los inquilinos de los apartamentos disfrutan de magníficas vistas de Central Park. Viendo este deslumbrante edificio, no parecen existir impedimentos para que Trump lleve a la práctica su ambicioso proyecto de Television City.

«Castillos del nuevo feudalismo»

El lago de Central Park en 1909 (abajo) y casi la misma perspectiva en 1934 (más abajo). En el centro de la fotografía inferior se ve el Chrysler Building. El edificio alto con tejadillo, en el centro-izquierda, es la New India House.

Así describía el *Illustrated London News*, en 1934, el bosque de rascacielos que había crecido en Nueva York, comparando el paisaje de la ciudad con el de 25 años antes, en 1909, cuando los primeros autobuses reemplazaban a los coches de caballos y el servicio de bomberos todavía no estaba mecanizado.

En 1934, el Empire State dominaba el paisaje de Manhattan y el vuelo solitario de Lindbergh a través del Atlántico era ya un recuerdo de algo sucedido siete años atrás.

El Flatiron Building (izquierda) estaba equipado con seis ascensores hidráulicos Otis. El «ascensor de seguridad» de vapor de Elisha Otis liberó a los arquitectos de las limitaciones impuestas por la dependencia de las escaleras. La principal aportación de Otis fue la invención de un buen sistema de frenos. Los ascensores del Rockefeller Center recorren cada año más de 3.000.000 de kilómetros.

La constante reconstrucción de Manhattan (arriba) no es un fenómeno nuevo. En 1901, cuando se estaba construyendo el Flatiron Building, hacía sólo cuatro años que se había demolido el hotel Pabst. Esta fotografía muestra la calle 42 en dirección sureste, y en ella se ven el Pan-Am Building, más allá del edificio en construcción, y el Chrysler Building a la derecha del centro.

La pelota geodésica

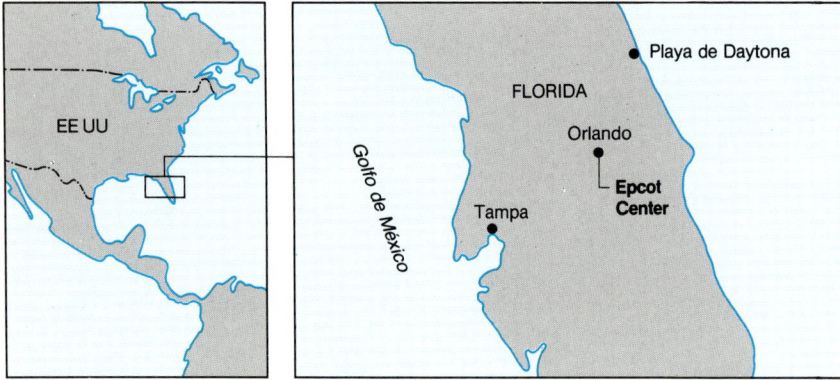

Datos básicos

El proyecto más grande que se ha emprendido con financiación privada.

Constructor: Walt Disney World.

Fecha de construcción: 1966-1982.

Superficie: 105 h.

Walt Disney, creador del ratón Mickey y el pato Donald, tuvo un sueño. Consistía en crear en algún lugar de Estados Unidos una ciudad futurista con viviendas, escuelas, parques y trabajo para todos sus habitantes, donde reinara la armonía en un entorno planificado por los mejores diseñadores e ingenieros. En 1959 trazó un boceto sobre una servilleta. Tenía incluso un nombre para las personas que llevarían a la práctica este sueño: los llamaba «imaginadores».

Lo que acabó haciendo —o, más exactamente, lo que hicieron los «imaginadores» de su empresa 16 años después de su muerte— fue un parque temático que ocupa 105 hectáreas de terreno al suroeste de Orlando, Florida. El Epcot (que en un principio eran las siglas de Experimental Prototype Community of Tomorrow, o prototipo experimental de la comunidad del mañana) no es una zona residencial. Nadie vive allí de manera permanente, y por la noche queda vacío y muerto. Sin embargo, de día es un centro recreativo de enorme éxito, que procura educar y divertir.

La construcción del Epcot representó una hazaña extraordinaria: se trata del mayor proyecto de construcción jamás emprendido con financiación privada. Las obras comenzaron en octubre de 1979 y la inauguración tuvo lugar el 1 de octubre de 1982. Costó mil millones de dólares, el doble de lo presupuestado, y necesitó los esfuerzos de 600 diseñadores e ingenieros, 1.200 consultores y 5.000 obreros de la construcción. Para reunir fondos, los ejecutivos de Disney se pusieron en contacto con varias empresas comerciales de primera fila, con objeto de persuadirlas de que patrocinaran la empresa. Siete de ellas accedieron a aportar 300 millones de dólares en el plazo de diez años, a cambio de lo cual se asignaron sus nombres a otros tantos pabellones.

A primera vista, el emplazamiento elegido no parecía muy atractivo: gran parte del terreno era pantanoso y se encontraba cubierto de turba fangosa, con un 95 por 100 de agua. Se comprobó mediante sondeos que este fango orgánico alcanzaba en algunos puntos 50 metros de profundidad. Antes de poder construir nada, era preciso extraer o consolidar el material del suelo. Se extrajeron casi dos millones de metros cúbicos de turba, sustituyéndolos por el doble de cantidad de material limpio. En las zonas más cenagosas, se comprimió la capa de fango, reduciendo su nivel en 4,5 metros, se cubrió a continuación con una capa de arena y se crearon lagos y estanques añadiendo tres metros de agua sobre la arena.

En este terreno reconstituido, los ingenieros de Disney levantaron edificios en los que instalaron exposiciones, cines, restaurantes, atracciones y ciudades-modelo, que representan las culturas de nueve naciones, entre ellas Gran Bretaña, Francia, Italia y China. Pero la construcción que da carácter al conjunto es la nave espacial Tierra, una gigantesca pelota de golf que es la primera cúpula geodésica completamente esférica construida en el mundo. Es, además, la más grande, con 50 metros de altura, tanto como un edificio de 18 pisos. Tiene una estructura de acero, recubierta de paneles de aluminio, y se sostiene sobre tres pares de «patas» de acero.

En el interior de esta enorme esfera se realiza un recorrido en espiral que tiene lugar en la oscuridad, de manera que lo mismo podría realizarse en una nave cuadrada. Tiene como tema la comunicación y está patrocinado por AT & T. En los 400 metros de recorrido se repasan varios acontecimientos cruciales de la historia de la humanidad: el hombre de Cro-Magnon pintando las paredes de su caverna, una representación teatral en la antigua Grecia, Miguel Ángel trabajando en el techo de la Capilla Sixtina, Gutenberg manipulando los tipos de su imprenta, etc. La publicidad de Disney asegura que los jeroglíficos son auténticos, que los dialectos antiguos son correctos y que el vestuario de las 65 figuras animadas se ha reproducido tras rigurosas investigaciones.

En la parte más alta del recorrido en espiral, los visitantes experimentan la sensación de flotar en el espacio —una simulación muy realista— antes de descender. Cuarenta mil años de historia humana se condensan en quince minutos, y el recorrido está tan recargado de maravillas tecnológicas que, al menos al principio, las averías eran

La pelota geodésica

La nave espacial Tierra (arriba) está diseñada para resistir vientos de hasta 320 km/h, ya que en Florida son frecuentes los huracanes. La cúpula geodésica, perfectamente esférica, se apoya en seis patas de acero de 9 metros de anchura y 4,5 de altura sobre el suelo. En el interior de uno de los pabellones, «Viaje a la Imaginación» (izquierda), se crean espectaculares efectos para los visitantes, utilizando las más modernas técnicas de producción de imágenes.

frecuentes. «Lamentamos el retraso. Nuestro viaje en el tiempo queda interrumpido por el momento», anuncia una voz incorpórea mientras los vehículos se detienen. «He visto el futuro, y todo seguía funcionando mal», declaró un visitante.

Para muchas personas, lo más interesante del Epcot son sus servicios ocultos. Por ejemplo, un sistema de telecomunicaciones de fibra óptica (uno de los primeros que se instalaron en el mundo), un sistema neumático de eliminación de basuras, vehículos movidos por motores de inducción lineal y un monorraíl eléctrico que transporta a los visitantes al cercano parque de Disney World (los monorraíles llevan más de 25 años figurando en las «ciudades del futuro», aunque no parece que esto les haya ayudado a formar parte del mundo real). Los desperdicios se reciclan como combustible, que hace funcionar el aire acondicionado y las cocinas donde se prepara comida para los visitantes. Existe un sistema central de seguridad que controla 4.000 puntos críticos por si se producen incendios o alteraciones del orden y, como en todos los parques Disney, la limpieza es absoluta. La basura apenas tiene tiempo de llegar al suelo antes de ser retirada y pasar al sistema neumático de eliminación, que sí que podría servir de modelo para las ciudades del futuro.

El Epcot está dividido en dos secciones: el Mundo Futuro (que incluye la esfera geodésica de la nave espacial Tierra) y el Escaparate Mundial. El Mundo Futuro consta de ocho pabellones independientes, entre los que figura el Universo de Energía (patrocinado por Exxon), donde se transporta a los visitantes en vehículos con capacidad para 96 personas. La electricidad se genera en 80.000 células solares, que proporcionan una potencia de 70 kilovatios, y los vehículos se dirigen mediante cables incrustados en el suelo de cada sala. Contiene dos teatros, donde los vehículos se colocan en posición mediante plataformas giratorias suspendidas en el aire, de modo que los espectadores pueden contemplar espectáculos en pantallas múltiples, mientras a su alrededor se mueven dinosaurios que funcionan a base de chips y solenoides.

Otro pabellón de esta sección es La Tierra, patrocinado por Kraft. Aquí el recorrido se hace en una embarcación, rodeada de sonidos, olores y fuertes vientos. Las gallinas no sólo parecen gallinas de verdad, sino que hasta huelen a gallina. Se exhiben técnicas agrícolas avanzadas, como una correa de transmisión en la que crecen lechugas sin tierra, sistemas subterráneos de irrigación y piscifactorías.

El Escaparate Mundial es algo muy diferente, más parecido a un parque Disney tradicional. Los pabellones siguen el modelo de las ferias mundiales: una «condensación» de las culturas de muchas

La estructura de la cúpula geodésica consta de 1.450 vigas de acero, con una cubierta impermeable de neopreno y un revestimiento exterior de casi 1.000 paneles triangulares de aluminio (izquierda y arriba), atornillados a la estructura de acero. La esfera tiene un diámetro de 50 metros y un volumen de 50.000 metros cúbicos, pero la oscuridad impide que los visitantes se hagan idea de las dimensiones.

El monorraíl (abajo) se ha convertido en un elemento característico de numerosas ferias mundiales y representaciones futuristas, aunque existe en muy pocas ciudades. El sistema de monorraíl que ya existía en Disney World para transportar visitantes se prolongó 11 kilómetros para llegar hasta Epcot. La mayor parte del trayecto discurre por un carril elevado, diseñado para velocidades de hasta 72 km/h, y hecho de hormigón premoldeado, pretensado y postensionado, con tramos de 36 metros.

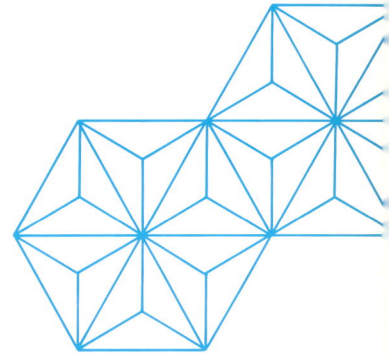

naciones, incluyendo el clásico *pub* inglés, un jardín chino, un zoco marroquí, etc. Aquí se aprecia en todo su esplendor el arte del ilusionismo perfeccionado por generaciones de maestros de la animación. Ninguno de los edificios está construido con los materiales originales —predomina la fibra de vidrio— pero el efecto es perfecto en todos ellos. Se han recreado con exactitud hasta los defectos de un edificio verdadero, como los desconchones del estuco.

«Desde luego que es falso», reconocía un crítico de arquitectura, impresionado a pesar suyo, «pero está todo tan cuidadosamente concebido y tan magistralmente ejecutado por auténticos artesanos (Disney elevó el trabajo con fibra de vidrio a niveles artesanales sin precedentes, y cada equipo de construcción estaba supervisado por un director artístico) que su diseño y su ejecución llevan la marca del talento».

La carpa de cristal

Datos básicos

El estadio más grande de Europa, con una de las cubiertas más extraordinarias del mundo.

Arquitectos: Guenther Behnisch & Partners.

Fecha de construcción: 1966-1972.

Materiales: Hormigón y cristal.

Superficie de cubierta: 75.000 m².

Al atardecer, la cubierta del estadio parece una tienda beduina. Los 58 mástiles que la sostienen están dispuestos de manera que se equilibre la presión sobre el vidrio y sobre los marcos en los que van montados los paneles.

Construir las instalaciones adecuadas para los Juegos Olímpicos se ha convertido en un importante reto y una considerable fuente de gastos para la ciudad que obtiene el privilegio de ser su sede. Pocas ciudades han respondido a este desafío con tanto éxito como Munich, la ciudad bávara donde se celebraron las Olimpiadas del año 1972.

Los arquitectos de Stuttgart Guenther Behnisch y Asociados diseñaron un estadio que no tiene igual en el mundo. Aún hoy, veinte años después de su construcción, sigue siendo una de las estructuras más notables de Europa.

El rasgo más distintivo del estadio de Munich es su extraordinaria cubierta, formada por 75.000 metros cuadrados de planchas de metacrilato, sostenidas en forma de carpa mediante enormes mástiles y cables. Da la impresión de una telaraña, tan delicada que no podría sobrevivir a la primera tormenta, pero se trata de una impresión engañosa. El estadio aún se sigue utilizando, y desde que concluyeron los Juegos Olímpicos ha servido de escenario a más de 3.500 actos deportivos, culturales y comerciales, a los que han asistido más de 30 millones de personas.

Pero el Parque Olímpico, que es su nombre oficial, es mucho más que un tejado pintoresco. Además del estadio, incluye dos salones de actos, una piscina cubierta, una pista de patinaje sobre hielo, una pista de ciclismo, un estanque y una torre de 287 metros de altura, que es una de las construcciones más altas de Europa. La carpa se extiende sobre gran parte del parque, cubriendo el estadio, la pista ciclista, el salón olímpico, la piscina y las zonas peatonales.

La planificación comenzó en 1966, cuando el Comité Olímpico Internacional adjudicó a Munich la organización de la vigésima edición de los Juegos Olímpicos. El emplazamiento elegido era un antiguo campo de entrenamiento del ejército perteneciente a los reyes de Baviera, al que se añadió el aeródromo de Oberwiesenfeld; ambas extensiones ocupaban un total de 92 hectáreas.

El primer elemento que se construyó fue la torre olímpica, que ya estaba planeada antes de que la ciudad fuera elegida como sede de la Olimpiada.

Se terminó en 1968 y es de hormigón armado, con dos terrazas y un restaurante en lo alto. Se utiliza para transmisiones de televisión y constituye una importante atracción turística. Cuenta con dos ascensores que se desplazan a 6,70 metros por segundo y que suben cada año a dos millones de personas hasta las terrazas o el restaurante, con capacidad para 230 comensales, y que gira sobre el eje central, dando una vuelta completa en 36, 53 ó 70 minutos, según la velocidad fijada.

El peso total de la torre es de 52.000 toneladas, aproximadamente.

Desde lo alto de la torre se divisa todo el Parque Olímpico, la ciudad de Munich y los Alpes al fondo, y se disfruta de una espectacular perspectiva de la carpa, que se ondula como si fuera de lona. La estructura está sostenida por 58 mástiles, sujetos al suelo con anclas y cables de acero. Todos los mástiles están situados en la periferia, para que dentro del estadio no haya nada que obstruya la vista. De los mástiles cuelgan los cables que sostienen la cubierta, levantándola por los puntos de enganche.

La cubierta está formada por planchas de metacrilato de hasta 3 por 3 metros y sólo 4 mm de grosor. Se limpian por sí solas, ya que caminar sobre esta cubierta no resulta fácil, y, por lo tanto, su limpieza corre a cargo de la lluvia, la nieve y la escarcha; por suerte, Munich no es una ciudad muy industrializada.

Cada plancha está rodeada por un marco metálico ligero, sellado con amortiguadores de neopreno para hacer impermeable el sistema y permitir los desplazamientos que puedan producirse a consecuencia de los cambios de temperatura o de las tormentas. Sin embargo, no es el marco metálico el que sostiene el peso de la cubierta, sino una segunda red de cables tendidos en las dos direcciones con una separación de 9 cm y co-

La carpa de cristal

nectados directamente a las planchas de metacrilato, no al marco.

Los cables se conectan a las planchas mediante pernos de acero de unos 10 cm de longitud, utilizando también arandelas de neopreno para distribuir la presión y amortiguar los golpes. En total hay 137.000 de estos empalmes en toda la cubierta.

En definitiva, la cubierta consiste en una red de cables cruzados, con una separación de 9 cm, sostenida por arriba mediante mástiles y anclada al suelo en varios puntos. De esta retícula cuelgan las planchas de metacrilato. El diseño permite distribuir la presión homogéneamente por toda la superficie de la plancha, sin ejercer ninguna presión en los marcos donde van montadas las planchas. De este modo, se reduce la posibilidad de que uno de los marcos se deforme, dejando caer la plancha.

La carpa cubre tan sólo algo más de la mitad del estadio olímpico, dejando el resto al descubierto. El estadio está construido de hormigón armado, y los graderíos alcanzan una altura máxima de 33 metros. Tiene capacidad para 78.000 espectadores, 52.000 de ellos sentados. El campo de fútbol, donde Alemania occidental ganó en 1974 la final de la Copa del Mundo, dispone de un sistema de calefacción formado por 19 kilómetros de tuberías de plástico instaladas bajo el césped, que garantiza que se pueda jugar en él incluso en las peores condiciones climáticas. También se ha utilizado para conciertos de música pop, para la aparición en público del Papa, y para el congreso mundial de testigos de Jehová.

El salón olímpico, donde se celebraron las pruebas de balonmano y gimnasia en los Juegos Olímpicos de 1972, es un estadio completamente cubierto con capacidad para 14.000 espectadores sentados, superior a la de cualquier otro pabellón cubierto de Europa. Mide 178 metros de longitud, 118 de anchura y 40 de altura. Está cubierto por la carpa y tiene una fachada de cristal de 18 metros de altura. En este pabellón se han celebrado carreras ciclistas de seis días, partidos de tenis de la Copa Davis, campeonatos mundiales de hockey sobre hielo, conciertos de Tina Turner y Luciano Pavarotti y representaciones de *Aida*. Es uno de los recintos más espaciosos y flexibles del mundo, capaz de albergar competiciones escolares un día, exposiciones de perros de raza al día siguiente, y carreras de motocross un día después.

El Parque Olímpico posee además uno de los mejores complejos de piscinas de Europa, con cinco piscinas diferentes: una para competiciones de natación, otra para saltos, dos para entrenamientos y prácticas y una especial para niños. También las piscinas están cubiertas por la carpa, y las paredes de cristal alcanzan en algunos puntos 24 metros de altura. El efecto es el de una

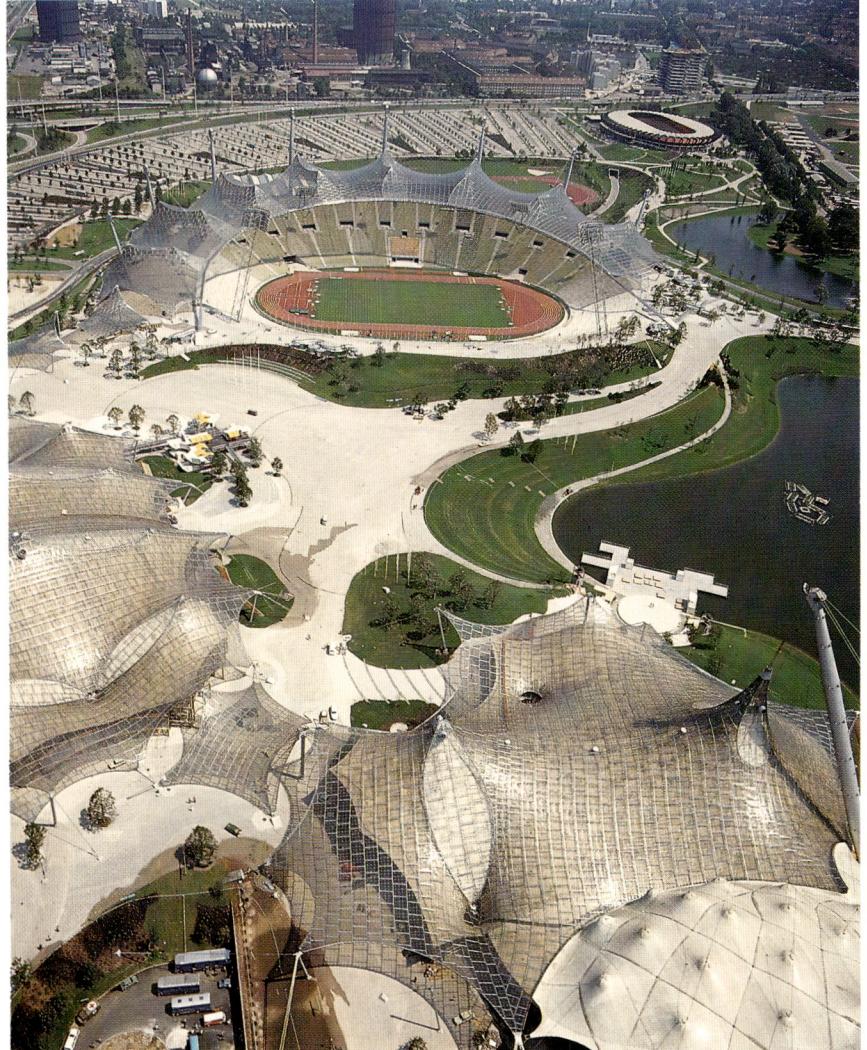

La adaptabilidad de la cubierta se hace evidente en esta panorámica desde la torre olímpica. El sistema permite conectar pistas y locales grandes y pequeños mediante una cubierta continua de cristal, que proporciona al conjunto una cohesión y una unidad que no se podrían haber logrado con unidades separadas.

piscina al aire libre, pero protegida contra los elementos y con capacidad para 2.000 espectadores. Durante las Olimpiadas se instalaron asientos provisionales para aumentar la capacidad a 9.360 espectadores.

La construcción de las instalaciones olímpicas representó una buena inversión para Munich. El coste total ascendió a 1.350 millones de marcos. Dos tercios de esta cantidad se recuperaron con la venta de entradas y medallas olímpicas, una lotería televisiva y otra lotería pública. Del resto, la mitad la aportó el gobierno de la República Federal y la otra mitad el estado de Baviera y la ciudad de Munich. El gasto quedó amortizado en seis años, y Munich se quedó con un complejo deportivo que cualquier ciudad envidiaría. Lo lamentable es que los juegos para los que se construyó este complejo se recordarán sobre todo por un atentado terrorista contra los atletas israelíes, que ensombreció la competición deportiva. El gran éxito del Parque Olímpico vendría después de los juegos.

La torre olímpica domina el paisaje urbano de Munich y permite disfrutar de una magnífica vista del Parque Olímpico. Esta torre, levantada en 1962, antes que el resto de las construcciones que forman el parque, tiene una altura de 287 metros y pesa 52.000 toneladas. Los ascensores de subida funcionan hasta las 11,30 de la noche; los visitantes disponen aún de media hora más para disfrutar de la vista nocturna antes de descender.

El deterioro de las junturas de neopreno (arriba) acabará por obligar a cambiarlas todas.

El estadio (izquierda) tiene capacidad para 52.448 espectadores sentados y 25.608 de pie, más 240 asientos para prensa y televisión, y 20 cabinas para comentaristas. El graderío oeste está construido encima de las instalaciones técnicas y los vestuarios. Los dos tableros indicadores son tan grandes que utilizan 48.000 bombillas.

El emblema arquitectónico de Australia

Datos básicos

Uno de los edificios más originales del mundo, basado en nuevos conceptos de construcción.

Diseñador: Jorn Utzon.

Fecha de construcción: 1959-1973.

Materiales: Hormigón pretensado y cristal.

Peso de la cubierta: 26.800 toneladas.

Superficie de cristal: 0,6 h.

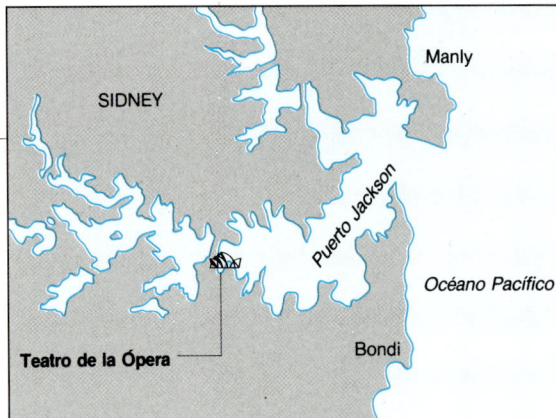

El Teatro de la Ópera de Sidney se ha convertido en un símbolo de Australia, tan reconocible al instante como el koala o el canguro. Sus relucientes tejados blancos se superponen como conchas de molusco en un promontorio que se adentra en la ensenada, formando un edificio atractivo desde cualquier punto de vista.

Bajo las «conchas» hay cinco salas independientes —para conciertos sinfónicos, óperas, música de cámara y teatro—, una sala de exposiciones, tres restaurantes, seis bares, una biblioteca y 60 camerinos. En total, cuenta con mil recintos y un espacio de 4,5 hectáreas de suelo utilizable. El tejado está cubierto por un millón de azulejos cerámicos, y los extremos abiertos se han tapado con 6.200 metros cuadrados de cristal especial. Este extraordinario edificio es el fruto de la inspiración de un arquitecto y del trabajo de muchos especialistas, incluyendo los ingenieros estructurales que hicieron posible la construcción. No existe en el mundo un edificio semejante, y es poco probable que llegue a haberlo.

El diseño fue el ganador de un concurso convocado en 1955 por Joseph Cahill, primer ministro de Nueva Gales del Sur, que deseaba construir un teatro nacional de ópera en un magnífico emplazamiento de la bahía de Sidney, la punta Bennelong, llamada así en honor de un aborigen que hizo amistad con el comandante de la Primera Flota, capitán Arthur Phillip, que desembarcó en Sidney en 1788 con los primeros deportados a Australia. A partir de 1902, la punta estuvo ocupada por una enorme estación de tranvías de ladrillo rojo, que hubo que demoler para construir el Teatro de la Ópera.

Para sorpresa de todos, el concurso lo ganó un arquitecto danés poco conocido, Jorn Utzon, de 38 años, que tenía muy poca obra realizada. Prácticamente ésta se reducía a un complejo de 63 viviendas construidas en Elsinore en 1956 y un complejo urbanístico más pequeño cerca de Fredensborg.

Pero el proyecto que presentó para la Ópera de Sidney era tan elegante e innovador que barrió a todos sus competidores. Incluía muy pocos detalles. «Los bocetos presentados eran sencillos hasta rayar en lo esquemático», declaró el jurado, «pero cuanto más los estudiábamos, más nos convencíamos de que representaban una idea capaz de convertirse en uno de los edificios más notables del mundo».

Ante un diseño tan hermoso pero tan difícil de ejecutar, el gobierno de Nueva Gales del Sur podría haberse echado atrás. No estaba obligado a llevar a la práctica el diseño ganador del concurso. Podría haberse ahorrado muchísimo dinero y años de polémica si hubiera optado por una estructura más sencilla y más normal, pero no lo hizo. Aceptó el diseño de Utzon y, por sugerencia de éste, contrató como consultores estructurales a Ove Arup & Partners, una empresa británica fundada por un ingeniero danés.

El primer paso consistió en despejar el lugar y construir el podio o plataforma sobre la que se alza el edificio. Las obras comenzaron en 1959, cuando aún no se sabía a ciencia cierta si sería posible construir las «conchas» de Utzon. Estaba previsto que las cubiertas se harían de hormigón, vertido de una vez sobre moldes curvos de madera o acero. Pero esto habría resultado prohibitivamente caro, así que Utzon concibió otra idea.

Lo que propuso fue construir las «conchas» mediante arcos de hormigón prefabricados, muy próximos uno a otro y todos con la misma curvatura esférica. Demostró que todas las «conchas» se podían construir con secciones de la superficie de una esfera de 75 metros de radio, como si fueran tiras de una cáscara de naranja. Pero, en lugar de construir las cubiertas de una pieza, podían hacerse a base de «costillas» fabricadas en el mismo lugar con relativamente pocos moldes, que después se unirían con cemento y refuerzos de acero para completar la estructura. Los arcos están tan próximos que casi se tocan, y están co-

Las dos salas principales (izquierda) —para ópera a la izquierda y para conciertos sinfónicos a la derecha— parecen unidas, pero en realidad están separadas por un pasillo, lo mismo que el pequeño conjunto de «conchas» que cubre el restaurante (derecha). Los edificios ocupan 2 de las 2,5 hectáreas de superficie total, y los cinco auditorios tienen capacidad para 5.467 espectadores.

El emblema arquitectónico de Australia

Teatro de la Ópera
Capacidad: 1.547 localidades
Escenario: 11,5 metros de anchura,
25 metros de fondo

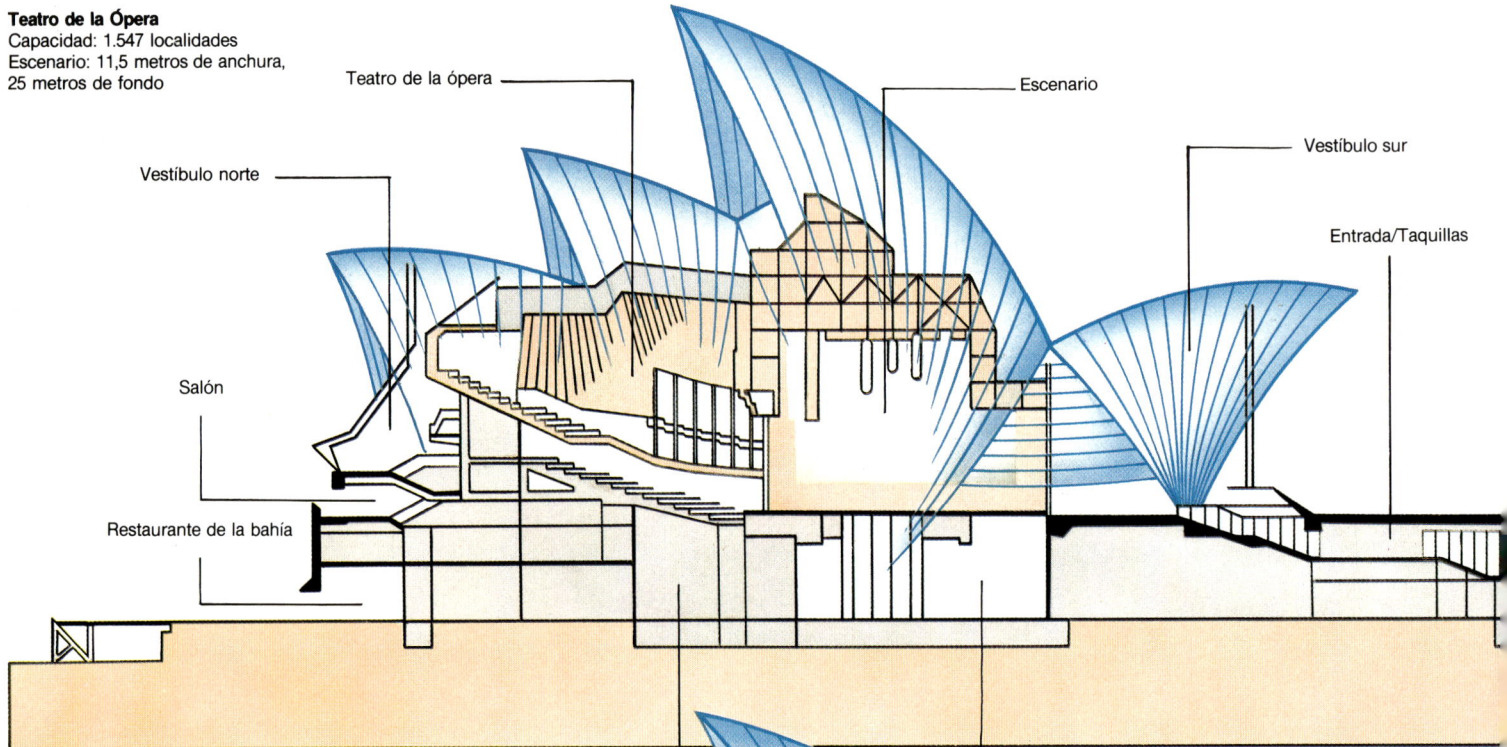

Teatro de la ópera

Escenario

Vestíbulo sur

Vestíbulo norte

Entrada/Taquillas

Salón

Restaurante de la bahía

Sala de conciertos
Capacidad: 2.690 localidades
Volumen: 24.900 metros cúbicos

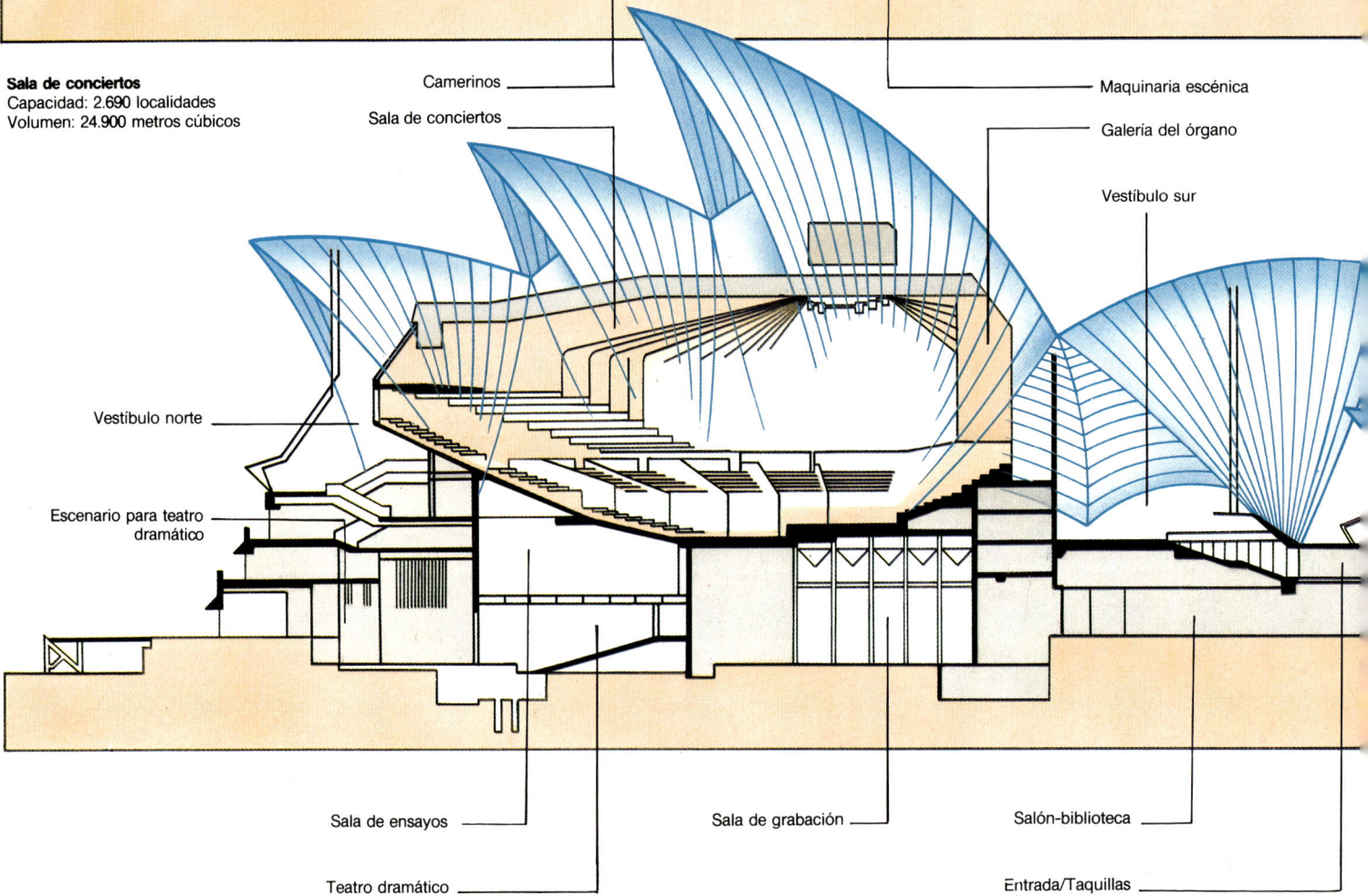

Camerinos

Maquinaria escénica

Sala de conciertos

Galería del órgano

Vestíbulo sur

Vestíbulo norte

Escenario para teatro
dramático

Sala de ensayos

Sala de grabación

Salón-biblioteca

Teatro dramático

Entrada/Taquillas

Restaurante Bennelong

Teatro de la ópera

Aparcamiento

Sala de conciertos

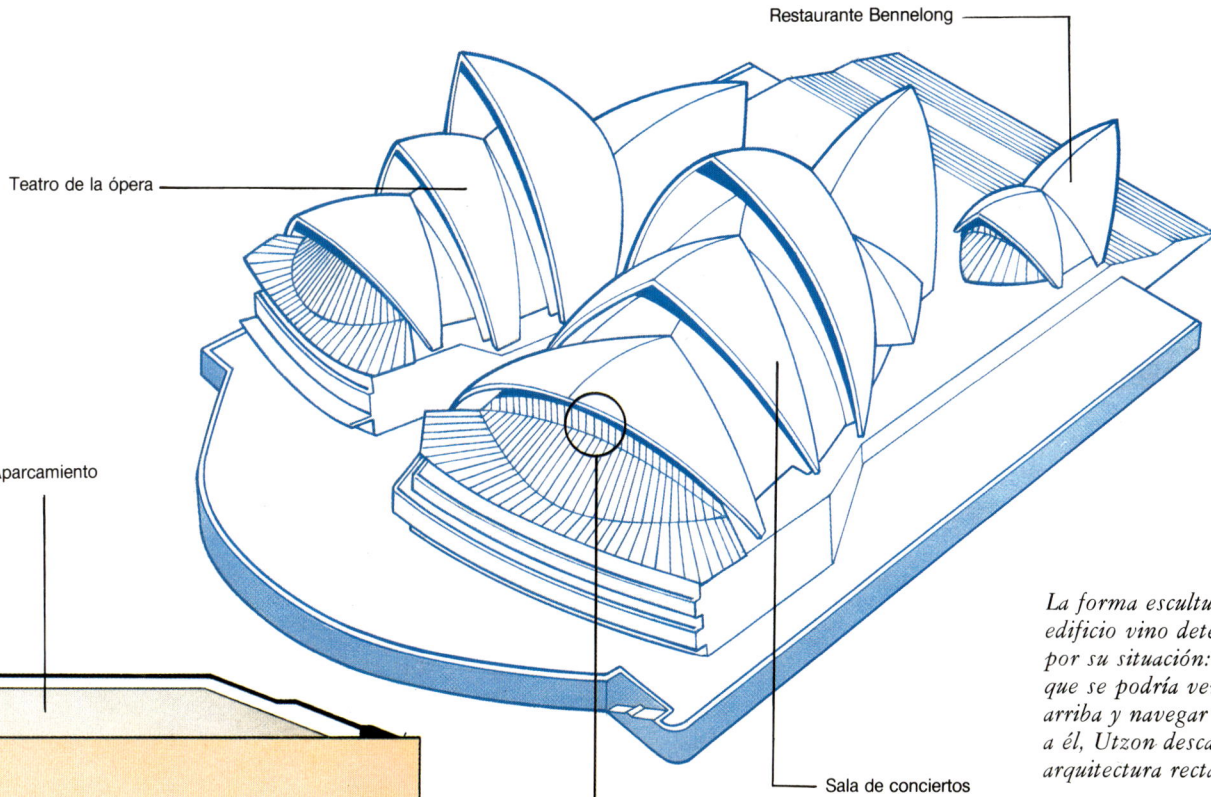

La forma escultural del edificio vino determinada por su situación: dado que se podría ver desde arriba y navegar en torno a él, Utzon descartó la arquitectura rectangular.

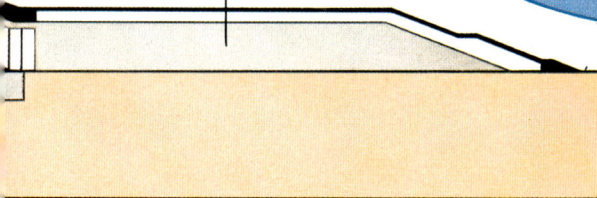

Restaurante Bennelong

Aparcamiento

Escalera al vestíbulo

El empleo de cristal para cerrar las bocas de las conchas se decidió en las primeras etapas, pero los problemas técnicos de sostenimiento de la estructura y aislamiento contra el ruido de las sirenas de los barcos resultaron muy difíciles de resolver. Utzon estaba decidido a no utilizar paredes verticales, porque eso anularía el efecto de «conchas sin ningún apoyo», de manera que optó por una línea quebrada.

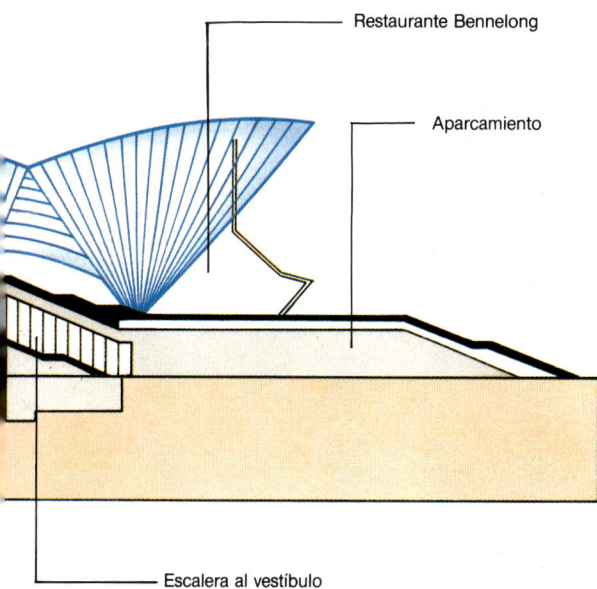

nectados unos a otros mediante junturas de hormigón. El exterior de las conchas se cubrió con azulejos cerámicos.

La elección e instalación de los azulejos estuvieron erizadas de dificultades. Utzon concedía mucha importancia a la elección del material correcto para la cubierta. «Un material inadecuado estropearía todo el efecto», escribió. El material ideal debería brillar al sol, soportar grandes variaciones de temperatura, mantenerse limpio y conservar su apariencia durante muchos años. Utzon recurrió al mundo antiguo en busca de un material semejante y decidió que la única solución estaba en los azulejos de cerámica. El empleo de arcos con curvatura esférica permitía cubrir la superficie con azulejos de tamaño único, de 12 × 12 centímetros.

Se utilizaron dos acabados diferentes, blanco brillante y pardo mate, para crear el efecto característico de la cubierta. Los azulejos, hechos en Suecia por la empresa Hoganas, se colocaban sobre el tejado en bateas prefabricadas, que se montaban colocando los azulejos boca abajo en un marco y vertiendo cemento sobre el dorso para unirlos. A continuación, se retiraba el marco, y la batea, que podía llegar a medir 10 × 2,28 metros, se atornillaba al tejado con pernos de bronce fosforoso. La cubierta consta de 4.253 bateas, con un total de 1.056.000 azulejos.

Uno de los misterios del edificio es el modo en que se sostienen las cubiertas, aparentemente sobre sólo dos puntos de apoyo y sin pilares. Esto se consigue acoplando las «conchas» más grandes a otras más pequeñas orientadas en dirección contraria, de manera que las dos forman una uni-

101

El emblema arquitectónico de Australia

La punta Bennelong es uno de los mejores emplazamientos para un edificio público, con el fondo verde del Jardín Botánico y los jardines del Palacio del Gobierno. En abril de 1964, cuando se tomó esta fotografía del buque Canberra pasando frente a la punta, estaban comenzando las obras de construcción.

dad. Como cada cubierta toca el suelo en dos puntos, la unidad queda firmemente asentada sobre cuatro patas. Las conchas más pequeñas, o «conchas *louvre*», apenas llaman la atención, pero sin ellas no se sostendrían las cubiertas.

El acristalamiento de los extremos abiertos de las conchas planteó otro problema peliagudo. Utzon siempre quiso acristalarlos, pero resultaba difícil encontrar una manera de sostener el cristal. Por fin se decidió utilizar montantes verticales de acero que ocupaban toda la boca de las conchas. En estos montantes se instalaron junquillos de bronce y los cristales se fijaron con silicona. Hay en total 2.000 paneles de cristal, cuyo tamaño oscila entre 1,20 × 1,20 y 4,25 × 2,60 metros. Hay más de 700 formatos diferentes, todos ellos calculados por Ove Arup & Partners con ayuda de un ordenador. El cristal mide 18 mm de grosor y consta de dos capas, una normal y otra ámbar, pegadas con un cemento plástico. Esta estructura aumenta la resistencia de los ventanales, reduciendo el peligro de que caiga un cristal dentro del edificio, y proporciona mejor aislamiento sonoro.

En 1966, las obras de la estructura principal se encontraban ya bastante avanzadas, pero apenas se había hecho nada en el interior del edificio. Utzon no lograba ponerse de acuerdo con los funcionarios del gobierno en lo referente a métodos de construcción y concesión de subcontratas. El nuevo gobierno del estado, elegido en mayo de 1965, se mostraba preocupado por el coste del edificio, ante la seguridad de que superaría por un amplio margen los presupuestos iniciales. De pronto, en febrero de 1966, Utzon dimitió como arquitecto del Teatro de la Ópera. A pesar de que el gobierno le insistió en que volviera a unirse al

proyecto como miembro del equipo de arquitectos, aunque no como supervisor del mismo, se mantuvo firme en su decisión. Su carta de dimisión contenía la siguiente frase lapidaria: «No he sido yo, sino el Teatro de la Ópera de Sidney, el causante de tan enormes dificultades.» Poco después abandonó Australia, para no regresar jamás.

El trabajo lo concluyó un equipo de arquitectos australianos, de manera que aunque el exterior del edificio lleva la marca personal de Utzon, no sucede lo mismo con el interior. Además, se introdujeron cambios que alteraban el propósito inicial del edificio, como dedicar la sala más grande (con capacidad para 2.690 espectadores) a la música orquestal, en lugar de a la ópera. Utzon había pensado que podría servir para ambos propósitos, pero un comité designado para asesorar

Las conchas a medio construir, en junio de 1965. Se puede apreciar el empleo de cubiertas prefabricadas, que constan de dos hileras de arcos de hormigón, curvados hacia adentro para juntarse en la línea central. Se necesitaron 2.194 segmentos prefabricados en un taller situado junto a las obras.

El embaldosado de las cubiertas planteó tremendas dificultades y exigió el empleo de técnicas de supervisión por ordenador. Como resultaba imposible utilizar baldosas de forma regular en las conchas originales de Utzon, cuyos contornos cambiaban de continuo, hubo que alterar el diseño de las conchas.

al gobierno después de su partida recomendó otra cosa. El resultado es que en el Teatro de la Ópera de Sidney no se pueden representar las óperas más espectaculares, que exigen complicadas maquinarias escénicas y un gran foso para la orquesta. La sala que se utiliza para la ópera, que tiene 1.547 localidades, estaba pensada en principio para representaciones teatrales, y no tiene un foso lo bastante amplio. Como consecuencia, según el director Charles Mackerras, «resulta casi imposible hacer nada como es debido». Cuando la compañía de ópera australiana representa *El anillo de los Nibelungos* de Wagner, tiene que montar una versión reducida. Y aunque algunas óperas grandiosas se representan en la sala grande, ésta carece de la maquinaria escénica adecuada.

A causa de estos inconvenientes, los aficionados a la ópera siempre han considerado este local como una especie de fraude: un teatro de la ópera con una sala de conciertos grande que no sirve para la ópera y una sala más pequeña que sólo sirve para obras de poca envergadura. Los defensores de las decisiones tomadas después de la partida de Utzon alegan que la denominación «teatro de la ópera» ha sido siempre equívoca, ya que las reglas del concurso dejaban bien claro que la ópe-

ra no iba a ser la principal función del edificio.

A pesar de las polémicas, el edificio se terminó contra viento y marea, y la reina Isabel II lo inauguró en octubre de 1973. El presupuesto original calculado por Joseph Cahill había sido de 7 millones de dólares australianos; el coste definitivo ascendió a 102 millones. La mayor parte de esta cantidad se reunió a base de loterías. El gobierno del estado, aliviado, se dispuso a recibir los elogios internacionales por su asombroso edificio.

Sin embargo, en marzo de 1989, se advirtió al Parlamento de la necesidad de realizar reparaciones urgentes, con un coste de 86 millones de dólares australianos, si no se quería que el edificio quedara deteriorado sin remedio. Habían comenzado a desprenderse azulejos de la cubierta, y se habían formado goteras en el techo y también en algunas ventanas y paredes. Los productos empleados para sellar los arcos de hormigón, que deberían haber durado veinte años, se habían deteriorado al cabo de sólo diez. El ministro de Arte de Nueva Gales del Sur declaró ante el Parlamento que el edificio se mantendría en perfecto estado, costara lo que costara, pero parece evidente que el Teatro de la Ópera seguirá planteando problemas durante muchos años.

El techo de la sala de conciertos está diseñado para crear un espacio con propiedades acústicas adecuadas para la música y la voz humana. Del techo cuelga una estructura hueca, compuesta de capas de hormigón, cartón de yeso y madera contrachapada, cuya cavidad oculta los cables eléctricos y los conductos del aire acondicionado, y permite el acceso a los mismos. El suelo es de madera de boj laminada y pulida.

El estadio definitivo

El estadio cubierto más grande del mundo, situado en el centro de Nueva Orleans, es un colosal edificio multiuso con la cúpula más grande que jamás se ha construido. Sólo el tejado ocupa cuatro hectáreas, y su parte central tiene la altura de un edificio de 26 pisos. Hacia la mitad de la construcción, el contratista encargado de la obra renunció, asegurando que el diseño no se tendría en pie. Los arquitectos que lo habían diseñado mantuvieron la calma, encontraron un nuevo contratista y terminaron la obra. Más de quince años después, el edificio constituye un tremendo éxito que ha dado la razón al diseño y justificado la decisión de las autoridades que encargaron construirlo.

El Superdome de Louisiana no es el único estadio cubierto de los EE UU donde pueden celebrarse competiciones deportivas, conciertos de rock y congresos políticos, pero sí el más grande. Su cúpula mide 207 metros de diámetro y en el centro alcanza una altura de 83 metros. Tiene capacidad para 75.000 espectadores sentados, y en ocasiones especiales, como un concierto, puede acoger muchos más.

El proyecto se inició en 1967, cuando el Departamento de Estadios y Exposiciones de Louisiana anunció su intención de construir un gran estadio en una parcela abandonada del centro de Nueva Orleans, llena de vías de ferrocarril oxidadas y almacenes vacíos.

Se adjudicó la contrata a la firma neoyorquina Curtis and Davis Architects and Planners, que se asociaron para la empresa con la consultora en cuestiones de ingeniería Sverdrup & Parcel & Associates, de San Luis. El contrato se firmó a principios de 1971, y el primer pilar de hormigón se introdujo en el blando suelo de Louisiana en agosto de 1972.

La clave de la rentabilidad económica del edificio estaba en su versatilidad: debía poderse utilizar para toda clase de deportes —fútbol americano, béisbol, baloncesto e incluso tenis— y también para congresos, exposiciones comerciales, producciones teatrales y programas multitudinarios de televisión en circuito cerrado. Los arquitectos se propusieron crear «un edificio lo bastante grande como para albergar los espectáculos más colosales y lo suficientemente pequeño para celebrar en él lecturas de poesía», según palabras del jefe del equipo de diseño, Nathaniel C. Curtis, Jr. Por esta razón, se construyeron numerosas salas de reunión e instalaciones para congresos inmediatamente detrás de la grada principal del estadio.

Más difícil resultaba satisfacer las necesidades de los distintos deportes, ya que el béisbol necesita un campo muy extenso, mientras que el fútbol americano atrae a más espectadores, y el baloncesto y el tenis se suelen jugar en esta-

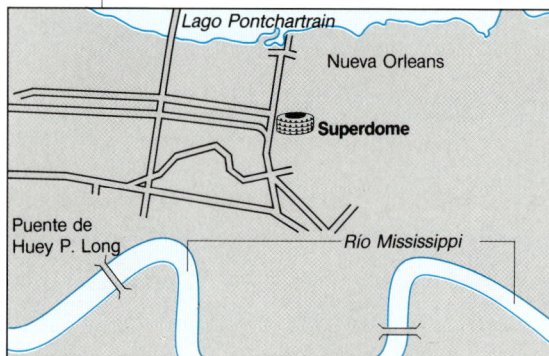

Lago Pontchartrain

Nueva Orleans

Superdome

Puente de Huey P. Long

Río Mississippi

EE UU

dios más pequeños, donde la atmósfera es más íntima.

Para cumplir todos estos requisitos tan diferentes, hay 15.000 asientos de la zona inferior que se pueden desplazar hacia adelante y hacia atrás. Si se echan hacia atrás, dejan suficiente espacio para jugar al béisbol; en cambio, en los partidos de fútbol se pueden correr 15 metros hacia delante, para que los espectadores estén más cerca de la línea de meta. Y en el caso de partidos de tenis, toda una sección del graderío este, con 2.500 asientos, se puede desplazar al otro lado para formar un sector compacto en la zona oeste del estadio.

El edificio está sostenido por 2.100 pilares de hormigón pretensado, que penetran 48 metros en el suelo, hasta llegar a la base rocosa. En el nivel inferior hay tres aparcamientos, con capacidad para 5.000 coches. Por encima hay un piso de oficinas, y sobre éste se encuentra la planta de congresos. A 48 metros de altura sobre el suelo, un anillo de acero soldado sostiene la cúpula. Este anillo de tensión, de 207 metros de diámetro, 2,75 metros de anchura y 45 cm de grosor, está diseñado para soportar las tremendas fuerzas que ejerce la cúpula, y se hizo soldando 24 piezas prefabricadas de acero de 4 cm de grosor. Para garantizar la resistencia de las soldaduras, éstas se llevaron a cabo en la atmósfera controlada de una tienda que se fue desplazando de juntura en juntura a todo lo largo de la circunferencia del anillo.

La cúpula está formada por una estructura ra-

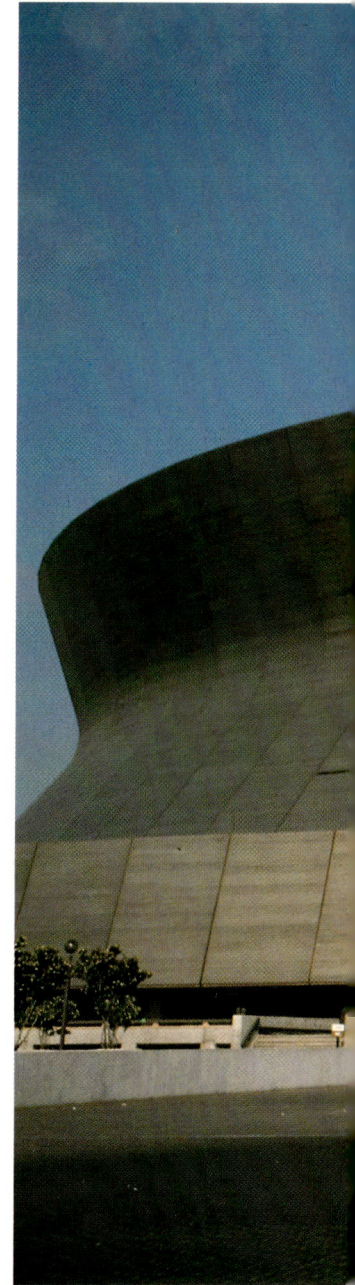

El diseño del Superdome pretendía facilitar toda la variedad de actividades que se llevaban a cabo en los anfiteatros de la antigua Grecia, desde competiciones deportivas hasta lecturas de poesía. Para determinar la disposición óptima de los asientos en torno a las diferentes pistas para fútbol americano y béisbol (derecha), hubo que analizar 200 esquemas con ayuda de un ordenador.

dial de acero que parte de un bloque o «corona» central. Durante la construcción se utilizaron 37 torres provisionales para sostener la cúpula, cada una con un gato hidráulico en lo alto para poder bajar la cúpula, una vez terminada, sobre el anillo de tensión destinado a sostenerla. La estructura de la cúpula está formada por 12 radios curvos, conectados por seis círculos concéntricos y reforzados por vigas en diagonal. La cubierta impermeable está formada por planchas de acero de calibre 18, sobre las cuales se ha extendido una capa de 2,5 cm de espuma de poliuretano, rociando encima un revestimiento plástico. De este modo se logró una cubierta homogénea, sin junturas y con la suficiente flexibilidad para permitir que la estructura se expanda o se contraiga, en respuesta a los cambios de temperatura.

Por la misma razón, el anillo de tensión que sostiene la cúpula está sujeto mediante clavijas que permiten el movimiento, que en condiciones

El estadio definitivo

El emplazamiento del Superdome en el centro de Nueva Orleans permitía aprovechar los sistemas de acceso y transporte público ya existentes, así como las 20.000 plazas de aparcamiento comercial de la zona (izquierda). El revestimiento de plástico blanco de la cubierta, que no deja junturas al aire, se aplicó rociando dentro de una cámara protectora contra la intemperie.

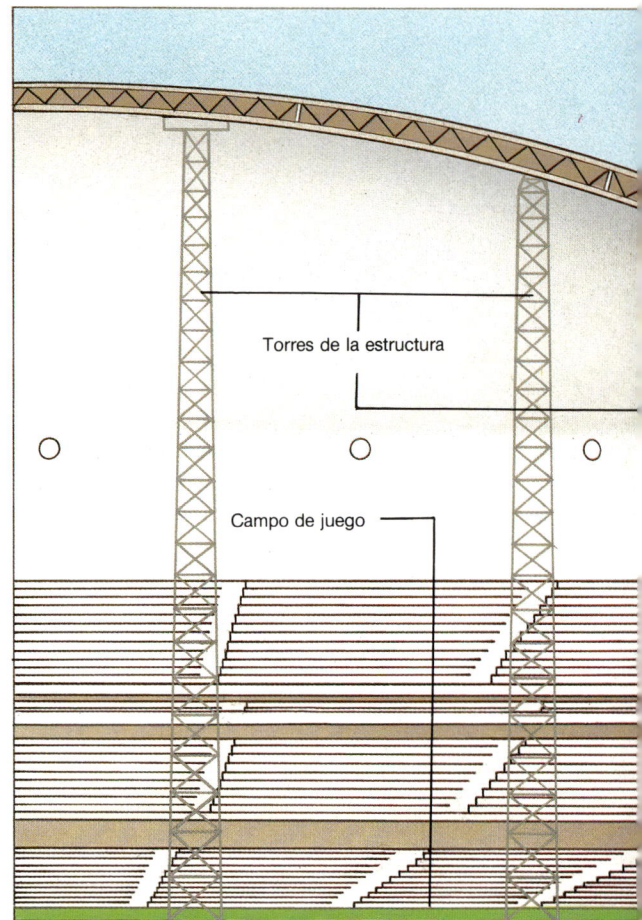

Torres de la estructura

Campo de juego

En Nueva Orleans son frecuentes los vientos huracanados, lo que obligó a realizar pruebas en un túnel de viento, con un modelo a escala 1:288, para comprobar que el Superdome podría resistir vientos constantes de más de 240 km/h, con ráfagas de hasta 320 km/h. Para levantar la estructura de acero de las paredes y el techo, se necesitaron 20.000 toneladas de acero de Pittsburgh, transportadas en barcazas por el río Mississippi.

normales puede ser de hasta 20 cm. Entre la cúpula y el muro exterior hay un canalón de 1,20 m de profundidad y 2,40 de anchura para recoger el agua de lluvia que cae sobre el techo. Con el fin de no sobrecargar las alcantarillas de Nueva Orleans, el flujo de agua del canalón se controla mediante una serie de cañerías de desagüe que no la dejan salir toda de una vez.

Una vez terminada la estructura de la cúpula, se retiraron uno a uno los gatos hidráulicos de las torres que la sostenían, hasta dejarla apoyada en el anillo de tensión. Los ingenieros de American Bridge, la empresa fabricante de la estructura de acero, habían calculado que ésta se hundiría unos 10 cm a consecuencia del peso y quedaron muy satisfechos al comprobar que el hundimiento no llegaba a 9 cm.

La forma circular de la cubierta genera una tremenda fuerza ascensional cuando sopla el viento, tal como sucede en el ala de un avión.

Esto se contrarresta con el propio peso de la cúpula, al que se añade el de una cabina de televisión de 75 toneladas, suspendida de la cúpula en el centro del estadio. Esta cabina dispone de seis pantallas gigantes, de 6,70 por 8 metros, sistemas de sonido y equipos de luces. Una sala de control proyecta las imágenes sobre las pantallas, por medio de seis proyectores instalados en las tribunas superiores, ofreciendo repeticiones de las jugadas, imágenes transmitidas desde otros estadios, o mensajes. La altura de la góndola se puede regular: en los partidos de fútbol americano se coloca a 30 metros por encima del campo, pero en los de béisbol se eleva a 60 metros para evitar que una bola perdida pegue en las pantallas. En los espectáculos teatrales, la cabina se puede bajar a la altura que desee el director, y las seis pantallas se pueden sustituir por dos más grandes, para presenciar competiciones deportivas o espectáculos transmitidos desde el exterior.

Dada la blandura del terreno por debajo de los cimientos, existía el peligro teórico de que uno o más pilares se hundieran, y la estructura de acero se diseñó con el fin de contrarrestar este riesgo. Para ello se añadieron a la estructura, justo por debajo del anillo de tensión, refuerzos transversa-

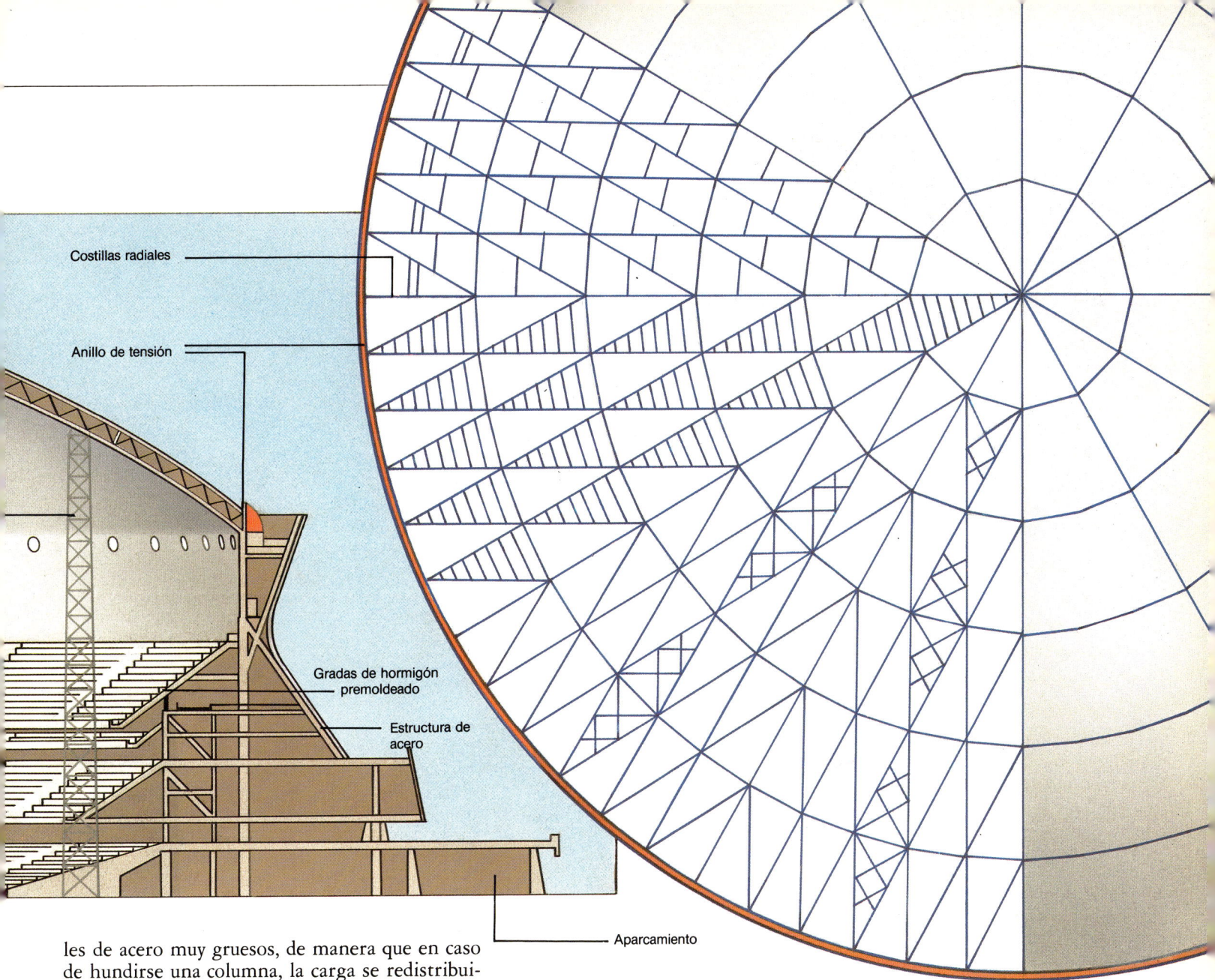

Costillas radiales

Anillo de tensión

Gradas de hormigón premoldeado

Estructura de acero

Aparcamiento

les de acero muy gruesos, de manera que en caso de hundirse una columna, la carga se redistribuiría entre las dos columnas más próximas. En teoría, el refuerzo es lo bastante fuerte como para compensar el hundimiento completo de una columna, aunque en la práctica esto no puede suceder. La columna sólo se hunde bajo un peso, y como los refuerzos redistribuyen la carga, el hundimiento se detiene.

El Superdome abrió por primera vez sus puertas el 3 de agosto de 1975. Desde entonces se ha jugado en él varias veces la Superbowl (el partido más importante de la liga de fútbol americano), ha servido de escenario al congreso del Partido Demócrata de 1988, y a una aparición del papa Juan Pablo II ante 88.000 escolares en 1987. Ostenta el récord de público en un concierto en recinto cerrado (87.500 personas acudieron en 1981 para ver tocar a los Rolling Stones), y se ha convertido en una importante atracción turística por derecho propio, visitada cada año por unas 75.000 personas.

El césped sobre el que se juegan los partidos de fútbol y béisbol es artificial: Astro Turf 8, o «Mardi Grass», que es como lo llaman los empleados del estadio. En un principio, la gestión del Superdome corría a cargo del estado de Louisiana, pero como perdía dinero se puso en manos de una empresa privada, Facility Management of Louisiana, que ha obtenido mucho mejores resultados.

El coste total de la construcción ascendió a 173 millones de dólares, y en sus primeros diez años de funcionamiento se contabilizaron unos gastos adicionales de 99,2 millones de dólares, en intereses y amortización de los bonos vendidos para financiarlo, subvenciones y reformas imprescindibles. Pero un estudio realizado por la Universidad de Nueva Orleans ha demostrado que los beneficios para la zona han sido muy superiores a los costes: se calcula que el Superdome ha hecho llegar a la zona casi 1.000 millones de dólares durante el período citado, contribuyendo a transformar un sector urbano que en 1970 se encontraba en un estado lamentable y que en la actualidad es una de las partes más vistosas del distrito comercial y financiero.

El techo, un sistema laminar de seis círculos concéntricos, se construyó siguiendo una configuración patentada, a base de travesaños paralelos que conectan las doce costillas radiales y los seis círculos, formando un diseño semejante a las facetas de un diamante tallado.

Símbolo de una ciudad

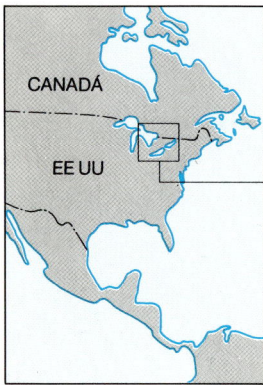

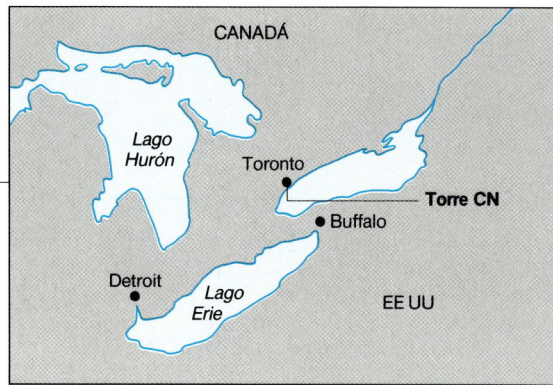

Datos básicos

La estructura sin soporte exterior más alta del mundo.

Constructor: Canadian National Railways.

Fecha de construcción: 1973-1976.

Material: Hormigón.

Altura: 553 m.

Coste: 57 millones de dólares.

El elemento más aparente del paisaje urbano de Toronto es una torre fina como un lápiz que se alza muy por encima de los bloques de oficinas que la rodean: la torre CN, una estructura de la era de la televisión, construida por la Canadian National Railways con el fin de eliminar las interferencias que estropeaban la imagen en muchas pantallas de la zona, y que ahora es mucho más que eso, habiéndose convertido en el símbolo de la nueva imagen de Toronto. Es la estructura sin apoyos más alta del mundo y cada año la visitan casi dos millones de turistas.

La torre mide 553 metros de altura desde la base hasta la punta del pararrayos. Pesa 130.000 toneladas, y sus cimientos de hormigón y acero se apoyan en una capa de pizarra especialmente pulida, situada a 15 metros bajo la superficie. La construcción se inició el 6 de febrero de 1973 y duró cuarenta meses, con un coste de 57 millones de dólares. La sección transversal de la torre tiene forma de Y, y su anchura va disminuyendo con la altura. A más de 330 metros de altura, la torre presenta un abultamiento en forma de rosquilla:

el Skypod, un edificio de siete plantas que contiene una emisora de televisión, un restaurante giratorio, dos plataformas de observación, un club nocturno y dos cines pequeños. Más arriba todavía, a 457 metros, hay otra plataforma de observación de dos plantas, la Space Deck, cuyas ventanas se curvan hacia dentro al nivel del suelo, ofreciendo una mareante visión vertical que sólo los más templados superan sin estremecimientos.

La torre se construyó vertiendo hormigón de primera calidad en un enorme molde sostenido por gatos que lo iban levantando poco a poco. Con cada elevación, se reducían las dimensiones del molde, creando así el adelgazamiento de la torre. Como la construcción se llevó a cabo con mucha rapidez —a razón de hasta seis metros por día—, no se pudieron utilizar las pruebas habituales de resistencia del hormigón (que exigen esperar siete días a que se endurezca), y fue preciso emplear pruebas especiales aceleradas.

Se hizo todo lo posible para evitar que la torre se inclinara o se torciera. Además de utilizar una plomada de acero de 112 kilos de peso, suspendida de un cable en el centro exacto del núcleo hexagonal de la torre, cada dos horas se tomaban medidas con instrumentos ópticos. El resultado es una torre de 553 metros de altura que sólo se desvía 27 milímetros de la vertical exacta.

Los últimos 102 metros de la torre consisten en una antena transmisora de acero, formada por 39 piezas que se izaron una a una, colgadas de un enorme helicóptero Sikorsky S64E. Gracias a esta grúa voladora, las piezas se pudieron izar y montar en tres semanas y media, en lugar de los seis meses que se habría tardado utilizando métodos más convencionales.

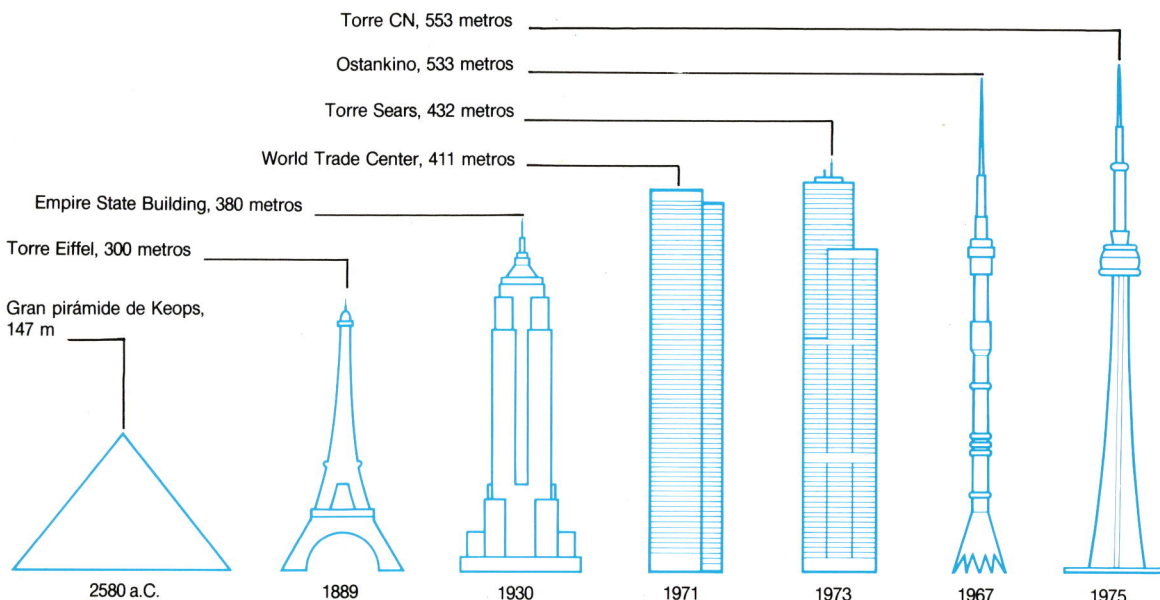

Torre CN, 553 metros
Ostankino, 533 metros
Torre Sears, 432 metros
World Trade Center, 411 metros
Empire State Building, 380 metros
Torre Eiffel, 300 metros
Gran pirámide de Keops, 147 m

2580 a.C. 1889 1930 1971 1973 1967 1975

La altura de las construcciones sin soporte exterior más altas del mundo (izquierda) casi se ha duplicado en cien años, el período que media entre la construcción de las torres Eiffel y CN. La iluminación de la torre CN (derecha) tiene que reducirse durante la primavera y el otoño, para evitar que atraiga a las aves migratorias, provocando colisiones de efectos fatales.

Símbolo de una ciudad

La torre está diseñada para resistir las peores condiciones atmosféricas imaginables, y un poco más. Sólo una vez cada mil años se dan vientos de más de 200 kilómetros por hora, pero la torre está construida para resistir vientos el doble de fuertes. La persona que se atreviera a subir al Skypod con un viento de 200 km/h no notaría más que una oscilación elíptica de unos 25 cm. Pero el movimiento sería tan lento que apenas resultaría perceptible. La antena de televisión oscilaría mucho más, con un desplazamiento de casi 2,5 metros, de manera que se le añadieron contrapesos especiales de plomo para amortiguar el efecto.

La torre es un lugar perfecto para contemplar una tormenta, ya que actúa como pararrayos para todos los edificios de las proximidades. Cada año caen sobre ella más de 60 rayos, que se descargan en el suelo sin causar daños.

Un grave peligro en las estructuras tan altas como la torre CN es la formación de hielo en los niveles superiores. En la torre Ostankino de Moscú, la segunda más alta del mundo, se han formado placas de hielo que al derretirse pueden caer a la calle, poniendo en peligro la vida de las personas. En Toronto, este peligro se ha evitado protegiendo contra el hielo las partes donde éste podría formarse, como los bordes del tejado del Skypod. En algunos lugares se han instalado cables de calefacción, y otros se han cubierto con un revestimiento de plástico liso, al que el hielo no puede adherirse.

Los visitantes suben a la torre en ascensores que alcanzan velocidades de 365 metros por minuto, un ascenso tan rápido como el despegue de un avión a reacción. La velocidad y aceleración de los ascensores se calcularon con mucho cuidado, para que el ascenso fuera lo bastante rápido como para resultar divertido, pero no tanto como para provocar temor, mareos o lipotimias. Los ascensores tienen una pared de cristal para contemplar el panorama, pero están diseñados para inspirar absoluta seguridad. Disponen de suministro eléctrico independiente y, en caso de emergencia, pueden desalojar la torre con gran rapidez. Para mayor seguridad, existe también una escalera de 2.570 escalones.

La torre ha sido escenario de numerosas y pintorescas hazañas. El primero que saltó en paracaídas desde ella fue un miembro del equipo de construcción, Bill Eustace, apodado «Sweet William», el 9 de noviembre de 1975. Fue despedido de la obra. En 1979, Patrick Baillie, un joven de 17 años, batió el récord mundial de caída de huevo, arrojando un huevo desde 340 metros de altura y recogiéndolo intacto en una red especialmente diseñada para tan singular caso. Y todo esto sin contar la mejora en la recepción de imágenes de TV.

Durante la construcción se utilizó un helicóptero Sikorsky S64E para instalar una grúa en lo alto de la plataforma. Así se pudieron montar las 39 secciones de la antena que remata la plataforma de observación; la sección más pesada de dicha antena pesa 8 toneladas.

Para pintar el mástil de transmisión (abajo), cuatro hombres trabajaron durante 11 días a 550 metros de altura sobre la calle. El mástil está protegido contra las heladas por un revestimiento de plástico vitrificado de 5 cm de grosor.

5 cm de plástico vitrificado

Bovedilla hexagonal de hormigón

Sala de máquinas de los ascensores

Luces de aviso para aviones

Pantallas de microondas

Ascensores de cristal

Plataforma de observación

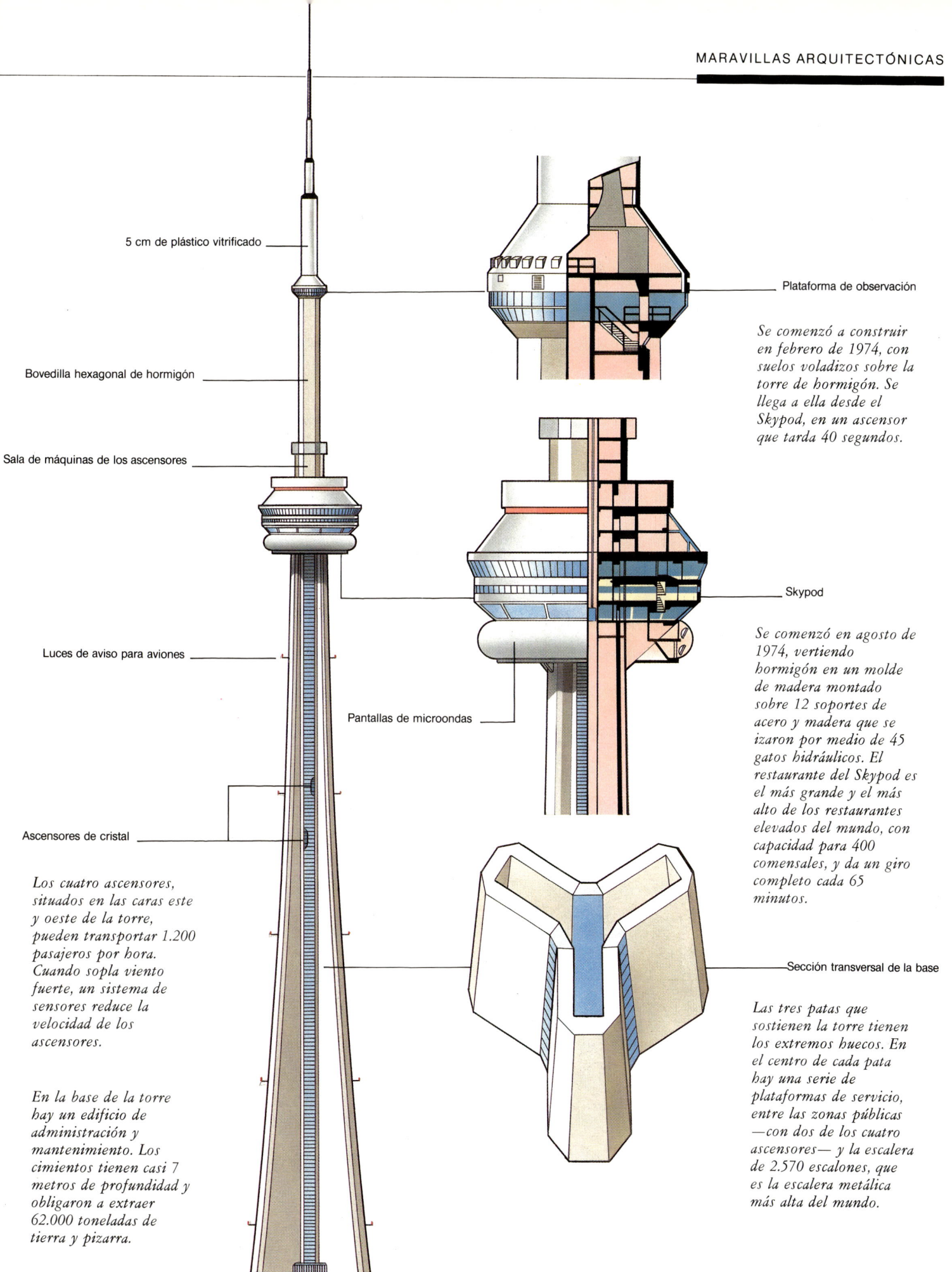

Se comenzó a construir en febrero de 1974, con suelos voladizos sobre la torre de hormigón. Se llega a ella desde el Skypod, en un ascensor que tarda 40 segundos.

Skypod

Se comenzó en agosto de 1974, vertiendo hormigón en un molde de madera montado sobre 12 soportes de acero y madera que se izaron por medio de 45 gatos hidráulicos. El restaurante del Skypod es el más grande y el más alto de los restaurantes elevados del mundo, con capacidad para 400 comensales, y da un giro completo cada 65 minutos.

Los cuatro ascensores, situados en las caras este y oeste de la torre, pueden transportar 1.200 pasajeros por hora. Cuando sopla viento fuerte, un sistema de sensores reduce la velocidad de los ascensores.

En la base de la torre hay un edificio de administración y mantenimiento. Los cimientos tienen casi 7 metros de profundidad y obligaron a extraer 62.000 toneladas de tierra y pizarra.

Sección transversal de la base

Las tres patas que sostienen la torre tienen los extremos huecos. En el centro de cada pata hay una serie de plataformas de servicio, entre las zonas públicas —con dos de los cuatro ascensores— y la escalera de 2.570 escalones, que es la escalera metálica más alta del mundo.

Las torres más altas

Una de las siete maravillas del mundo antiguo era el faro de Alejandría, una torre construida para facilitar la navegación en las proximidades de este puerto mediterráneo durante el reinado de Ptolomeo II, que falleció en 247 a.C. Se ha calculado que debía medir algo más de 100 m de altura, con las luces en lo alto. Se derrumbó en 1326.

Diversas torres de iglesias han ostentado sucesivamente el récord mundial de altura, hasta que en 1884 fueron superadas por el Washington Memorial, que sólo conservó el título durante cinco años. A partir de la segunda guerra mundial, las estructuras campeonas han sido las antenas de radio y televisión. La actual titular es la torre de Radio Varsovia cerca de Plock, Polonia, que tiene una altura de 635 metros, pero constantemente se diseñan torres aún más altas.

Faro de Bishop Rock, Inglaterra

Este faro, situado entre las islas Sorlingas y Lizard, Cornualles, indicaba a los marinos el principio (o el fin) de la travesía del Atlántico, además de advertir de la presencia de rocas sumergidas. Es el faro más alto del Reino Unido, con una altura de 47 metros y una terraza para helicópteros, añadida en fecha reciente.

Monumento a Washington, EE UU

Se tardaron 36 años en construir el obelisco que se alza entre el Capitolio y el monumento a Lincoln en Washington D.C. El obelisco, terminado en 1884, era la pieza clave de un proyecto presentado en 1791 por el oficial francés Pierre L'Enfant, pero que el Congreso no acabó de aprobar hasta 1901. El monumento tiene una altura de 170 metros y se puede subir a lo alto en ascensor.

Faro de Yokohama, Japón

El faro más alto del mundo se encuentra en el parque Yamashita, de Yokohama, y mide 105 metros de altura. Su estructura es de acero, y tiene una intensidad luminosa de 600.000 bujías, visible a 32 kilómetros.

Emley Moor, Yorkshire, Inglaterra

Este transmisor, construido por la Independent Broadcasting Authority, es la estructura sin apoyo externo más alta de Gran Bretaña, con 330 metros de altura. Se terminó en 1971, y sustituyó a una antena más alta pero con soportes, que medía 385 metros y fue derribada por la acumulación de hielo en marzo de 1969. Hay una cabina a 264 metros de altura y pesa 14.760 toneladas.

Un paraíso privado

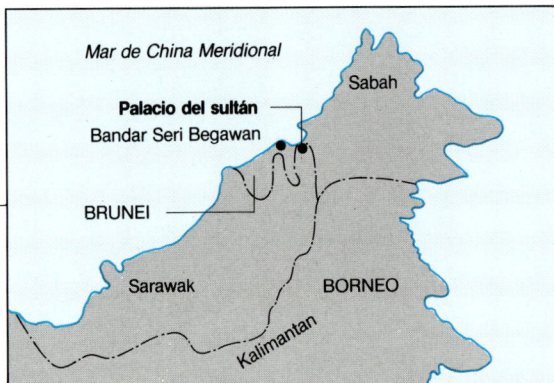

Datos básicos

El palacio habitado más grande del mundo.

Arquitecto: Leandro V. Locsin.

Fecha de construcción: 1982-1986.

Materiales: Hormigón, acero y mármol.

Superficie de suelo: 20 h.

El sultán Hassanal Bolkiah nació el 15 de julio de 1946. No estaba previsto que se convirtiera en el vigésimo noveno sultán de su país, pero su padre heredó el título de su hermano en 1953. La sala del trono (derecha) tiene capacidad para miles de personas.

El hombre más rico del mundo tiene también el nombre más largo: Su Majestad Paduka Seri Baginda Sultan y Yang Di-Pertuan, Sultan Hassanal Bolkiah Mu'izzaddin Waddaulah Ibni Al-Markhum Sultan Haji Oamr Ali Saifuddien Sa'adul Khairi Waddien. Una buena parrafada, y eso omitiendo cuatro líneas más de títulos y honores: Collar de la Suprema Orden del Crisantemo, Gran Orden del Mugunghwa y otros muchos.

El sultán de Brunei rehúye a la prensa y, como consecuencia, los detalles de su espléndido palacio, la residencia ocupada más grande del mundo, han quedado oscurecidos por una avalancha de documentos legales. La descripción más sobria del sultán y su extraordinario estilo de vida la ofrece el escritor James Bartholomew en su libro *El hombre más rico del mundo,* de donde hemos extraído casi todos nuestros datos.

La riqueza del sultán se basa en el petróleo. Podría decirse que su pequeña nación, de 230.000 habitantes, nada en petróleo, gracias al cual la población disfruta de educación y asistencia médica gratuitas, y viviendas subvencionadas, mientras las ya abultadas cuentas bancarias del sultán no dejan de crecer. Según los cálculos más fiables, su fortuna actual ronda los 25.000 millones de dólares, una cantidad superior al capital de la General Motors, o a la suma de los capitales de la ICI, la Jaguar y el National Westminster Bank. Gana por lo menos 2.000 millones de dólares al año; es decir, cuatro millones y medio de dólares al día o 4.000 dólares por minuto. Jamás ha tenido que preocuparse por mil millones de más o de menos; pero, en cualquier caso, los 350 millones de dólares que costó el palacio salieron de fondos públicos, y no de la fortuna personal del sultán.

El sultán posee residencias en todo el mundo. Cuando visita Gran Bretaña, suele alojarse en el hotel Dorchester, que es propiedad suya, aunque también tiene una casa en Kensington Palace Gardens, otra en Hampstead y una enorme mansión en Southall. En cierta ocasión compró una casa cerca de Guildford, Surrey, sin haberla visto, y salió en coche para visitarla, siguiendo a otro coche conducido por una persona que conocía el camino. Los dos coches se separaron, y el sultán no sabía por dónde ir. No obstante, lo intentó y acabó por llegar a Guildford. Pero a pesar de que estuvo más de dos horas buscando la casa, no logró encontrarla. Llegó a la conclusión de que no valía la pena tener una casa tan difícil de encontrar, así que la vendió.

Pero todas estas mansiones parecen ridículas en comparación con su palacio de Brunei, el Istana Nurul Iman. El sultán se decidió a construirlo a principios de los años ochenta, y se empeñó en que quedara terminado antes de que Brunei obtuviera su independencia del Reino Unido, a principios de 1984. En consecuencia, su diseño y construcción se llevaron a cabo a la carrera. Al arquitecto, Leandro V. Locsin, un conocido profesional filipino de gustos radicalmente modernos, se le concedieron dos semanas para presentar un diseño.

Los contratistas dispusieron de dos años para terminar el edificio, que contiene 1.778 habitaciones. Como era de esperar, muchas cosas salieron mal.

La persona que obtuvo la contrata para construir el palacio fue Enrique Zobel, un hombre de negocios filipino, a quien el sultán había conocido en un partido de polo. Zobel convenció al sultán de que no había tiempo para sacar a concurso el proyecto, y que lo mejor sería dejar todo el asunto en sus manos. Recurrió a Locsin, que presentó dos diseños alternativos, realizados a toda prisa. No había visto el terreno ni hablado nunca con el sultán, lo cual hizo más difícil su tarea. Uno de los diseños era ultramoderno; el otro incluía algunos motivos islámicos y era mucho menos radical. Locsin prefería el primero, pero el sultán eligió el segundo. Sin embargo, según avanzaba el proyecto, Locsin se fue inclinando cada vez más hacia sus propios gustos, alejándose de los del sultán.

Se contrataron los servicios de la empresa norteamericana de ingeniería Bechtel para colaborar en la construcción. Suya fue la idea de construir de acero el techo del salón del trono, que en principio iba a ser de hormigón pretensado. Este techo tenía que ser especialmente resistente, ya que además de abarcar una superficie muy extensa, tiene que sostener el peso de 12 enormes lámparas, cada una de las cuales pesa una tonelada. En el salón hay cuatro tronos, dos de ellos para acomodar a una pareja real que llegue de visita. Detrás de los tronos hay un arco islámico de 18 metros, con otros dos arcos en su interior, todos revestidos de placas de oro de 22 quilates.

El salón de banquetes, el más grande del mundo con diferencia, tiene capacidad para 4.000 comensales. También sus arcos y lámparas están revestidos de oro. El palacio tiene 18 ascensores, 44 escaleras, una superficie total de más de 20

La iglesia más grande del mundo

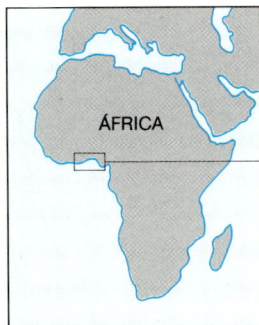

COSTA DE MARFIL · Yamoussoukro

Basílica de Nuestra Señora de la Paz

Abidjan

Golfo de Guinea

ÁFRICA

Datos básicos

La iglesia más grande del mundo, construida a imitación de San Pedro de Roma.

Inspirador: Presidente Félix Houphouet-Boigny.

Fecha de construcción: 1987-1989.

Materiales: Mármol, acero, hormigón y cristal.

Altura: 158 m.

Longitud: 193 m.

Capacidad: 7.000 personas.

La construcción de las grandes catedrales europeas duró muchísimo tiempo. Generaciones enteras de artesanos medievales trabajaron durante todas sus vidas en la construcción de edificios que nunca llegarían a ver terminados. Los tiempos en que vivimos son mucho más impacientes. La iglesia más grande del mundo se construyó hace poco, en sólo tres años. Pero además, no se encuentra en Europa, cerca de los proveedores de mármol, acero, hormigón y cristal —los materiales con que se construyó—, sino en la desierta sabana de Costa de Marfil, lejos de los núcleos de población. La basílica de Nuestra Señora de la Paz es el alarde arquitectónico más grandioso del siglo, una declaración de fe que costó por lo menos 100 millones de libras esterlinas (unos 20.000 millones de pesetas) y que se yergue como un faro para todos los cristianos de África... aunque no falta quien la considera la locura final de un anciano con un pie en la tumba.

El creador de Nuestra Señora de la Paz es el presidente Félix Houphouet-Boigny, que a la edad de diez años tuvo que recorrer varios kilómetros para recibir el bautismo, porque en su aldea natal de Yamoussoukro no había iglesia católica. Ochenta años después, la basílica construida en Yamoussoukro representa su desquite. Imita en todo el modelo de San Pedro de Roma y, aun-

que en señal de respeto su cúpula es un poco más baja que la de San Pedro, la corona y la cruz de oro que la rematan alcanzan una altura de 158 metros, lo que la hace 21 metros más alta que el original. Mide 193 metros de longitud (seis más que San Pedro) y su cúpula es tres veces más ancha que la de San Pablo de Londres, y podría contener varias catedrales como Notre-Dame de París. La bóveda de bronce que hay sobre el altar es tal alta como un edificio de nueve pisos.

En su interior, la basílica tiene capacidad para 7.000 personas sentadas y otras 11.000 de pie. Fuera de ella, en la explanada de mármol de casi tres hectáreas sobre la que se alza la iglesia, podrían congregarse hasta 320.000 personas para participar en los servicios, aunque el día en que tal cosa suceda parece muy lejano. Yamoussoukro, un pueblecito que Houphouet-Boigny se propuso convertir en la Brasilia de Costa de Marfil, no tiene más que 30.000 habitantes, de los que sólo 4.000 son católicos. La capital, Abidjan, en torno a la cual vive la mayor parte de la población de Costa de Marfil, se encuentra a 257 kilómetros al sur, y ya posee una moderna catedral católica. No parece existir mucho riesgo de que Nuestra Señora de la Paz se vea saturada de público, ni siquiera en las fiestas más importantes.

La idea de la basílica se le ocurrió a Houphouet-Boigny en 1987. Según Pierre Cabrelli, el ingeniero jefe responsable de gran parte de la obra, el presidente decidió de pronto construir una iglesia colosal. «Me quedé de una pieza», declaró Cabrelli al *Times*. «¿Quién construye basílicas en estos tiempos? Pregunté entonces qué plazo tenía. El presidente respondió que el Papa viaja a África cada cuatro años, que había estado allí el año pasado y que calculara yo mismo cuánto tiempo me quedaba.»

Habría resultado imposible construir la basílica en tan poco tiempo sin los modernos métodos de construcción y sin el esfuerzo de hasta 2.000 obreros, que trabajaron en dos turnos diarios de diez horas. Los ingenieros responsables se contrataron en el extranjero, pero los obreros eran de la zona y se sentían muy orgullosos de lo que estaban haciendo. Ante las críticas que alegaban que la basílica era una locura que un país pobre como Costa de Marfil no podía permitirse, uno de los operarios replicó: «Cuando se construyó San Pedro, ¿acaso no había en Roma gente que pasaba hambre? Cuando Inglaterra construyó San Pablo después del Gran Incendio, ¿no había en Londres gente pobre y sin hogar?»

Uno de los grandes logros del edificio es la cúpula; el revestimiento de estuco azul está horadado por 29 millones de orificios que actúan como pantalla para el sonido. En lo alto hay deslumbrantes anillos de cristal azul claro y azul oscuro que dirigen la vista hacia el centro mismo de la

Los habitantes de Yamoussoukro son las únicas personas de la historia que han visto construir una basílica tan grande en tan poco tiempo. Su construcción duró cerca de 3 años, mientras que la de San Pablo de Londres necesitó 35 años, y la de San Pedro de Roma 109. Sólo un 15 por 100 de la población de Costa de Marfil es católica; la mayoría continúa aferrada a cultos animistas tradicionales.

cúpula, donde está representada la paloma blanca de la paz.

La basílica no es el único edificio monumental de Yamoussoukro. Houphouet-Boigny, o «Houph», como también se le conoce, ha transformado su pueblo natal con un enorme palacio presidencial, un salón de conferencias con fachada de mármol (en el que hasta ahora sólo se ha celebrado una conferencia), un hotel de cinco estrellas con pista de golf, tres universidades y un hospital. La polvorienta carretera que llega de Abidjan se transforma en una autopista de seis carriles al aproximarse a estos esplendores, casi todos los cuales permanecen semivacíos en medio de la sabana. Mientras que la universidad nacional de Abidjan sufre un grave problema de saturación, las de Yamoussoukro, diseñadas al estilo de *grandes-*

La basílica terminada, a la espera de la consagración del papa Juan Pablo II, el día 10 de septiembre de 1990, con 150.000 asistentes al acto. El recinto acogía a más de 7.000 dignatarios sentados en su interior (arriba). Las vidrieras, con una superficie total de 7.400 metros cuadrados, superan con mucho a las de cualquier otro edificio eclesiástico. Más de 4.000 tonalidades de cristal producen espectaculares efectos en los ventanales.

119

La iglesia más grande del mundo

Las 272 columnas, de estilos dórico, jónico y corintio, tienen hasta 30 metros de altura y se hicieron de hormigón para ahorrar tiempo y dinero. En toda la construcción se aplicaron métodos modernos: la cúpula, por ejemplo, es de aluminio gris anodizado. Pero estas técnicas modernas se han utilizado para crear una estructura de estilo renacentista.

écoles francesas, permanecen gloriosamente vacías. A pesar de estar perfectamente equipadas para toda clase de estudios, en ellas sólo se enseña ingeniería y agricultura.

En otros muchos países, un despilfarro semejante habría hundido al presidente, acusado de pretender arruinar al país con la construcción de un monumento a sí mismo. Pero muchos de los que acuden a Yamoussoukro con intención de burlarse acaban tragándose sus críticas. Es cierto que, según cálculos de la UNICEF, el dinero gastado en la basílica podría haberse empleado en vacunar a los 10 millones de habitantes de Costa de Marfil contra seis enfermedades —difteria, sarampión, tos ferina, polio, tétanos y tuberculosis—, que causan cada año miles de víctimas. Es cierto también que Costa de Marfil se encuentra al borde de la catástrofe económica, con una deuda externa de 8.000 millones de dólares y en situación de suspensión de pagos. Pero para muchos de sus conciudadanos, la sinceridad de Houphouet-Boigny y el esplendor de la construcción hacen que las críticas parezcan irrelevantes.

Hasta 1980, Houphouet-Boigny había hecho grandes cosas por su país, antigua colonia francesa. Mientras otras naciones africanas recién independizadas caían en los conflictos tribales y la pobreza, Costa de Marfil lograba grandes éxitos. Una economía basada en el cacao, el café y el algodón había proporcionado riqueza y estabilidad. El régimen político, aunque dominado por un solo hombre, era tolerante y liberal. Pero entonces empezaron a bajar los precios de las materias primas y decreció el consumo mundial de chocolate. Para pagar los precios acordados a los cultivadores de cacao, Costa de Marfil incurrió en la deuda *per capita* más elevada de África. En lugar de poder presentar la basílica de Yamoussoukro como la culminación de sus éxitos, Houphouet-Boigny se vio obligado a defenderla contra toda clase de críticas, tanto dentro como fuera del país.

Aseguró que todo el dinero que había costado había salido de su propio bolsillo, una declaración que provocó algunas sonrisas irónicas pero que no es del todo imposible. Ya era rico cuando ascendió a la presidencia, y se dice que ha invertido con gran habilidad el capital de la familia. En 1988, obligado a suspender el pago de la deuda externa del país y con el coste de la basílica presupuestado en 80 millones de libras, preguntó: «¿Servirían de algo mis ochenta milloncitos?» Le exasperaban las críticas procedentes de Francia: «¿Cómo puede no entenderlo un pueblo que se siente orgulloso de Versalles, de Notre-Dame, de Chartres?», inquiría. Menos sutil fue el ministro de Información de Costa de Marfil, Laurent Dona Fologo, que tachó las críticas de «racistas», porque, según él, resultaba evidente que los referidos críticos «no podían soportar ver a los africanos dueños de algo grande, hermoso y perdurable».

En parte para acallar las críticas, en parte para asegurarse de que su obra le sobreviviría, Houphouet-Boigny ofreció la basílica ya terminada al Vaticano, un regalo que dejó estupefactos a los funcionarios de San Pedro. ¿Cómo se podía rechazar una expresión tan magnífica de fe católica en un continente lleno de paganos? Al cabo de tres meses de reflexión, aceptaron el regalo, pero a condición de que el mantenimiento corriera a cargo de Costa de Marfil. Houphouet-Boigny ha depositado un fondo especial en el Banco del Vaticano, del que saldrán los 340 millones de pesetas anuales en que se cifran los gastos de mantenimiento de la basílica. Se cree que, además, el Vaticano hizo prometer al presidente que aumentaría los presupuestos de sanidad y educación para su pueblo. A cambio, Houphouet-Boigny consiguió que el Papa acudiera a Yamoussoukro en enero de 1990 para inaugurar la basílica.

El principal material empleado en la construcción de la basílica fue el hormigón premoldeado. Para instalar las secciones se utilizaron seis grúas sobre raíles (izquierda). Se importó granito de España, acero de Bélgica, mármol de Italia y cristal de Francia.

El crucero de la basílica, con la linterna lista para ser instalada sobre la cúpula. Aunque la cúpula propiamente dicha es un poco más baja que la de San Pedro, la linterna y la cruz dorada le dan una altura total superior. Por la noche, la cúpula está iluminada por 1.810 bombillas de 1.000 vatios.

Considerar la basílica como un gigantesco capricho o como un hito para los africanos es algo que depende de la fe de cada uno. Pero también influirá lo que suceda a la muerte de Houphouet-Boigny. Cuando se terminó de construir la catedral, a finales de 1989, el presidente tenía por lo menos 84 años (hay quien asegura que más de 90), y llevaba 35 años en la presidencia. Se negó a discutir la cuestión de su sucesión antes de que la basílica estuviera terminada, por temor a que, una vez conocidas sus intenciones, no le permitieran sobrevivir hasta verla concluida. ¿Podrá la basílica resistir las turbulentas condiciones sociales de África, una vez desaparecida la influencia de Houphouet-Boigny? ¿Se prestarán los pobres no creyentes a mantener en pie un sueño en el que ellos no participan? Lo más probable es que la historia de Nuestra Señora de la Paz resulte tan interesante e impredecible como fue su construcción.

Un marco de ventana, antes de instalarlo sobre el pórtico. La basílica dispone de aire acondicionado y cuenta con un personal de mantenimiento formado por 25 personas, ocho de las cuales se dedican exclusivamente a limpiar el mármol de la plaza y el peristilo, donde se congregan multitudes al aire libre. Otros empleados se pasan todo el día sacando brillo a los 7.000 bancos de madera de iroko y color pardo-rojizo.

CAPÍTULO TRES

Proezas de la ingeniería civil

EL dominio humano sobre la naturaleza se mide por los logros de los ingenieros civiles, los hombres (y cada vez más mujeres) que construyen puentes, presas, carreteras y ferrocarriles, que excavan canales y levantan defensas costeras para contener la fuerza del mar. Sus obras, una vez terminadas, apenas reciben atención, a no ser que fallen, en cuyo caso se oye un coro de lamentaciones. Y esto se debe a que, a diferencia de otras formas de ingeniería, se espera que estas obras duren para siempre, que constituyan una modificación permanente del entorno natural. Los ingenieros civiles no sólo trabajan para sus clientes, sino que también tienen que hacerlo para la posteridad.

Algunas obras de ingeniería civil son tan enormes y permanentes que sobreviven incluso a su función original. La Gran Muralla China, posiblemente la construcción más imponente de toda la historia de la civilización, todavía se extiende de colina en colina a través de la inmensidad del país, a pesar de que la amenaza que debía contener hace mucho que desapareció. El canal de Panamá alteró la geografía de manera permanente, aunque es posible que algún día deje de utilizarse. La presa de Grand Coulee convirtió en tierra cultivable una extensión desértica del estado de Washington que jamás había producido nada. Y la costa de los Países Bajos ha quedado radicalmente modificada —y los holandeses confían en que el cambio sea permanente— por el Plan Delta, una de las mayores y menos conocidas proezas de la ingeniería civil del siglo XX.

La ingeniería civil puede incluso cambiar conceptos. La nación canadiense no habría podido sobrevivir de no ser por un largo lazo de acero que la ha mantenido unida: el ferrocarril Canadian Pacific. La explotación de los recursos de Siberia no habría pasado de ser un sueño sin los ferrocarriles Transiberiano y BAM. Y el concepto de una Europa unida no tendría sentido de no ser por los ferrocarriles y carreteras que atraviesan la barrera de los Alpes, conectando Alemania y Suiza con Italia.

Al ir disminuyendo las reservas de combustibles fósiles, será preciso acelerar la búsqueda de fuentes alternativas de energía, mediante proyectos como la turbina de las Orcadas, para aprovechar la energía del viento, y el horno solar francés, que permitirá utilizar la energía solar.

A pesar de su permanencia, el trabajo de los ingenieros civiles nunca termina. En cuanto se concluye un gran proyecto, surge otro aún más ambicioso, que los adelantos de la técnica han hecho posible. Desde que se construyeron los primeros puentes y calzadas, los seres humanos no han cejado en su empeño de adaptar y utilizar la naturaleza, y no se advierten indicios de que vayan a desistir.

Proezas de la ingeniería civil

- Gran Muralla China
- Canal de Panamá
- Canales del mundo
- Ferrocarril Canadian Pacific
- Ferrocarril transiberiano
- Presa de Grand Coulee
- Presas: controlando la fuerza del agua
- Plan Delta holandés
- Paso de San Gotardo
- Las autopistas más grandes del mundo
- Iron Bridge
- El puente de Humber
- Puentes célebres
- Plataforma petrolífera Statfjord B
- Generador eólico de las Orcadas
- La central nuclear Chooz B
- El horno solar de Odeillo

La fortificación más larga

Datos básicos

La construcción más grande que jamás se ha emprendido, tardó 20 siglos en terminarse y perfeccionarse.

Primer constructor: Shi Huangdi.

Fecha de construcción: Siglo III a.C.-siglo XVII d.C.

Materiales: Tierra, piedra, madera y ladrillo.

Longitud: 3.460 km.

Shi Huangdi (r. 221-210 a.C.), fundador de la dinastía Qin y primer emperador de China, inició la construcción de la Gran Muralla. A pesar de la brevedad de su reinado, Shi Huangdi estableció las formas políticas por las que China iba a regirse hasta 1911. También es famoso por el ejército de guerreros y caballos de terracota encontrados cerca de su tumba, en Xi'an.

La construcción humana más grande del mundo discurre a lo largo de casi 3.500 kilómetros a través de China, siguiendo un trazado sinuoso que algunos han comparado con el cuerpo de un dragón. La Gran Muralla China, construida durante un período de más de 1.800 años por millones de obreros y soldados, se extiende desde el mar Amarillo, en las proximidades de Pekín, hasta la Puerta de Jade de Jiayuguan, que señalaba el límite exterior de la influencia china y el comienzo de los desiertos de Asia central. La muralla servía de frontera entre la civilización china y los bárbaros del norte. Más allá de ella, la cultura china se diluía en las montañas y desiertos donde tribus nómadas subsistían en condiciones precarias. Según palabras del erudito norteamericano Owen Lattimore, la Gran Muralla representa «la línea de marea más colosal de la raza humana».

Su construcción se inició durante el reinado del primer emperador, Shi Huangdi, de la dinastía Qin, que emprendió una campaña de conquistas y consiguió unificar China en 221 a.C. Con anterioridad, y ya desde el siglo V a.C., existían murallas más pequeñas, construidas por los gobernantes locales, muchas de las cuales fueron destruidas por Shi Huangdi, que fundó un imperio eficiente e implacable, con un sistema de justicia penal, una red de carreteras nuevas y una burocracia que controlaba dónde vivía la población y hasta dónde se le permitía moverse. Los delincuentes eran castigados sin miramientos, y los que se negaban a trabajar eran reclutados por el ejército y destinados a los rincones más remotos del imperio. Estas personas fueron las que iniciaron la construcción de lo que ahora conocemos como la Gran Muralla.

Según los textos de historia de la época, Shi Huangdi envió a su general más importante, Meng Tian, con un ejército de 300.000 hombres, para que sometiera a los bárbaros del norte y construyera una muralla siguiendo las líneas del terreno y aprovechando los obstáculos y accidentes naturales para formar una barrera impenetrable.

Sin embargo, la mayor parte de la muralla que hoy podemos ver se construyó en una época muy posterior, durante la dinastía Ming (1368-1644). Su función seguía siendo la misma: contener las invasiones del norte y señalar de manera inequívoca los límites del imperio. La sección mejor conservada de la muralla Ming es la comprendida entre Pekín y el mar, un muro de 640 kilómetros que sigue el perfil de los montes Yanshan hasta llegar a Shanhaiguan.

Entre estos dos períodos, otros gobernantes de China aportaron su contribución a la muralla, obligando a millones de trabajadores a levantar varias secciones. Shi Huangdi hizo trabajar a su ejército, más medio millón de campesinos. Más de 600 años después, en 446 d.C., Taiping Zhenjun envió a 300.000 trabajadores a levantar otra sección, y en 555 d.C., Tian Bao reclutó por la fuerza a 1.800.000 campesinos para trabajar en la muralla.

El interés por la muralla decayó durante algunos períodos. La dinastía Tang, que empezó a reinar en 618 d.C., consideraba que la mejor defensa es el ataque y se preocupó más por fortalecer su ejército que por reforzar la muralla. Pero cuando los Ming se hicieron con el poder, la muralla recuperó su carácter prioritario en los planes imperiales. La muralla que hoy conocemos es, pues, el resultado del trabajo de millones de hombres al servicio de una idea única.

En su construcción se emplearon tierra, piedra, madera, tejas y, durante la dinastía Ming, ladrillos. Dadas las dificultades de transporte, se utilizaban los materiales existentes en cada lugar: piedra en lo alto de las montañas; tierra en las llanuras; arena, guijarros y ramas de tamarisco en el desierto de Gobi; roble, pino y abeto de los bosques de Liaodong, en el noroeste. Muchos de estos materiales no servían para construir una defensa permanente, y las secciones que han sobrevivido son las de piedra y las de ladrillos y tejas, de fecha muy posterior. Durante la dinastía Ming se construyeron hornos a pie de obra para fabricar los ladrillos, las tejas y la cal para unirlos.

Los materiales de construcción se transportaban a fuerza de músculo, cargándolos a la espalda o colgados de pértigas. En ocasiones, los obreros formaban cadenas humanas para pasarse las piedras o ladrillos de mano en mano hasta lo alto de las montañas. También se utilizaban carretillas, y las rocas más grandes se izaban mediante tornos y se movían con palancas. Se utilizaron burros con alforjas cargadas de ladrillos y argamasa, y se dice que también cabras, con ladrillos atados a los cuernos.

Las murallas de tierra de la dinastía Qin se construyeron levantando vallas paralelas hechas con postes y tablas y llenando de tierra el espacio entre ellas. Se echaba una capa de tierra de 8 ó 10

La fortificación más larga

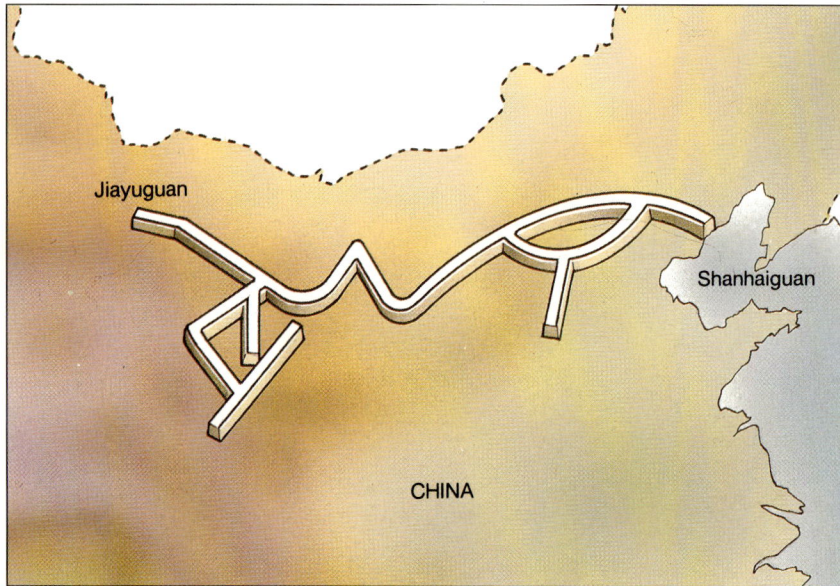

Jiayuguan

Shanhaiguan

CHINA

Atalaya

centímetros y se apisonaba con mazos antes de añadir la siguiente capa. Durante el período Ming se utilizaron métodos similares, pero aumentando el grosor de las sucesivas capas de tierra a unos 20 centímetros. Está técnica se utilizaba mucho en China para construir los muros de las casas.

Las secciones de piedra se construyeron allanando primero el terreno y colocando una serie de losas de piedra a manera de cimientos. A continuación, se levantaban las paredes exteriores de la muralla, llenando el hueco entre ellas con piedras pequeñas, escombros, cal y tierra. Cuando la muralla alcanzaba la altura suficiente, se añadía una cubierta de ladrillo, inclinada en las pendientes suaves o escalonada en las laderas de más de 45 grados.

Una de las características más notables de la Gran Muralla es la manera en que aprovecha las posibilidades defensivas del terreno, curvándose para seguir los accidentes naturales y dominando las alturas. En los puntos clave se construyeron fortalezas y atalayas para vigilar el territorio. Estos eran los lugares por donde más probable era el ataque enemigo: pasos de montaña, cruces de carreteras o meandros de un río en territorio llano. Según una enciclopedia del período Tang, «las torres deben construirse en lugares cruciales de las altas montañas o en las curvas en terreno llano».

Aunque la muralla tenía una función defensiva y utilitaria, muchos de sus detalles están diseñados con verdadero estilo. Las torres, las puertas y las fortalezas son con frecuencia muy hermosas y presentan una gran variedad de estilos arquitectónicos. A lo largo de la muralla había, además, templos y santuarios, casas de té y torres de reloj.

La muralla tiene una altura de 6 a 9 metros,

La muralla no forma una línea única, ya que incorpora una serie de murallas levantadas por sucesivos gobernantes. Las más antiguas eran rudimentarias y fue preciso reconstruirlas.

La muralla serpentea sobre las montañas, siguiendo las crestas del paisaje. Si la pendiente era inferior a 45 grados, el pavimento de ladrillo seguía el contorno de la muralla; si era superior, se hacían escalones.

Sección de la muralla
Altura: de 6 a 9 metros
Anchura: 7,5 metros en la base, 6 en lo alto

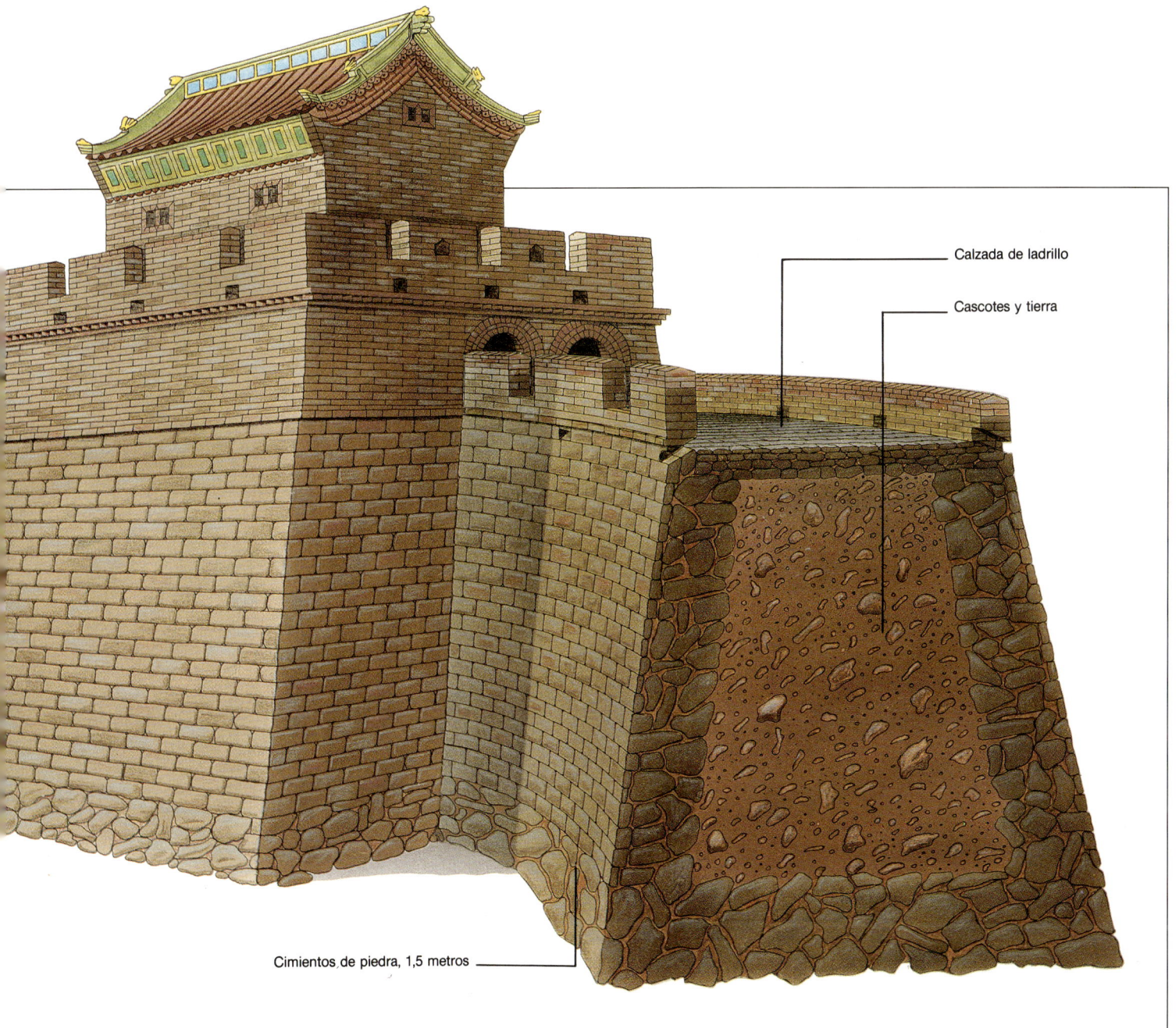

Calzada de ladrillo

Cascotes y tierra

Cimientos de piedra, 1,5 metros

Atalayas

La muralla tiene unas 25.000 atalayas de planta cuadrada, de unos 12 metros de lado y otro tanto de altura. En las torres de señales, situadas a una distancia máxima de 17 kilómetros, se quemaba estiércol de lobo, azufre y nitrato, para producir una columna de humo que indicara a las torres vecinas la intensidad de un ataque. De noche, se utilizaba leña seca.

con una anchura de 7,5 en la base, y más estrecha —menos de 6 metros— en lo alto. (Estas medidas corresponden a la sección mejor conservada de la muralla, que se encuentra cerca de Pekín y se construyó durante el período Ming.) Aproximadamente cada 200 metros, en el lado chino de la muralla hay una puerta en forma de arco, con una escalera que conduce a lo alto; la cubierta servía como carretera y como línea de defensa, por donde las tropas podían moverse con rapidez, de diez en fondo, para reforzar a la guarnición que sufriera un ataque.

En el borde interior había un parapeto de un metro de altura para reducir el peligro de caídas; por el exterior, había almenas de hasta 1,80 m de altura para defenderse de los ataques. Cada 100 ó

200 metros una plataforma sobresalía de la muralla: además de servir como contrafuerte para reforzarla, desde estas plataformas los soldados podían disparar contra los enemigos que trataran de escalar la muralla.

A intervalos similares había terraplenes, que en realidad eran construcciones de dos o tres plantas donde vivían los soldados. Estos terraplenes, de 9 a 12 metros de altura y 35 a 55 metros de lado en la base, estaban rematados por una plataforma desde donde se podían disparar cañones. En cada terraplén había habitualmente una guarnición de 30 a 50 soldados, mandados por un suboficial.

En caso de ataque, los soldados utilizaban un elaborado sistema de señales para indicar su im-

La fortificación más larga

portancia: una fogata y una salva significaban de 2 a 100 enemigos; dos fogatas y dos salvas, hasta 500 enemigos, y así sucesivamente, hasta cinco fogatas y cinco salvas, que significaban un ataque de más de 10.000 soldados enemigos.

En épocas de paz, los soldados se autoabastecían cultivando los terrenos próximos a la muralla. Montaban guardia y controlaban las idas y venidas de los mercaderes que cruzaban la muralla con mercancías para vender. Eran responsables del mantenimiento de la muralla, y recibían estrictas instrucciones al respecto. Entre sus armas figuraba la pólvora, inventada durante el período Ming, que se utilizaba en varios tipos de granadas.

No existía entonces verdadera artillería, pues en tal caso la muralla habría resultado mucho más difícil de defender, pero sí que se empleaban ballestas de asedio y una variante de la catapulta romana para disparar grandes proyectiles a considerables distancias. En el combate cuerpo a cuerpo se utilizaban espadas, lanzas y bastones, y también había tropas de caballería.

La longitud de la muralla, que durante el período Ming se cifraba en 10.000 li (6.400 kilómetros), estaba dividida en nueve zonas militares, cada una bajo el mando de un general. En caso de

Un autor chino describió la gran muralla como un dragón que sumerge la cabeza para beber en el mar de Bo Hai, junto a Shanhaiguan (arriba). La «cabeza» es una sección de 23 metros que se adentra en el mar, y que resultó dañada por las fuerzas inglesas que acudieron en 1900 a sofocar la rebelión de los bóxers. La puerta de la primera fortificación se conoce como «el Primer Paso bajo los Cielos».

ataque, las nueve secciones quedaban sometidas a la autoridad del ministro de la Guerra. Cada zona militar tenía su cuartel general en una ciudad situada junto a la muralla o en una fortaleza importante, bien comunicada con la capital. Parece que el sistema funcionaba a la perfección.

Para la dinastía Ming, la muralla era lo único que se interponía entre ellos y las hordas mongolas, que habían iniciado la construcción de su imperio bajo el mando de Gengis Kan, a principios del siglo XIII. A pesar de su reducido número y del pequeño tamaño de su ejército, de sólo 250.000 hombres, la ferocidad de los mongoles les permitió franquear la Gran Muralla y conquistar China. A finales del siglo XIII, su imperio se extendía por Asia y Europa, desde Corea hasta Polonia y Hungría por el norte, y desde el sur de China hasta Turquía por el sur.

El gran emperador Kublai Kan, nieto de Gengis, ocupó el trono de China en 1260, y reinó con considerable talento. Sin embargo, después de su muerte, el dominio mongol comenzó a desmoronarse, hasta que fueron expulsados más allá de lo que quedaba de la muralla y Zhu Yuanzhang fundó la dinastía Ming.

Teniendo en cuenta estos antecedentes, no es de extrañar que los Ming dedicaran grandes esfuerzos a reforzar la muralla, como única manera de impedir otro ataque victorioso de los mongoles. Zhu envió a sus nueve hijos al norte, poniéndolos al frente de las nueve guarniciones que defendían la muralla, e hizo construir muchas nuevas fortificaciones. La construcción continuó durante todo el reinado de la dinastía Ming, de 1368 a 1644, que fue el período durante el que se levantó la mayor parte de la muralla que hoy conocemos.

Una construcción tan prodigiosa como la muralla china no podía dejar de llamar la atención de los europeos. El doctor Johnson se sentía especialmente fascinado por ella y sentía grandes deseos de visitarla en persona. Cierto día, su biógrafo, James Boswell, le comentó a Johnson que también a él le gustaría visitar la muralla si no tuviera hijos que atender, y obtuvo de Johnson la siguiente respuesta: «Señor, visitándola haría usted algo muy importante por la educación de sus hijos. Su iniciativa y su curiosidad quedarían reflejadas en ellos. Siempre se los consideraría como los hijos de un hombre que fue a ver la Gran Muralla China. Lo digo en serio, señor James Boswell.»

En 1909, el escritor norteamericano William Edgar Geil se convirtió en uno de los primeros occidentales que recorrieron toda la longitud de la muralla, y se mostró absolutamente entusiasmado, asegurando que los constructores de la muralla estaban muy por encima del insensato militarismo europeo.

La muralla, a su paso por Gubeikou, provincia de Hebei, donde la dinastía Ming instaló una guarnición militar encargada de vigilar 12 pasos, el más importante de los cuales era el propio Gubeikou. Aquí fue donde el primer embajador británico en China contempló por primera vez la muralla, en 1793.

Las secciones no restauradas de la muralla se encuentran en distintos grados de ruina, desde meros montones de tierra hasta sectores de piedra que necesitan pocas restauraciones. Este segmento se encuentra junto a la sección restaurada que los turistas visitan en Badaling, al este de Pekín.

Durante la década de los ochenta, más de cuatro millones de personas han seguido cada año los pasos de Geil, aunque muy pocos han ido más allá de la sección mejor conservada de la muralla, que se encuentra a corta distancia de Pekín. Uno de los pocos que lo han hecho ha sido William Lindsay, investigador universitario de Merseyside, Inglaterra, en 1987. Según la agencia de noticias Nueva China, Lindsay fue el primer extranjero que recorrió, en solitario y a pie, 2.400 kilómetros de muralla. El viaje, realizado en parte corriendo, en parte andando y en parte cojeando, duró 78 días, con un descanso de cuatro meses en medio.

Durante el siglo XX, China ha carecido de los recursos necesarios para mantener la muralla en el estado que merece. Algunos tramos ofrecen un aspecto espléndido, pero otras partes, fuera de las rutas turísticas, se encuentran prácticamente en ruinas.

La muralla ha perdido ya su función defensiva, aunque las tropas chinas la utilizaron como ruta de desplazamiento durante la guerra contra Japón. Sin embargo, sigue siendo una de las maravillas del mundo, un sobrecogedor ejemplo de la fuerza, el ingenio y la tenacidad de la raza humana.

Conexión entre océanos

Datos básicos

Cuando se construyó, era el proyecto de ingeniería más grande y más costoso del mundo.

Ingenieros: De Lesseps, John Stevens, George W. Goethals.

Fecha de construcción: 1881-1889, 1904-1914.

Longitud: 82.300 m.

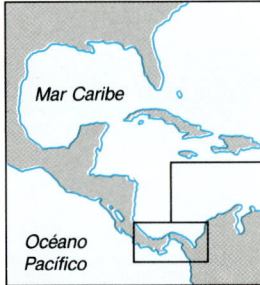

La construcción de un canal que conectara los océanos Atlántico y Pacífico ha sido la obra de ingeniería más ambiciosa y más cara que jamás se ha emprendido. Más de 40 años transcurrieron desde que se concibió la idea hasta que lo atravesó el primer barco. Dio trabajo a miles de obreros y abrió nuevos caminos a la ingeniería, la planificación de obras, la medicina y las relaciones laborales. Constituyó el último alarde del optimismo europeo de finales del siglo XIX, y la primera evidencia de que los Estados Unidos se habían convertido en una gran potencia. Alteró la geografía, dividiendo un continente para unir dos océanos, e incluso contribuyó a crear una nueva nación, Panamá.

La historia comenzó en 1870, cuando dos navíos de la marina estadounidense fueron enviados al istmo de Darién, la delgada franja de tierra que conecta las dos Américas, con la misión de localizar el sitio más adecuado para excavar un canal. Los cálculos no podían ser más claros: desde Nueva York hasta San Francisco, dando la vuelta al cabo de Hornos, había un recorrido de 20.000 kilómetros que duraba un mes entero; pasando por el canal, la travesía quedaría reducida a 8.000 kilómetros. Sin embargo, las dificultades que entrañaba abrir un canal a través de esta delgada franja de tierra —sólo 48 kilómetros en su parte más estrecha— eran inmensas. Poco después de 1850, la construcción de un ferrocarril en la misma zona había tardado cinco años y costado seis veces más que lo presupuestado. Miles de trabajadores habían muerto de cólera, disentería, fiebre amarilla y viruela.

Sin embargo, antes de que los Estados Unidos dieran un paso más, un grupo de financieros franceses obtuvo una concesión para construir un canal desde Colón hasta Panamá. El ingeniero elegido fue Ferdinand de Lesseps, diplomático y político francés que se había labrado una reputación durante la construcción del canal de Suez. De Lesseps llegó a Panamá en 1880 y, tras una apresurada inspección, decidió construir un canal siguiendo los cursos de los ríos Chagres y Grande, que conectaría los océanos al nivel del mar y seguiría de cerca la línea ferroviaria. Nada más comenzar las obras, empezaron a morir personas. Panamá era uno de los lugares más insalubres de la Tierra: los mosquitos se criaban a millones en charcas y pantanos; no existían sistemas de eliminación de aguas y los conocimientos médicos de los pioneros franceses resultaban insuficientes. Uno de los que trabajaron en el canal fue el pintor francés Paul Gauguin, que llegó en 1887 con la intención de comprar un terreno y vivir a base de fruta y pescado. Tanto el país como la población le resultaron odiosos, y en cuanto logró reunir suficiente dinero se marchó a la Martinica.

En 1889, la empresa de De Lesseps quebró, tras haberse comprobado que el proyecto de abrir un canal al nivel del mar resultaba impracticable. Tras el fracaso vino el escándalo: Ferdinand de Lesseps fue acusado de corrupción, y la quiebra de la compañía se convirtió en un *affaire* nacional, que hizo caer gobiernos y destruyó reputaciones. Se habían gastado en total 287 millones de dólares —mucho más de lo que había costado hasta entonces ninguna operación en tiempo de paz—, habían muerto por lo menos 20.000 personas, y sólo se habían construido 30 kilómetros de canal. Francia había fracasado de manera humillante.

A comienzos del nuevo siglo, los Estados Unidos habían recuperado el interés por el canal, y entablaron negociaciones con el gobierno de Colombia, ya que Panamá era entonces un departamento colombiano. Los colombianos rechazaron el acuerdo propuesto pero, con el tácito apoyo del presidente Theodore Roosevelt, un grupo de panameños declaró la independencia de su país. Washington reconoció a su gobierno en menos de dos días y Roosevelt consiguió del nuevo gobierno la autorización para abrir el canal, a cambio de 10 millones de dólares y 250.000 dólares más cada año a partir de 1913.

La primera tarea, sin la que todo lo demás habría fracasado, consistió en combatir las enfermedades en Panamá. Un médico militar, el coronel William Gorgas, se hizo cargo de los hospitales y las medidas sanitarias. Habían elegido al hombre adecuado: Gorgas, que ya había participado en la erradicación de la fiebre amarilla en Cuba, eliminando el mosquito *Stegomya fasciata*, emprendió una campaña contra esta especie y contra el mosquito *Anopheles*, transmisor de la malaria, y consiguió transformar la situación sanitaria en Panamá.

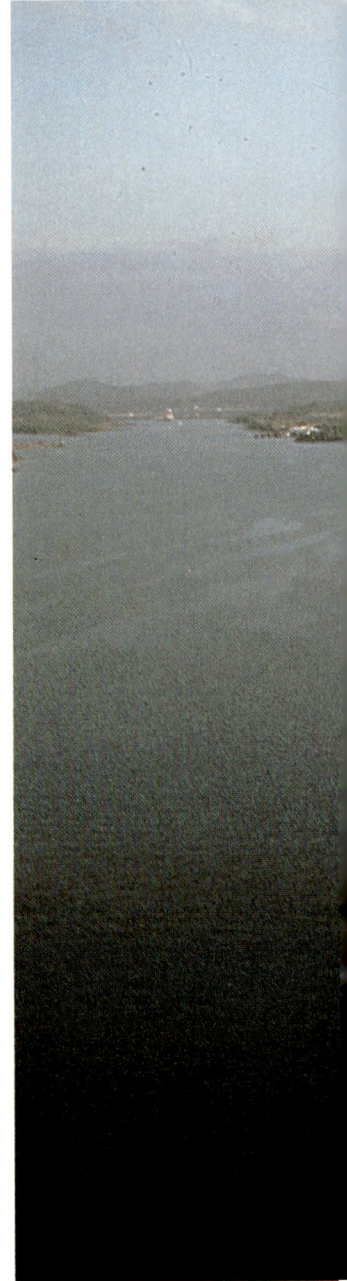

El lago Gatún, atravesado por el canal, se creó por medio de una presa y unos sistemas de esclusas a los extremos, y forma la parte central del canal. Las mayores dificultades se encontraron en la cortada de Culebra (derecha), ahora llamada de Gaillard. Cada día, 60 excavadoras de vapor llenaban de tierra trenes enteros. En numerosas ocasiones, quedaron sepultadas por los derrumbamientos de las paredes del canal, que se hicieron más frecuentes a partir de 1911, al avanzar la excavación.

Pero todavía faltaba excavar el canal. A diferencia de De Lesseps, los ingenieros norteamericanos no se plantearon la posibilidad de construir un canal al nivel del mar, sino que diseñaron una serie de esclusas que llevarían a los barcos hacia arriba y hacia abajo, lo cual resultaba mucho más práctico. Pero la obra seguía siendo colosal. La parte más difícil fue la cortada de Culebra (ahora llamada Gaillard), una franja de 12 kilómetros comprendida entre Bas Obispo y Pedro Miguel, donde hubo que crear un cañón artificial a través de una montaña, utilizando excavadoras de vapor, explosivos y el esfuerzo de 6.000 hombres. Se necesitaron siete años y 27.000 toneladas de dinamita, una energía explosiva superior a la utilizada en todas las guerras libradas hasta entonces por los EE UU. El ruido era infernal, el peligro tremendo y la pérdida de vidas incalculable.

El principal problema era la inestabilidad de la

Conexión entre océanos

Mar Caribe

Canal de Panamá

Océano Pacífico

Los barcos pasan del mar Caribe al océano Pacífico en dirección este.

Los buques más grandes apenas tienen espacio para pasar por las esclusas. Hay tres pares de esclusas en Gatún y, en el otro extremo del lago, uno en Pedro Miguel y dos en Miraflores.

En cada esclusa, los buques son remolcados por locomotoras eléctricas, utilizando tornos de motor y 240 metros de cable de acero, que funcionan con absoluta suavidad.

Esta sección del canal permite apreciar la subida al lago Gatún, cuya superficie se encuentra a 25-26 metros sobre el nivel del mar. La del lago Miraflores está 16 metros por encima del nivel del mar.

Mar Caribe

Colón

Esclusas de Gatún

Presa de Gatún

Lago Gatún

CANAL DE PANAMÁ

Lago Gatún

Ferrocarril de Panamá

Zona del C

Cortad

Autopista Panamericana

Esclusas de Gatún

La cortada de Gaillard es el tramo más espectacular del canal. La anchura prevista en esta zona era de 204 metros, pero la inestabilidad del terreno obligó a ensancharla a 548 metros.

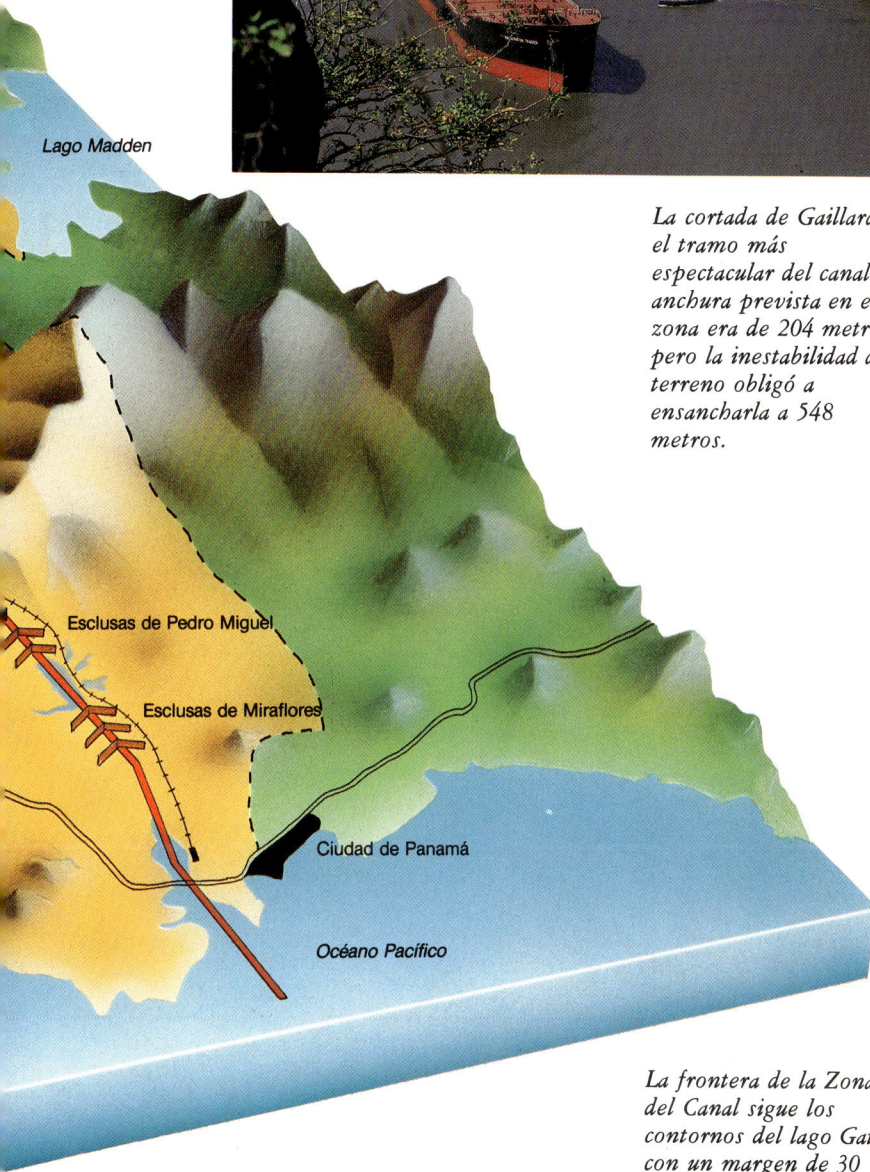

Lago Madden

Esclusas de Pedro Miguel

Esclusas de Miraflores

Ciudad de Panamá

Océano Pacífico

La frontera de la Zona del Canal sigue los contornos del lago Gatún con un margen de 30 metros, y los del Maldden con 80 metros de margen.

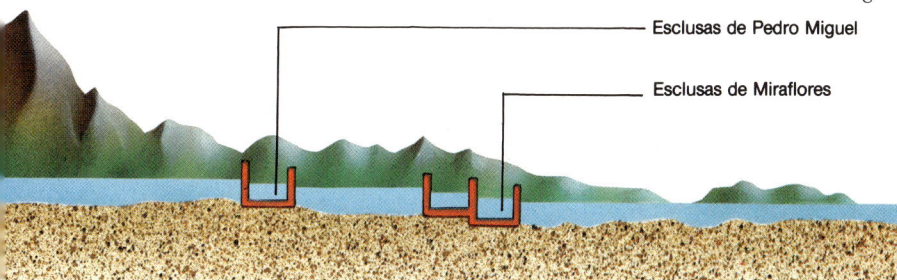

Esclusas de Pedro Miguel

Esclusas de Miraflores

roca. Al retirarla de los costados de la excavación, las paredes se abombaban a causa de la presión, que las empujaba hacia afuera. Lo mismo sucedía con el suelo del canal, que se levantaba de cinco a seis metros, a veces con rapidez prodigiosa. Resultaba verdaderamente frustrante. Se intentó de todo para contener los desmoronamientos, incluyendo revocar las paredes con hormigón, pero todo en vano. El hormigón se desmenuzaba y se desprendía junto con la roca. La única solución consistía en reducir la inclinación de las paredes hasta que la roca se estabilizara, lo cual significaba transformar la estrecha hendidura en una amplia depresión en forma de plato.

La serie de esclusas construidas a cada extremo del canal asombró al mundo. Eran las mayores que se habían visto, y puestas de pie habrían resultado más altas que casi todos los edificios actuales de Manhattan, exceptuando el Empire State, el World Trade Center y unos pocos más. Sin embargo, no se trata de simples edificios, sino de máquinas que funcionan con la eficacia de una máquina de coser. Se tardó cuatro años en construirlas: las obras comenzaron en agosto de 1909 y se construyeron de dos en dos, para que pudieran funcionar dos líneas de tráfico a la vez.

Las esclusas están hechas de hormigón, vertido en grandes moldes de madera. El suelo de cada cámara tiene de 4 a 6 metros de grosor, y las paredes tienen un espesor de hasta 15 metros al nivel del suelo, adelgazándose escalonadamente por fuera hasta llegar a medir sólo 2,5 metros de grosor en la parte alta. Para construir las 12 cámaras se utilizaron 3,3 millones de metros cúbicos de hormigón, que todavía se mantiene en perfectas condiciones.

Las paredes de las cámaras no son macizas, sino que están horadadas por grandes conductos por donde pasa el agua para llenar y vaciar las cámaras. El agua procede de los lagos Gatún y Miraflores, y penetra en cada cámara por 70 orificios abiertos en el fondo, lo que le permite levantar con suavidad los barcos. El desagüe se efectúa por un sistema similar de orificios, para hacer descender los barcos que van en dirección contraria. El flujo de agua se controla mediante compuertas deslizantes de acero que corren sobre rodamientos de rodillos.

Al extremo de cada cámara hay unas enormes compuertas, cada una de las cuales pesa cientos de toneladas. Están hechas con planchas de acero remachadas sobre un esqueleto de vigas de acero y giran juntas formando una V aplanada. Están diseñadas para que floten y ejerzan la menor presión posible sobre sus bisagras. Cada hoja mide 20 metros de anchura y 2 de grosor, pero su altura varía según la posición. La más grande es la de Miraflores, que tiene una altura de 25 metros y pesa 745 toneladas.

Conexión entre océanos

El funcionamiento de un canal con esclusas depende del agua. Dada la abundancia de lluvias en Panamá, hasta hace poco no parecía existir peligro de que el canal se secara. Sin embargo, los lagos dependen de la selva tropical que los rodea para reponer el agua que pierden cada vez que un barco atraviesa el canal. La desmesurada tala de árboles ha reducido la capacidad del bosque de actuar como una esponja gigante, disminuyendo la afluencia de agua a los lagos, y se empieza a temer que la escasez de agua ponga en peligro el funcionamiento del canal en el futuro.

La salida de aguas del lago Gatún se utiliza para generar electricidad, que a su vez hace funcionar todas las instalaciones del canal: las válvulas, las compuertas de las esclusas y las pequeñas locomotoras que circulan sobre raíles en lo alto de las esclusas, remolcando los barcos. No se permite que los barcos atraviesen las esclusas por sus medios, por temor a que pierdan el control.

Con excepción del manejo de las locomotoras, todo lo demás está diseñado para que lo pueda controlar una sola persona desde un solo tablero de mandos. En este tablero están indicadas todas las funciones de las esclusas —las compuertas, las válvulas, los niveles del agua—, y junto a cada una hay un único interruptor. Los interruptores sólo se pueden mover en el orden adecuado, de manera que, por ejemplo, resulta imposible intentar abrir las compuertas mientras está entrando agua en las esclusas.

Gracias a estos tableros de control, el canal ha funcionado a la perfección desde el 7 de enero de 1914, cuando un viejo remolcador francés, el *Alexandre la Valley*, realizó con poca ceremonia el primer tránsito completo a través del canal. El 3 de agosto, el carguero de cemento *Cristóbal* se convirtió en el primer buque transatlántico que pasaba de un océano a otro, y el 15 de agosto cruzó el canal el primer barco de pasajeros, el *Ancon*. Pero la cortada de Culebra todavía iba a ocasionar problemas, y en octubre un enorme desprendimiento taponó todo el canal. Se produjeron nuevos desprendimientos en 1915, y siempre ha sido preciso seguir dragando el canal.

Diez años después de la inauguración, circulaban por el canal más de 5.000 barcos al año, y para 1939 la cifra se había elevado a 7.000. Se duplicó después de la segunda guerra mundial, y en los primeros años setenta alcanzó un máximo de 15.000 barcos al año. La mayor tarifa pagada por un barco ascendió a 42.077 dólares con 88 centavos, y la abonó el *Queen Elizabeth II* en marzo de 1975; la tarifa más baja, 36 centavos, la pagó en los años veinte Richard Halliburton, que recorrió el canal a nado en varias jornadas. Consiguió convencer a las autoridades de que le permitieran atravesar las esclusas a nado y pagó una tarifa basada en su peso, como una embarcación.

Los creadores del canal de Panamá

Una obra de la envergadura del canal de Panamá necesita personajes de calibre especial para llegar a término. Cuatro de estos hombres intervinieron en su construcción.

Presidente Theodore Roosevelt

Si hubiera que atribuir a una sola persona el mérito de la construcción del canal de Panamá, ésta sería Theodore Roosevelt. Su ambición convirtió a los Estados Unidos en una potencia mundial, «la potencia dominante en las costas del océano Pacífico». Como secretario de Marina, gobernador de Nueva York y, por último, presidente, Roosevelt realizó una ardiente campaña en favor del canal, aunque durante muchos años creyó que se construiría en Nicaragua, y no en Panamá. Como presidente, dirigió las intrigas que culminaron en la creación de Panamá, y luego desoyó los deseos del Congreso, otorgando plenos poderes para la construcción del canal a George Goethals.

Aunque fueron tres los presidentes que participaron en la construcción —Roosevelt, Taft y Wilson—, fue Roosevelt quien convirtió la idea en algo inevitable. Según Goethals, «Roosevelt fue el verdadero constructor del canal», y no habría hecho más méritos «si hubiera extraído personalmente la tierra a paletadas».

Las compuertas de las esclusas de Gatún durante la construcción.

John Frank Stevens

Stevens era un ingeniero con un extraordinario historial de éxitos en el tendido de vías férreas cuando Roosevelt le encargó la construcción del canal en 1905. En 1886 había construido una línea ferroviaria de 645 kilómetros a través de pantanos y bosques de pino en el alto Michigan, sobreviviendo a las enfermedades, los ataques de indios y lobos, y el frío intenso de los inviernos norteamericanos. Cuando recibió el encargo de construir el canal, Stevens heredó un verdadero problema. Había transcurrido ya un año, se habían gastado 128 millones de dólares, y apenas se había hecho nada. No existían planos ni organización. Los materiales que llegaban a Panamá permanecían amontonados, y los ingenieros desertaban en cuanto podían conseguir pasaje en un barco. Escaseaban los alimentos, proliferaban las enfermedades y la moral andaba por los suelos. Stevens interrumpió las obras y comenzó a planificar: fomentó las medidas sanitarias y reorganizó los ferrocarriles, imprescindibles para retirar los residuos. Hizo construir un almacén frigorífico para conservar los alimentos; proporcionó viviendas a los ingenieros y los invitó a llevar con ellos a sus esposas y familias; incluso construyó campos de béisbol y centros de reunión, organizó conciertos y creó una comunidad saludable. Stevens era ferviente partidario de un canal con esclusas, y por fin se salió con la suya. En 1906 recibió a Roosevelt, cuya visita al canal hizo dar un vuelco a la opinión pública norteamericana. Pero en febrero de 1907, escribió una larga carta a Roosevelt, declarándose agotado, quejándose de las constantes críticas que recibía, y describiendo el canal como «nada más que una gran zanja» cuya utilidad jamás había comprendido. Solicitaba un descanso, pero el presidente interpretó la carta como una renuncia y la aceptó de inmediato.

George Washington Goethals

El sucesor de Stevens fue George Goethals, teniente coronel del Cuerpo de Ingenieros. Roosevelt lo designó para presidir la comisión de siete personas que el Congreso había insistido en nombrar, pero dejó claro que Goethals era el jefe. Cuando Goethals hubo inspeccionado las obras en compañía de Stevens, manifestó su admiración por el trabajo de éste: «No nos queda nada por hacer... excepto continuar tan excelente trabajo.» Goethals era un hombre rígido y trabajador, que se permitía pocos placeres. Era duro, enérgico y no gozaba de muchas simpatías, pero sabía elegir a sus colaboradores y delegar funciones. Todos los domingos por la mañana, entre las 7,30 y las 12, cualquier empleado que tuviera una queja podía acudir a hablar con él. Las sesiones dominicales de Goethals, en las que actuaba como una mezcla de confesor y juez, eran una innovación nunca vista en las relaciones laborales. Con ellas se ganó el apoyo de los trabajadores, sin lo cual jamás se habría podido construir el canal. Goethals era inmune al desaliento. Cuando las paredes de la cortada de Culebra se derrumbaron por enésima vez, echando a perder meses de trabajo, Goethals se personó en el lugar y sus asistentes le preguntaron: «¿Qué hacemos ahora?» «Demonios, pues cavar otra vez», fue su respuesta. Así lo hicieron, y así se siguió haciendo hasta completar el canal.

Dr. William C. Gorgas

Todo el trabajo de los ingenieros habría sido en vano sin los servicios del doctor Gorgas, el hombre que consiguió controlar las enfermedades endémicas de Panamá. Con el apoyo entusiasta de Stevens y Roosevelt, Gorgas eliminó los mosquitos, a los que creía portadores de enfermedades. Podría no haber dado resultado, ya que se sabía muy poco al respecto, y sus detractores clamaban que se estaba malgastando dinero, pero tenía razón, y a los 18 meses de su llegada la fiebre amarilla había quedado erradicada y la malaria empezaba a poderse controlar. Además, Gorgas hizo construir pavimentos adecuados, hospitales e instalaciones sanitarias. El país que había sido la tumba de las esperanzas de De Lesseps se convirtió en aceptablemente saludable, en una de las mayores proezas realizadas en el campo de la salud pública.

139

Canales del mundo

El mérito de la construcción del primer canal parece corresponder a los chinos, aunque existen indicios de una especie de canal construido en Irak unos 4.000 años a.C. No obstante, el más antiguo del que existe constancia, y que todavía continúa en funcionamiento, es el Gran Canal, que conecta Tianjin y Hangzhou, construido entre los años 485 a.C. y 283 d.C. También fue en China donde se construyó la primera esclusa, utilizando dos conjuntos de compuertas.

Los primeros canales de Occidente fueron tramos cortos, construidos para evitar obstáculos que impedían la navegación por los ríos. Más adelante, se construyeron canales para sortear ríos enteros, para prolongar la navegación desde un río hasta una ciudad, y para comunicar ríos, lagos y mares. El canal más largo es el que conecta el río Volga en Astraján con el mar Báltico en San Petersburgo, a casi 3.000 kilómetros de distancia.

El Gran Canal
Lo mismo que la Gran Muralla, el Gran Canal de China se fue construyendo por partes, a lo largo de muchos siglos. Dado que aprovecha segmentos de ríos y que ha sido reconstruido, agrandado y desviado en numerosas ocasiones, resulta imposible calcular su longitud exacta, pero una remodelación efectuada en el siglo XIII ofrecía un recorrido de 1.700 kilómetros. Su principal función consistía en facilitar la recaudación de impuestos, que se pagaban en arroz. En la actualidad, circulan por él barcos de hasta 2.000 toneladas, pero el tráfico habitual está formado por embarcaciones más pequeñas, como las que aquí se ven en Suzhou.

El canal de Suez
La idea de conectar el mar Rojo con el Mediterráneo se remonta a los tiempos de Heródoto (fallecido en 424 a.C.), que ya había escrito acerca de la construcción de un canal desde Suez hasta el Nilo. Aunque Napoleón encargó estudios con este fin, la idea permaneció en letargo hasta 1833, cuando hizo su aparición el futuro constructor, Ferdinand de Lesseps. Las dudas retrasaron el comienzo de las obras hasta 1860. Con ayuda de excavadoras mecánicas, se extrajeron casi tres millones de metros cúbicos de tierra, y en 1869 se inauguraba el canal, de 160 kilómetros de longitud. En el dibujo, Suez aparece en primer plano y Port Said al fondo.

El canal de Corinto

En el año 67, durante el reinado del emperador Nerón, se empezó a construir un canal para conectar los mares Egeo y Jónico, pero las obras se interrumpieron a la muerte del emperador, y no se reanudaron hasta 1882, bajo las órdenes de un ingeniero húngaro. Se protegieron con rompeolas los dos extremos, en los golfos de Corinto y de Egina, y se dragaron los accesos. El canal mide 6,5 km, con una profundidad media de 58 metros.

El plano inclinado de Ronquières

El canal que va de Bruselas a Charleroi cuenta con la estructura incorporada más grande del mundo: un plano inclinado de 1.600 metros de longitud, inaugurado en 1968, que asciende 68 metros, sobrepasando 28 esclusas y un túnel de 1.050 metros. Las barcazas se transportan arriba y abajo en tanques llenos de agua, capaces de llevar embarcaciones de hasta 1.350 t; cada tanque pesa de 5.000 a 5.700 toneladas.

Vías a través de un continente

Datos básicos

Una de las mayores
hazañas de la
construcción ferroviaria.

Director general: Cornelius
Van Horne.

Fecha de construcción:
1881-1885.

**Longitud (Montreal-
Vancouver):** 4.700 km.

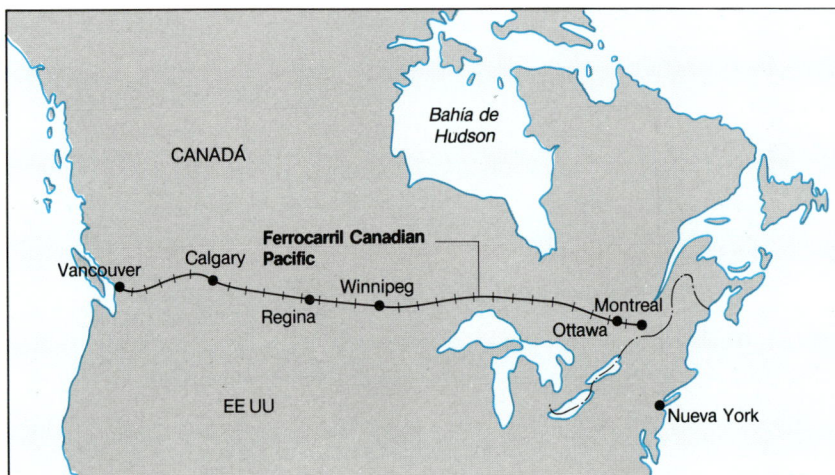

En 1871, el primer ministro de Canadá, el conservador John A. Macdonald, prometió a los colonos de la Columbia Británica un ferrocarril que los comunicara con el este, y prometió construirlo en diez años. Para su oponente liberal, Alexander Mackenzie, la promesa constituía «una insensatez irresponsable». Tal vez pecara de imprudente, pero Macdonald tenía un sueño: una Norteamérica británica que se extendiera de costa a costa, unida por una línea ferroviaria única. Estaba convencido de que sin el ferrocarril no sería posible crear la nación, ni se podría persuadir a la Columbia Británica de que ingresara en la nueva confederación formada por Ontario, Quebec, Nueva Brunswick, Nueva Escocia y Manitoba.

La empresa presentaba proporciones épicas. No sólo se trataba de un país inmenso y poco poblado, sino que además el ferrocarril tendría que atravesar algunos de los territorios más inhóspitos del planeta. Cuando Macdonald hizo su declaración, grandes zonas del noroeste estaban aún sin explorar. Sería preciso cartografiar y conquistar imponentes montañas e impenetrables pantanos. ¿Y de dónde iba a sacar una nación con sólo tres millones y medio de habitantes los 100 millones de dólares que se calculaba que costaría el proyecto?

Las cosas empezaron mal, con un escándalo financiero y la caída del gobierno de Macdonald. Durante la década de los setenta apenas se hizo nada, aparte de construir algunos ramales y comenzar a tender la línea principal en Fort William, Ontario. Pero en 1880 Macdonald recuperó el poder y se empezó a trabajar en serio. Al llegar la primavera de 1881, se habían resuelto los problemas financieros y comenzó la construcción en Portage La Prairie, al oeste de Winnipeg. En noviembre de aquel año, un notable personaje, Cornelius Van Horne, fue nombrado director general del Canadian Pacific, encargándosele la construcción del ferrocarril. Habían elegido a la persona

adecuada, ya que Van Horne era un hombre dotado de inagotable energía, optimismo a toda prueba y considerable experiencia en cuestión de ferrocarriles.

Van Horne juró que tendería 800 kilómetros de vías en 1882 y que terminaría la construcción del ferrocarril en cinco años, la mitad del tiempo calculado por el gobierno. Contrató a 3.000 hombres y 4.000 caballos y empezó a tender raíles en la pradera, desde Flat Creek hasta Fort Calgary. En abril hubo inundaciones, en mayo nevadas, y a finales de junio la vía no había avanzado ni un metro.

Cuando el público empezaba a manifestar serias dudas de que la empresa se llevara a cabo, comenzó un frenesí de construcción sin paralelo en toda la historia del ferrocarril. La línea fue extendiéndose a partir de Winnipeg. Cada día, 65 vagones descargaban al final de la vía los materiales necesarios para continuar el tendido al día siguiente. Por delante, las brigadas niveladoras iban allanando el terreno con excavadoras tiradas por caballos, mientras los pontoneros construían puentes de madera a través de ríos y arroyos, esforzándose al máximo para mantenerse por delante de los equipos que tendían los raíles.

Al llegar el invierno, Van Horne casi había cumplido su promesa: había construido 670 kilómetros de línea principal, 45 de vías muertas, y había preparado otros 30 kilómetros para tender vías al año siguiente. Pero, ¿a dónde se dirigía la línea? No resultaba fácil responder a esta pregunta en el invierno de 1882. Van Horne y sus hombres avanzaban tan a prisa como podían a través de la pradera, en dirección a una doble cadena de montañas —las Rocosas y las Selkirks—, sin conocer una ruta para franquearlas.

La tarea de encontrar una ruta se le había encomendado al comandante A. B. Rogers, un topógrafo cuya costumbre de maldecir a sus subordinados le había valido el apodo de «Campanas del

Túnel abierto cerca del paso de Rogers, que planteó constantes problemas a los primeros usuarios del CP. La muerte de 58 personas en 1910 a causa de una avalancha de nieve sobre las vías impulsó a construir el túnel de Connaught, que con sus 8 kilómetros de longitud es el mayor túnel de dos direcciones del continente. Desde un punto prominente del paso, Rogers pudo divisar 42 glaciares.

infierno Rogers». Era un hombre honrado, duro y ambicioso. Le habían prometido que si lograba encontrar un paso a través de las montañas que ahorrase al ferrocarril 240 kilómetros de desviación, recibiría una gratificación de 5.000 dólares y se le pondría su nombre al paso.

Rogers buscó una ruta a través de las montañas Rocosas y se decidió por el paso de Kicking Horse, que presentaba tremendas dificultades. Hasta los indios evitaban aquel paso, considerándolo demasiado peligroso para los caballos. Además, había que encontrar una salida por el oeste, y parecía imposible trazar una ruta a través de las Selkirks. Por fin, tras varias expediciones que estuvieron a punto de perecer al agotarse las provisiones, Rogers atravesó los bosques de abetos y llegó a unas praderas de altura en las que nacían arroyos que corrían en direcciones opuestas. Ha-

bía encontrado una ruta que sus detractores no vacilaron en considerar impracticable. El paso recibió su nombre y Rogers su cheque de 5.000 dólares, aunque nunca lo hizo efectivo, ya que prefirió colgarlo en la pared de su casa.

Kicking Horse resultó practicable, pero a duras penas. A estas alturas, comenzó a escasear el dinero y no quedó más remedio que economizar. El contrato con el gobierno estipulaba que la pendiente máxima en cualquier punto de la línea no debía superar el 2,2 por 100. Para conseguir esto en Kicking Horse habría sido necesario excavar un túnel de 425 metros de longitud, que habría retrasado las obras un año, así que se decidió tender una línea «provisional» que bajaba desde la cima hasta el valle con una pendiente doble de la permitida y cuatro veces mayor que la máxima deseable. Esta bajada era la famosa «gran cuesta»,

143

Vías a través de un continente

Un tren CP en 1900. Viajar montado en el parachoques de la locomotora estaba considerado como la mejor manera de disfrutar del espectacular paisaje que los trenes atraviesan por el oeste; en 1901, la comitiva del futuro rey Jorge V y la reina María viajó de este modo, bien abrigada con mantas de viaje, durante un tramo próximo a Glacier, en la Columbia Británica.

de 13 kilómetros de longitud, que durante 25 años aterrorizó a maquinistas y pasajeros.

El primer tren que intentó bajar la gran cuesta descarriló y cayó al río, causando la muerte a tres hombres. Se instalaron desviaciones de seguridad, atendidas día y noche. El tren tenía que detenerse en cada una de ellas y cambiar de agujas para seguir por la vía principal. En lo alto de la cuesta, el tren se detenía para comprobar los frenos. La velocidad máxima permitida en la bajada era de 9 kilómetros por hora, y los empleados bajaban del tren de cuando en cuando para asegurarse de que las ruedas no se atascaban. La subida era igual de difícil: se necesitaban cuatro locomotoras grandes para arrastrar un tren de pasajeros de 11 vagones y 710 toneladas. Hasta 1909 no se logró suprimir este peligroso tramo, mediante el sistema de construir dos túneles en espiral a través de la montaña, por los que el tren podía descender con suavidad, describiendo círculos completos.

Igualmente dificultoso resultó el tendido de la línea a lo largo de la orilla norte del lago Superior. La roca —granito con vetas de cuarzo— era muy dura, los inviernos crudísimos y los veranos insoportables a causa de las moscas. Se necesitó tanta dinamita para abrir camino que Van Horne hizo instalar tres fábricas, cada una de las cuales producía una tonelada diaria. En el verano de 1884 había 15.000 hombres trabajando en este tramo de la línea, cuyos salarios ascendían en to-

tal a 1.100.000 dólares al mes. En invierno se necesitaban 300 trineos de perros, trabajando sin parar, para aprovisionar a los equipos.

A comienzos de 1885, la línea estaba casi terminada, pero lo mismo sucedía con el dinero. Hasta que los trenes empezaran a circular, no se dispondría de ingresos para hacer frente a los tremendos gastos. El gobierno se negó a intervenir y la catástrofe financiera parecía inevitable. Pero a finales de marzo, cuando todo parecía perdido, un levantamiento de colonos blancos en el noroeste salvó la situación. Había que enviar 3.300 soldados para sofocar la rebelión, y el único medio para que llegaran a tiempo era el ferrocarril inconcluso. Van Horne prometió transportar a las tropas hasta el noroeste en diez días, supo-

Donald A. Smith, el mayor de los cuatro directivos del CP presentes en el acto, introduce el último clavo en el paso de Eagle, el 7 de noviembre de 1885. El caballero corpulento que se encuentra a su lado es Van Horne, director general del CP, cuyo secreto, según confesión propia, era: «Como todo lo que puedo; bebo todo lo que puedo; y nadie me importa un pito.» El hombre con barba blanca situado entre los dos es sir Sanford Fleming, que en 1862 planteó al gobierno el primer plan de construcción de un ferrocarril hasta el Pacífico. Smith dobló el primer clavo.

Un moderno tren transcontinental atraviesa el puente de Stoney Creek, en la larga subida al paso de Rogers. Este arco de acero de 102 metros, construido en 1893 y reforzado en 1929, sustituyó a un viaducto de caballetes levantado durante el tendido de la línea. En 1990, las reducciones de gastos impuestas por el gobierno pusieron fin a lo que, para muchas personas, era el viaje en tren más espectacular del mundo.

Los campos de trigo de Manitoba no plantearon dificultades para el tendido de las vías. Los equipos levantaron un terraplén de 1,20 m a través de la pradera, con zanjas de 18 metros de anchura a cada lado, para evitar que la vía quedara bloqueada por la nieve.

El tendido de raíles con soldadura autógena cerca del lago Louise, en Alberta, no guarda ningún parecido con las penosas condiciones en que se construyó la línea, aunque en un día bueno se podían tender hasta 8 kilómetros de vías. El salario de los trabajadores oscilaba entre un dólar y dólar y medio por una jornada de 10 horas. Su dieta consistía en carne de cerdo salada, cecina de vaca, melaza, judías, gachas de avena, patatas y té.

niendo acertadamente que ningún gobierno podría negarse a ayudar a un ferrocarril que le había ayudado a aplastar una rebelión.

El viaje fue una pesadilla. Los soldados tuvieron que viajar en vagones de mercancías, y utilizar trineos tirados por caballos para recorrer los tramos no terminados, bajo un frío intenso y fuertes nevadas. Pero llegaron a tiempo de sofocar la revuelta. Aun así, el gobierno se negó a cooperar hasta que la quiebra pareció inminente.

El 10 de julio de 1885, mientras el Parlamento se reunía para discutir la concesión de ayuda, uno de los acreedores del Canadian Pacific exigió por vía de apremio el pago de una deuda de 400.000 dólares. El pago debía efectuarse a las tres de la tarde; a las dos, la Cámara de los Comunes votó a favor de la concesión de más fondos. El ferrocarril estaba salvado.

El último clavo se puso en el paso Eagle una fría mañana de noviembre. Todos los impulsores del ferrocarril, que habían llegado al borde de la ruina para hacerlo realidad, estaban allí para verlo terminado. Se oyeron aclamaciones y el agudo silbato de una locomotora. Van Horne, requerido para pronunciar un discurso, no dijo más que unas pocas palabras: «Lo único que puedo decir es que ha sido un buen trabajo, en todos los aspectos.» Entonces sonó de nuevo el silbato y una voz exclamó: «¡Todos al tren!»

Raíles en la taiga

Pocos ferrocarriles se han construido en condiciones tan difíciles y en medio de tanta confusión como la larga línea que recorre los 9.500 kilómetros que separan Moscú de Vladivostok, atravesando las desoladas tierras de Siberia. Tras numerosos comienzos frustrados, y a pesar de la insistencia del zar Alejandro III, que en 1886 declaró: «¡Ya va siendo hora!», la construcción no se inició hasta mayo de 1891 en el extremo oriental, y un año después en el occidental. Y si pudo comenzar fue gracias al empeño de Sergius Witte, un entusiasta de los ferrocarriles que fue nombrado ministro de Finanzas y que, mediante ingeniosas estratagemas financieras, logró revitalizar la depauperada economía rusa y reunir el dinero necesario para el ferrocarril.

La construcción de la línea se dividió en varias secciones, bajo la dirección de diferentes ingenieros. La sección más occidental, que empezaba en Cheliabinsk, discurría casi en línea recta durante casi 1.500 kilómetros, a través de llanuras sin accidentes, pero no había árboles para hacer traviesas y sólo se podía trabajar al aire libre durante cuatro meses al año.

Las excavaciones se hacían con pico y pala; y para ahorrar dinero, las traviesas estaban más espaciadas que en Europa o Norteamérica y los raíles se hicieron con un acero mucho más ligero. Apenas se utilizaba balasto para asentar la vía, y en muchos lugares se tendían las traviesas directamente sobre la tierra. A pesar de los problemas, se avanzó con rapidez, tendiendo una media de 4 kilómetros diarios de vías en verano. Los primeros 800 kilómetros de la sección occidental se inauguraron en septiembre de 1894. En agosto de 1895, la línea había llegado al Obi, uno de los ríos más largos de Siberia.

Los equipos construían puentes sobre la marcha: estructuras de madera sobre los arroyos y ríos pequeños, y construcciones más sólidas, de piedra y acero, sobre los ríos caudalosos como el Obi y el Yeniséi. Hicieron un buen trabajo, como demuestra el hecho de que muchos de los puentes de acero aún se mantienen en pie, a pesar de sufrir cada primavera el impacto de miles de toneladas de hielo contra sus pilares de piedra, cuando comienza el deshielo. El frío se cobró innumerables vidas, ya que los obreros trabajaban apenas sin protección, a unos treinta metros de altura sobre las aguas congeladas, y a veces se quedaban tan agarrotados que no podían agarrarse a los asideros y caían al hielo. Muchos de los albañiles eran italianos, que ganaban 100 rublos al mes.

El acero fundido para los puentes se traía de los Urales, el cemento de San Petersburgo, los cojinetes de acero de Varsovia, y todo llegaba por la vía recién tendida, con lentitud desesperante. En ocasiones, antes de construir los puentes, se tendían los raíles directamente sobre el hielo, regándolos para que se congelaran y quedaran fijos en

Datos básicos

La vía férrea más larga del mundo.

Fecha de construcción: 1891-1904.

Longitud: 9.500 km.

Duración del viaje: 170 horas.

Regiones horarias atravesadas: siete.

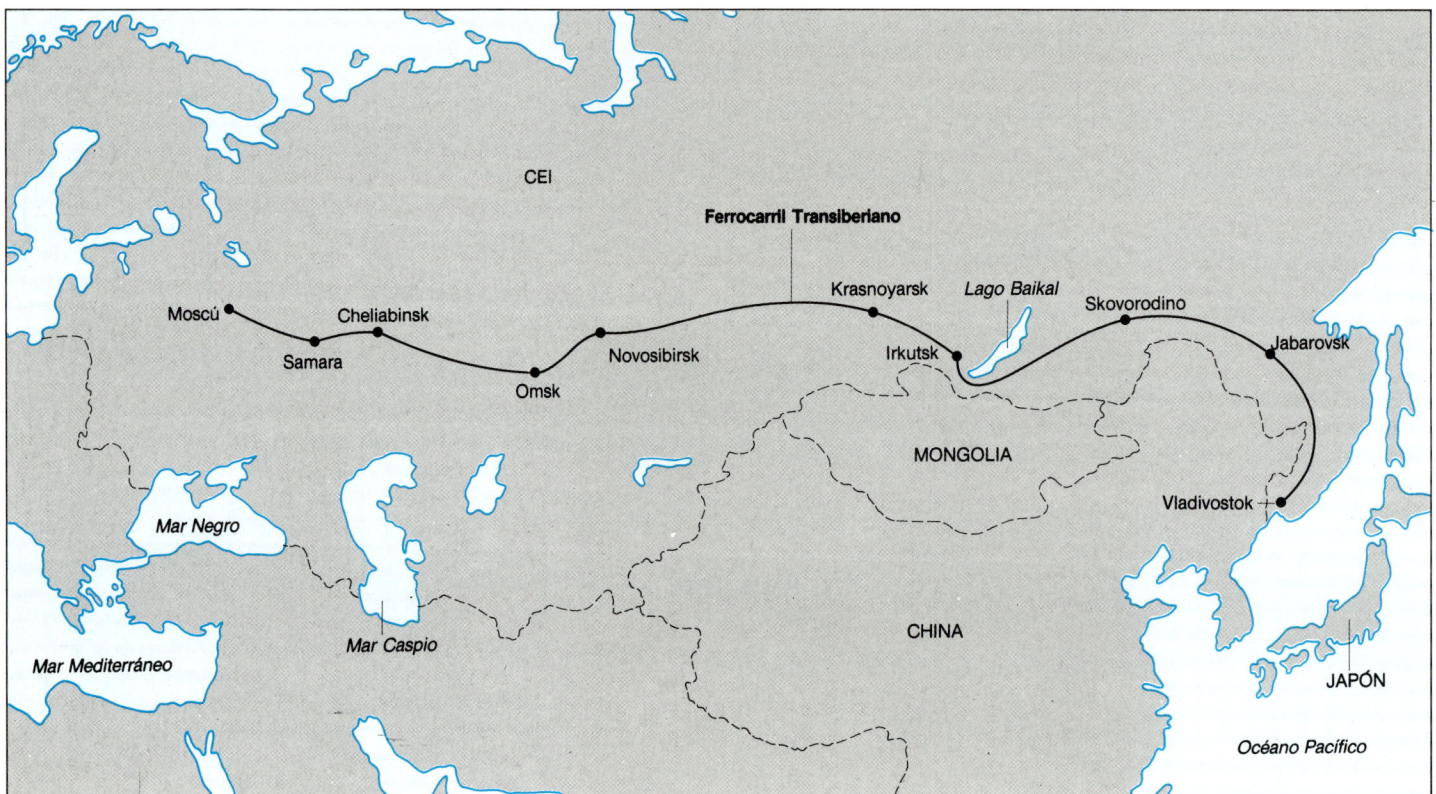

El bosque, aparentemente interminable, por el que discurre gran parte del recorrido, visto al este de Krasnoyarsk, donde el ferrocarril cruza el río Yeniséi por un viaducto de 925 metros y seis ojos. Abajo, el emblema de los ferrocarriles soviéticos y una tablilla que indica «Moscú-Vladivostok». Durante mucho tiempo, los viajeros occidentales no pudieron utilizar esta línea.

su sitio. Los escasos pasajeros se apeaban y cruzaban a pie, mientras el maquinista ponía a prueba la resistencia del hielo haciendo pasar el tren por encima.

Mientras tanto, otros equipos habían empezado a trabajar en el centro de Siberia, donde la tarea de hacer pasar un ferrocarril a través de la taiga virgen resultaba aún más difícil. Hubo que abrir un pasillo de 75 metros de anchura a través del bosque, para reducir el peligro de incendio a causa de las chispas, y tender los raíles sobre un terreno que permanecía helado hasta julio, para convertirse entonces en un pantano intransitable. En 1895 había 66.000 hombres trabajando en este tramo, que quedó terminado a mediados de 1898, dos años antes de lo previsto.

Pero todavía faltaba la sección más difícil de todas: un tramo de 260 kilómetros a lo largo de la orilla sur del lago Baikal. Como su construcción habría tardado varios años, se decidió que los trenes pasaran a través del lago, una de las mayores masas de agua dulce del mundo. Se importaron transbordadores rompehielos construidos en el río Tyne, Inglaterra, que se transportaron desmontados hasta Siberia para volverlos a montar allí. La construcción comenzó en 1899 y terminó a toda prisa en 1904, al estallar la guerra entre

Un coloso de hormigón

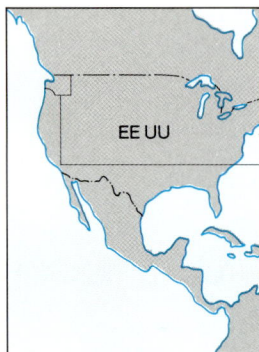

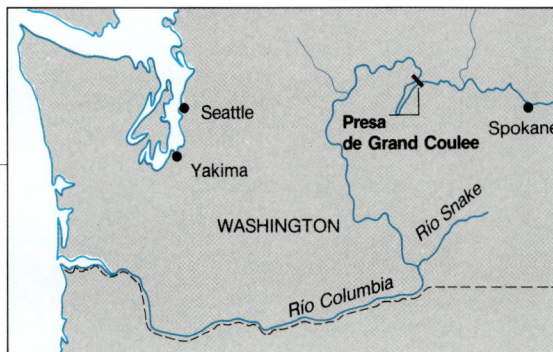

Datos básicos

Cuando se concibió, era el proyecto hidroeléctrico más grande del mundo.

Constructores: Mason-Walsh-Atkinson-Kier Co.

Fecha de construcción: Iniciada en 1933.

Material: Hormigón.

Altura: 167 m.

Longitud: 1.270 m.

La presa de hormigón más grande del mundo —en realidad, la estructura de hormigón más grande del mundo— se encuentra en el río Columbia, en el estado de Washington. Es, además, una de las mayores centrales de energía hidroeléctrica del planeta, y sus gigantescas bombas de irrigación serían capaces de dejar secos casi todos los ríos de los EE UU. Su construcción en una zona aislada y poco poblada, durante los años de la Depresión, representó uno de los mayores logros del Departamento de Obras Públicas.

La presa tenía dos propósitos (tres, si se incluye la creación de puestos de trabajo): el principal consistía en proporcionar agua para regar más de 400.000 hectáreas de territorio desértico —Grand Coulee, o la Gran Cañada—, en el centro del estado de Washington, una tierra potencialmente fértil, que sólo necesitaba agua para volverse productiva. Solía decirse que hasta las liebres tenían que llevarse el almuerzo y una cantimplora de agua para atravesar la Gran Cañada, y la zona estaba salpicada de granjas deshabitadas, molinos de viento descompuestos y equipo agrícola abandonado. El segundo propósito consistía en generar electricidad, parte de la cual se emplearía para hacer funcionar las bombas de irrigación.

La geología había creado el emplazamiento ideal para la presa. Hace millones de años, un glaciar que avanzaba hacia el sur desde Canadá había bloqueado el curso del río Columbia, obligándole a fluir por un nuevo cauce. Antes de que el glaciar se retirase y permitiese recuperar el curso original, el río había tenido tiempo de erosionar su nuevo cauce hasta excavar un canal de 275 metros de profundidad y 8 kilómetros de anchura. Este canal es la Gran Cañada, que quedó seca en toda su longitud.

El proyecto de Grand Coulee tenía por objeto construir una enorme presa de hormigón en el nuevo curso del río, creando un lago de 240 km de longitud en dirección a Canadá, y dos presas de tierra más pequeñas en el propio Grand Coulee, para convertirlo en un embalse de irrigación. Como el glaciar había elevado el nivel del río, el embalse de Grand Coulee se encuentra a unos 90 metros por encima del nivel máximo del agua en el lago de más abajo, de manera que se necesitan bombas para subir el agua hasta él.

La presa principal tiene unas dimensiones extraordinarias: 1.270 metros de longitud y 167 de altura, tan alta como un edificio de 46 pisos. En su construcción se emplearon 8.400.000 metros cúbicos de hormigón, que elevaron el nivel del río 106 metros. Depende por completo de su masa para soportar la presión del agua, ya que el río era demasiado ancho para construir una presa arqueada. Los trabajos de ingeniería preliminares comenzaron en 1933, y la primera contrata se concedió a finales del mismo año.

Para poder construir la presa sobre cimientos sólidos, se construyeron cajas-dique provisionales, hechas con pilotes de acero y madera, para estrechar la anchura del río y dejar al descubierto el fondo de roca. Se construyeron dos cajas-dique en forma de U, una a cada lado del río, dejando un espacio de tan sólo 150 metros para que pasara el río. Se extrajo el agua del interior de las cajas-dique por medio de bombas y se dejó al descubierto la roca. Una vez secas estas zonas, se construyó la presa de hormigón, empezando por las orillas y progresando hacia el centro, y dejando algunas partes bajas para permitir el desagüe. A continuación, se construyeron otras dos cajas-dique, una encima y otra debajo de la presa, desviando el río por los desagües para poder desecar la parte central del cauce y construir los últimos 150 metros de la presa.

El hormigón se vertía en una serie de columnas de 15×15 metros, que ascendían desde el lecho de roca hasta lo más alto de la presa. Las columnas iban creciendo de metro y medio en metro y medio, dejando transcurrir 72 horas para que fraguase el hormigón antes de verter más.

Al fraguar, el hormigón genera calor en una reacción química. Si no se deja escapar este calor, una estructura de hormigón de gran tamaño irá aumentado de temperatura durante meses y se dilatará. Al concluir el fraguado y disminuir la temperatura, el hormigón se contraerá, formándose grietas. Para evitar que esto suceda, se inser-

taban en el hormigón tuberías especiales de refrigeración, hechas con tubos de acero de 2,5 cm de grosor y paredes finas, haciendo pasar agua fría por su interior.

Una vez fraguadas y frías las columnas de hormigón, se rellenaron los pequeños espacios que quedaban entre ellas por efecto de la contracción, bombeando lechada de cemento a través de una red de tubos embutidos en el hormigón en el momento de verterlo.

La contracción experimentada entre cada dos bloques era muy pequeña —menos de 2 mm—, pero en toda la longitud de la presa esto sumaba unos 20 centímetros. La lechada de cemento

selló los huecos, haciendo impenetrable la presa.

Durante la construcción de la presa surgió un problema imprevisto, que se resolvió de un modo insólito. En el extremo oriental de la presa, nada más descubrir el lecho de roca, éste volvía a quedar cubierto por grandes cantidades de arcilla plástica, que brotaba de las paredes sin que fuera posible contenerla. Se instalaron contenciones de madera y hormigón, pero no sirvieron de nada. El volumen de la arcilla ascendía a más de 150.000 metros cúbicos, y extraerla habría resultado lento y costosísimo. Por fin, a los ingenieros se les ocurrió la idea de congelar el frente de la arcilla, formando una presa que contuviera el res-

La presa de Grand Coulee es la principal. La de la izquierda, más corta y situada en ángulo, es la presa de Forebay. Detrás de la presa, el lago se extiende a lo largo de 245 km hacia la Columbia Británica, con una anchura media de 1.220 m y una profundidad de 115 m, y se ha convertido en un nuevo refugio para la vida silvestre.

Un coloso de hormigón

La tierra extraída del lado oriental se transportaba a 1.200 metros de distancia por medio de una correa de transmisión (arriba) que cruzaba el río y la llevaba al cañón de la Serpiente de Cascabel (Rattlesnake Canyon), donde se depositaron 10 millones de metros cúbicos de tierra. El cemento procedía de cinco fábricas del estado de Washington, y se guardaba en silos de acero.

to. Se instaló una tubería de 4,8 kilómetros en forma de arco, en la base de la masa de arcilla, y se hizo circular por ella agua salobre a cero grados de temperatura. Con esto se consiguió congelar un arco de arcilla de 6 metros de espesor, 14 de profundidad y 33 de longitud.

Entre agosto de 1936 y abril de 1937, una fábrica de hielo mantuvo congelada la arcilla mientras se preparaba el lecho de roca y se iba levantando la presa hasta superar el nivel de la arcilla. Una vez conseguido esto, se interrumpió el suministro de hielo y se permitió que la arcilla volviera a moverse. La operación había costado 35.000 dólares, pero ahorró una cantidad muy superior.

El lago creado por la presa contiene agua suficiente para abastecer a cada ciudadano de los

EE UU con 75.000 litros al año, pero el caudal del río Columbia es tan abundante que podría llenar el lago en dos meses (o en un mes, en época de crecidas). En ambas orillas del río se construyeron sendas estaciones hidroeléctricas, que en un principio generaban un total de 1.920 megavatios. Esta energía se utiliza para hacer funcionar 12 bombas instaladas en la orilla oeste del río, detrás de la presa. Cada una de estas bombas posee una capacidad de 45.300 litros por segundo, suficiente para regar 48.500 hectáreas de tierra.

Las bombas hacen pasar el agua a conductos de 4 metros de diámetro, que la llevan hasta el embalse superior, en lo alto de Grand Coulee, que se creó levantando dos presas de tierra de unos 30 metros de altura, una a poco más de 3 kilómetros

La presa de Forebay en 1971, durante la primera fase de su construcción, en el extremo occidental de la presa de Grand Coulee (derecha). En la fotografía de abajo se aprecia la construcción de los seis tubos de carga que llevan agua a las turbinas. Tienen un diámetro de 12 metros, más del doble que los de la central hidroeléctrica original. Cada tubo de carga está formado por secciones cilíndricas, que se hicieron bajar mediante raíles y se soldaron in situ.

Se construyeron dos caballetes (arriba), de 915 m de longitud cada uno, para instalar el hormigón en las columnas. Por estos caballetes se desplazaban las grúas, con brazos de más de 35 m, para recoger los recipientes, que llegaban desde las hormigoneras por tren. Los recipientes se abrían por el fondo y el hormigón se podía instalar a razón de 1 m³ cada cinco segundos y medio.

de la presa de Grand Coulee, y la otra cerca de Coulee City. Entre estas dos presas se formó un embalse de 43 kilómetros de longitud, que se llenó de agua bombeada desde el gran lago, situado 100 metros más abajo. Desde aquí, el agua fluye unos 16 kilómetros, hasta las entradas de dos canales, el canal oriental, de 240 kilómetros, y el occidental, de 160 kilómetros. De estos canales salen otros, laterales y más cortos, que distribuyen el agua por los campos de la región.

En 1970 se puso en marcha un nuevo plan para aumentar el rendimiento de las centrales hidroeléctricas, que incluía el desmantelamiento de unos 75 metros de presa por el extremo oriental, y la construcción de una nueva presa, conectada a la primera y formando un ángulo corriente abajo.

Las nuevas turbinas están incorporadas a esta presa, lo cual resultaba más fácil que desarmar la antigua presa para cambiar las turbinas instaladas en los años treinta. Para desmantelar el extremo de la presa original, se construyó primero una caja-dique para aislarlo, y luego se demolió con cuidado, bloque a bloque, utilizando dinamita.

Al mismo tiempo, se iban construyendo tubos de carga —grandes tubos que llevan el agua hasta las turbinas— un poco más abajo de donde se levantaría la nueva sección de la presa. Cuando se haya completado el proyecto, el rendimiento de la planta hidroeléctrica ascenderá a 10.080 megavatios. Sólo existe en el mundo una central hidroeléctrica que supere esta producción: la central de Itaipu, en el río Paraná, entre Brasil y Paraguay.

Controlando la fuerza del agua

La presa más antigua que se conoce consistía en una serie de parapetos de tierra revestidos de piedra, construidos en Jawa, Jordania, hacia el año 3200 a.C. También en los valles del Tigris y el Éufrates se construyeron presas de tierra para regar los campos, pero la primera presa de piedra que se conoce se construyó cerca de Homs, Siria, hacia el 1300 a.C. El arte de la construcción de presas se extendió a la India, Ceilán y Japón. La primera presa en forma de arco, cuya resistencia se basa en el mismo principio que los puentes de arco, se construyó en la frontera de Turquía con Siria, durante el reinado de Justiniano I.

En el siglo XX, la generación de energía hidroeléctrica ha pasado a convertirse en el principal motivo para construir presas. El pionero de este proceso fue sir William Armstrong, cuya residencia de Northumberland fue la primera casa del mundo que obtuvo luz por este método.

Presa de Kielder, Inglaterra
El terraplén de la presa de Kielder, la más grande de Gran Bretaña, mide 1.140 metros de longitud y está formado por casi cinco millones de metros cúbicos de tierra. Algunas presas despiertan oposición por ocasionar la pérdida de tierras rurales, pero la de Kielder ha recibido elogios por su respeto al paisaje. El embalse, de más de mil hectáreas, abastece de agua a gran parte del nordeste de Inglaterra.

Presa de Tucurui, Brasil
Las presas pueden alterar de manera radical grandes territorios, como demuestra esta presa construida en el río Tocantins, con un coste de 4.000 millones de dólares. El embalse, de 64 millones de metros cúbicos, transformó el río en una cadena de lagos de 1.900 km de longitud. Las instalaciones hidroeléctricas proporcionan cerca del 20 por 100 de la electricidad del mundo. Uno de los pioneros de este campo fue el ingeniero británico Charles Parsons, que en 1884 inventó la turbina de vapor.

Presa de Itaipu, Brasil
La central hidroeléctrica de Itaipu, construida en el río Paraná, en la frontera de Paraguay con Brasil, costó 11.000 millones de dólares y empezó a generar energía en octubre de 1984. Las 18 turbinas de la presa son capaces de generar 13.320 megavatios, lo cual la convierte en la central más potente del mundo, aunque existe un proyecto para construir una presa mucho más potente en el río Tunguska, en la CEI. En Brasil, los proyectos hidroeléctricos han tenido que enfrentarse a una fuerte oposición, que considera dichos proyectos como verdaderos desastres ecológicos y se opone a los créditos internacionales que los financian. Uno de los proyectos más ambiciosos de Brasil, el Plan 2010, contempla la construcción de 136 presas para abastecer de electricidad a Brasil durante las dos próximas décadas. Esto implicaría inundar una zona del tamaño del Reino Unido, y desplazar a 250.000 indígenas de las selvas en las que viven.

La lucha contra el mar

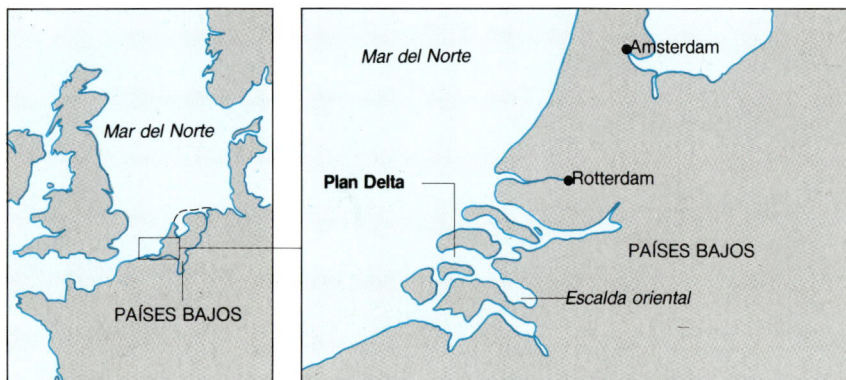

Datos básicos

La barrera contra el mar más grande del mundo.

Fecha de construcción: 1958-1986.

Materiales: Hormigón premoldeado y acero.

Longitud: 2.500 m en el Escalda oriental.

Los Países Bajos hacen honor a su nombre. Durante nueve siglos, el pueblo holandés ha luchado contra las inundaciones, convirtiéndose en especialista en la construcción de diques, presas y canales para contener el mar y ganar nuevas tierras para la agricultura. Al mismo tiempo, ha aprovechado su facilidad de acceso al mar para convertirse en una importante potencia naviera y comercial, con el puerto de Rotterdam ostentando el récord europeo de tráfico. En octubre de 1986, la reina Beatriz inauguró la barrera contra el mar más grande y más avanzada del mundo, que representa la culminación de un plan que ha tardado casi 30 años en llevarse a cabo.

El Plan Delta holandés, a diferencia del cierre del mar de Ijssel, no tenía por objeto arrebatarle nuevas tierras al mar, sino reducir el peligro de inundaciones catastróficas, que en el pasado lograban de vez en cuando rebasar los diques y anegar grandes zonas del país. El último desastre importante se produjo la noche del 31 de enero al 1 de febrero de 1953, cuando la combinación de una marea viva con una fuerte galerna norte-oeste asoló grandes extensiones de tierra. Cientos de diques quedaron destruidos, se inundaron 160.000 hectáreas de tierra, y 1.835 personas perdieron la vida en la peor inundación que han sufrido los Países Bajos.

Ya por entonces se habían empezado a elaborar planes para construir un sistema de presas, pero el desastre hizo que el proyecto se acelerara. En 1958, el Parlamento aprobó la ley Delta, una ambiciosa empresa para remodelar toda la costa suroeste de los Países Bajos, evitando todo peligro de futuras inundaciones y manteniendo abiertas las rutas de acceso a los puertos de Rotterdam y Amberes.

El plan incluía una serie de presas y rompeolas, algunas con esclusas y canales de desagüe, para devolver el agua salada al mar, evitar las inundaciones y mejorar la gestión de las aguas dulces del país. El plan se fue llevando a la práctica paso a paso, empezando por los proyectos más sencillos y progresando poco a poco hasta los más difíciles,

aprovechando la experiencia adquirida. Incluía cinco presas primarias, cinco secundarias, el reforzamiento de diques a lo largo del nuevo canal que lleva a Rotterdam y del Escalda occidental, que conduce a Amberes, y la construcción de dos grandes puentes. La primera presa primaria que se construyó, la de Veerse Gat, cerraba un estuario con un volumen mareal de 17,5 millones de metros cúbicos de agua; la última, la del Escalda oriental, tenía un volumen mareal de 2.170 millones de metros cúbicos.

La altura de las presas se fijó aproximadamente un metro por encima del nivel alcanzado por la inundación de 1953. La probabilidad de que se supere este nivel es inferior a 1/10.000 en las zonas de mayor importancia económica —lo que equivale a una probabilidad del 1 por 100 cada cien años— y 1/4.000 en las demás zonas. Entre los principales problemas que hubo que afrontar para construir las presas figuraban la erosión marina, que tiende a socavar los cimientos, y la dificultad de cerrar la última abertura de la presa casi terminada. En la barrera de Haringvliet, por ejemplo, hubo que construir enormes batientes submarinos a cada lado de la presa, consistentes en un colchón de nailon cubierto por sucesivas capas de grava de distintos grados y rocas. La barrera tenía que tener compuertas lo suficientemente fuertes para resistir la fuerza del mar y lo suficientemente anchas para permitir el paso del hielo en invierno.

Para cerrar la última abertura de las presas se emplearon dos métodos diferentes. El primero consistía en construir una serie de cajones prefabricados de hormigón, que se podían instalar cuando el agua estaba tranquila, estrechando poco a poco la abertura hasta que se colocaba el último cajón. Una vez contenida el agua de este modo, se podía construir el resto de la presa alrededor de los artesones. Éste fue el método empleado en la presa de Veerse Gat. La alternativa consistía en construir la presa empezando por las orillas, y después tender un cable transportador entre los dos extremos. Por este cable podían circular va-

El muelle de construcción de Schaar (arriba), donde se prefabricaron los pilares de la barrera del Escalda oriental. El muelle está dividido por diques en cuatro partes. Terminados todos los pilares de un compartimento, se inundaba éste, para que pudiera entrar un barco que los izaba uno a uno y los instalaba en su posición. El objetivo del Plan Delta es impedir la inundación de las tierras bajas (derecha).

gonetas cargadas de piedras, que se hacían llegar hasta el centro y allí descargaban su contenido en el hueco, llenando poco a poco la abertura hasta que por fin las piedras sobresalían del agua. Este método se empleó en la presa de Grevelingen.

La última fase del Plan Delta, y la más complicada, consistía en cerrar el Escalda oriental, una enorme masa de agua mareal, con una barrera de más de 8 kilómetros de longitud. Estaba previsto cerrar el último tramo en 1978, pero los ecologistas iniciaron una fuerte campaña en favor de mantener abierto el Escalda oriental, para preservar el ambiente natural. De haberse cerrado, habría perdido su función como terreno de cría para el pescado del mar del Norte y su atractivo para las aves marinas que acuden en masa a los bancos de arena cuando baja la marea. También

157

La conquista de los Alpes

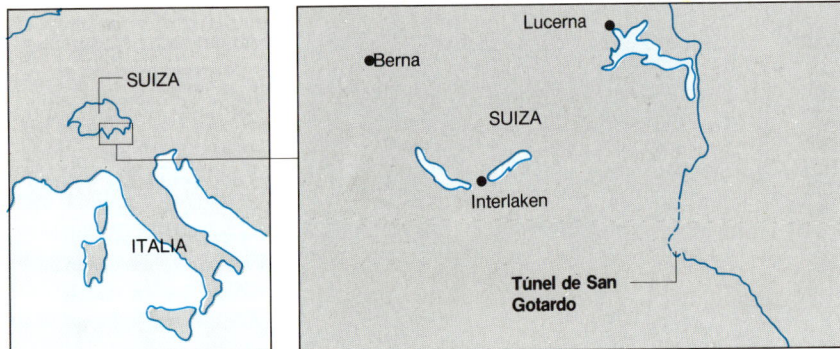

Desde Göschenen, en el cantón suizo de Uri, hasta Airolo, Italia, sólo hay 17 kilómetros, atravesando los Alpes por el túnel de carretera inaugurado en 1980. Pero la creación de una ruta entre estas dos poblaciones ha puesto a prueba la habilidad de los ingenieros durante cientos de años. En la actualidad es posible ir en coche desde Hamburgo, Alemania, hasta la región de Calabria, en la punta inferior de Italia, sin salirse de la autopista. Y todo gracias a este túnel, el túnel de carretera más largo del mundo.

El paso de San Gotardo siempre ha tenido importancia, a causa de su situación en la línea que conecta Milán con el valle del Rin. Según los criterios alpinos, no es demasiado alto —2.080 metros sobre el nivel del mar—, pero jamás ha resultado fácil practicarlo, debido a un peliagudo obstáculo en el lado suizo: la estrecha y escarpada garganta de Schöllenen, por encima de Göschenen. A comienzos del siglo XIII, ingenieros desconocidos lograron franquear esta garganta con un estrecho puente de madera, tendido a unos 30 metros de altura sobre el río Reuss. Para llegar a este puente, construido entre paredes verticales de roca, había que recorrer una pasarela de madera de 75 metros de longitud, sujeta a la roca por medio de cadenas. Dada la tecnología de la época se trataba de un logro importante, y la gente de la región lo llamaba «el puente del Diablo», porque sólo el diablo podía haber tenido el ingenio necesario para construirlo.

En 1595, se sustituyó el puente de madera por un arco de piedra, y en 1707 se construyó el primer túnel alpino, el Urnerloch, que atravesaba la montaña y sustituía a la pasarela. Este túnel, excavado por Petro Morettini, de Ticino, medía 75 metros de longitud, pero su abertura medía tan sólo 3 × 3,60 metros, demasiado estrecha para el paso de carruajes, aunque en 1775 un mineralogista inglés apellidado Greville consiguió hacer pasar por él un calesín, convirtiéndose en la primera persona que atravesaba el paso de San Gotardo montado en un vehículo. En 1830 se ensanchó el túnel para que pudieran recorrerlo carruajes de tamaño normal.

Poco antes, en 1799, el paso había sido escena-rio de una importante batalla entre una fuerza de 21.000 soldados rusos, mandados por el general Suvarov, y los ejércitos de la Francia revolucionaria. La batalla se libró en el lado italiano del paso de San Gotardo y, tras doce horas de combate, Suvarov derrotó a los franceses; pero éstos, al retirarse, destruyeron el puente del Diablo y dejaron el Urnerloch defendido por una fuerza de retaguardia. Muchos rusos perecieron tratando de desalojar de allí a los franceses, lo cual consiguieron por fin al encontrar un vado por el que cruzar el río. El puente fue reparado, y Suvarov lo cruzó con sus tropas.

Entre 1818 y 1830, las autoridades del cantón de Uri realizaron importantes obras de mejora en la carretera de San Gotardo, en una operación que dejó casi arruinado al cantón. En aquellos tiempos, los pasos no se cerraban en invierno; intrépidos *cantonniers* se encargaban de mantenerlos abiertos, acudiendo después de cada nevada con quitanieves tirados por bueyes, con los que abrían un estrecho pasaje entre la nieve. Los pasajeros abandonaban sus carruajes para montar en trineos de caballos y pasaban, envueltos en pieles y mantas, por el sendero abierto por los bueyes. Se establecieron normas para el tráfico, de manera que, por ejemplo, el caballo que subía tenía preferencia de paso sobre el que bajaba. En lo alto del paso había una hospedería donde los viajeros podían comer y entrar en calor.

En 1850, el ferrocarril podía ya llevar a los viajeros hasta ambos lados de los grandes puertos alpinos, pero todavía se necesitaban carruajes, caballos y trineos para pasar por ellos. En los años posteriores a 1860 se excavó el primer túnel alpino, bajo el monte Cenis; y en 1871, Alemania, Italia y Suiza firmaron un acuerdo para subvencionar la construcción de un túnel a través del macizo de San Gotardo. El encargo recayó en Louis Favre, de Génova, pero la obra acabó con él. Las fuertes penalizaciones por retraso en las obras llevaron a su compañía a la bancarrota, y Favre murió arruinado sin ver terminado el túnel, que se inauguró en mayo de 1882, tras diez años de trabajo.

Uno de los principales problemas era el agua

Los accesos al túnel ferroviario de San Gotardo, en ambas direcciones, necesitaron obras tan impresionantes como el túnel mismo. Por el norte, la línea, con pendientes de hasta un 2,6 por 100 ó 1/37, describe un círculo completo en el túnel de Pfaffensprung, al que siguen otros dos túneles y numerosos viaductos. El acceso por el sur (arriba) resultaba igualmente difícil: hubo que construir dos túneles en espiral sobre este cruce del río Ticino, en la hondonada de Piottino.

que penetraba en la excavación con la fuerza de una manguera de incendios, obligando a los trabajadores a cavar con agua hasta las rodillas. La dinamita con la que se pretendía volar la roca se diluía, formando una pasta amarillenta, nada más introducirla en los barrenos. Dentro del túnel, la temperatura era tropical y las enfermedades proliferaban. Numerosos hombres y caballos murieron o se vieron obligados a abandonar la obra. Se utilizaban compresores para bombear aire que servía para hacer funcionar los taladros y para respirar; pero los compresores no funcionaban como es debido y muchos mineros se vieron al borde de la asfixia.

Sin embargo, el peor problema lo planteó el hundimiento del techo en una sección del túnel situada a 2,5 km del extremo suizo. En este sector, el túnel atravesaba rocas inestables, de yeso y feldespato, que en contacto con el aire húmedo empezaron a licuarse, ejerciendo tal presión sobre los pilares del túnel que éstos se rompían. Se tar-

La conquista de los Alpes

El túnel de seguridad (arriba) discurre paralelo al principal. Tiene forma de herradura, mide 2,5 m de altura y 2,75 de anchura, y está conectado al túnel principal cada 300 metros, donde existen espacios para aparcar vehículos.

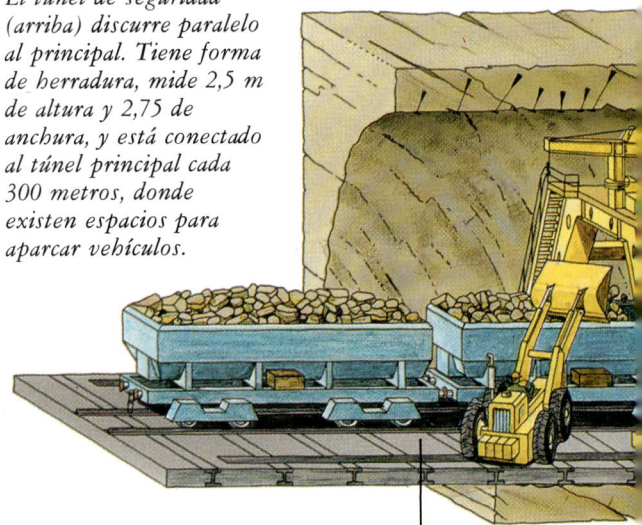

Suelo deslizante de acero

La excavación, de frente completo, se llevó a cabo con gigantescas perforadoras, de 36,5 toneladas de peso y dotadas de cinco taladros que funcionaban con aire comprimido. También se utilizaron taladros más pequeños (arriba) para abrir agujeros en los que introducir los pernos que sujetaban la red de protección tendida sobre la zona de trabajo, antes de que se instalaran los soportes de acero.

dó dos años en resolver el problema, mediante la construcción de una sólida pared de granito, de más de 2,5 m de espesor, que soportaba un arco de 1,40 m de luz, y que por fin resultó lo bastante resistente como para sostener la masa de barro. Pero el retraso había costado muy caro.

El coste final del túnel ascendió a 57,6 millones de francos, superando en 14,7 millones el presupuesto previsto por Favre. En circunstancias actuales, y dadas las enormes dificultades que hubo que superar, no parecería un gasto excesivo, pero la compañía del ferrocarril insistió en que la empresa de Favre cargara con las pérdidas —los tribunales le dieron la razón— y exigió además una indemnización de 5,7 millones de francos por el retraso sufrido. Favre ya había fallecido, pero esto acabó también con su empresa. No fue la única víctima: el túnel de San Gotardo había costado la vida a 310 trabajadores y dejado incapacitados a otros 877.

En la actualidad existe un segundo túnel a través de la misma montaña, por el que pasa la carretera. También su construcción estuvo llena de dificultades. Las obras comenzaron en 1969, y el túnel se inauguró once años después, en septiembre de 1980. Por exigencia de las organizaciones suizas de automovilistas, se construyó un túnel de seguridad paralelo al principal y separado 30 metros de él, para ofrecer una salida de emergencia en caso de incendio. Los dos túneles siguen una trayectoria curva a través de la montaña, en parte

para poder abrir pequeños túneles de ventilación desde el paso y en parte para evitar las rocas más problemáticas. Además, se pensó que conducir a lo largo de una curva suave de 17 kilómetros, con algunos cambios de rasante, resultaría menos fatigoso y peligroso que hacerlo en línea recta.

El túnel comenzó a excavarse por ambos extremos el 5 de mayo de 1970, utilizando un método convencional, consistente en romper la roca con cargas explosivas y retirarla luego por medio de camiones y vagonetas. El túnel de seguridad y los cuatro túneles de ventilación se excavaron al mismo tiempo, aunque el de seguridad iba más avanzado que los demás para investigar las condiciones del terreno. El túnel principal tiene una anchura de 7,60 metros —suficiente para que pase un automóvil en cada dirección— y una altura de 4,5 metros.

La principal innovación introducida en la excavación del túnel consistió en un «suelo deslizante» de acero, de más de 225 metros de longitud. Según avanzaba la excavación, el suelo se corría hacia adelante, proporcionando una superficie só-

Monte Prosa

Paso de San Gotardo

Planta de ventilación

Plantas de ventilación

Göschenen

Airolo

Red metálica sujeta con pernos

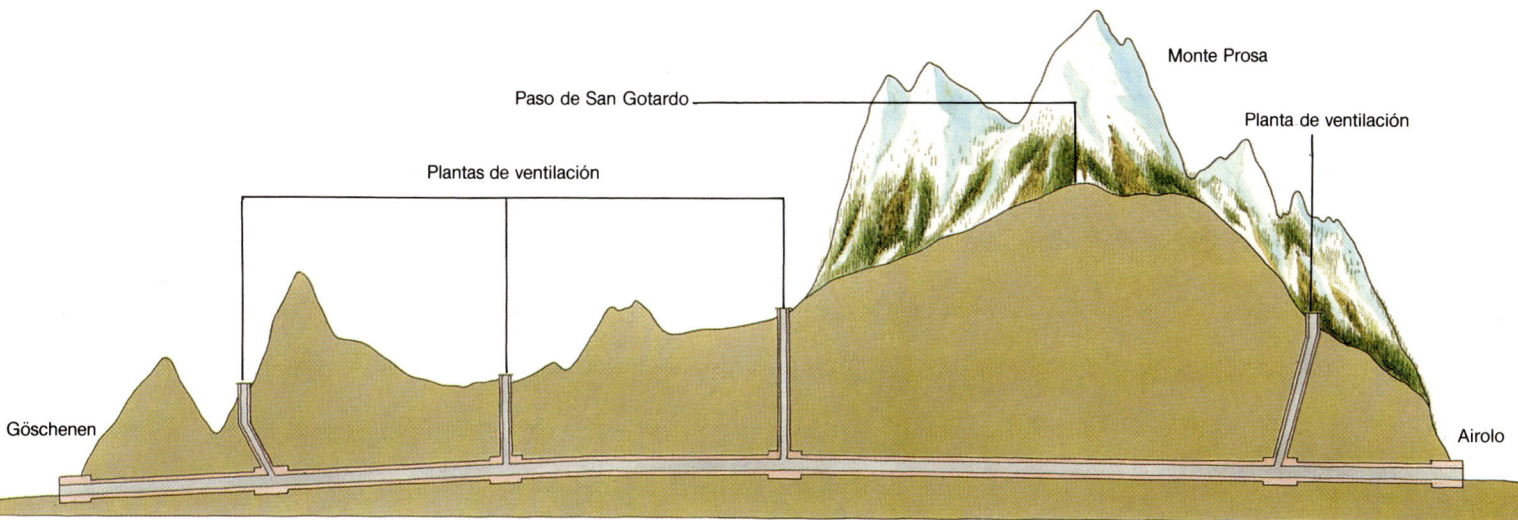

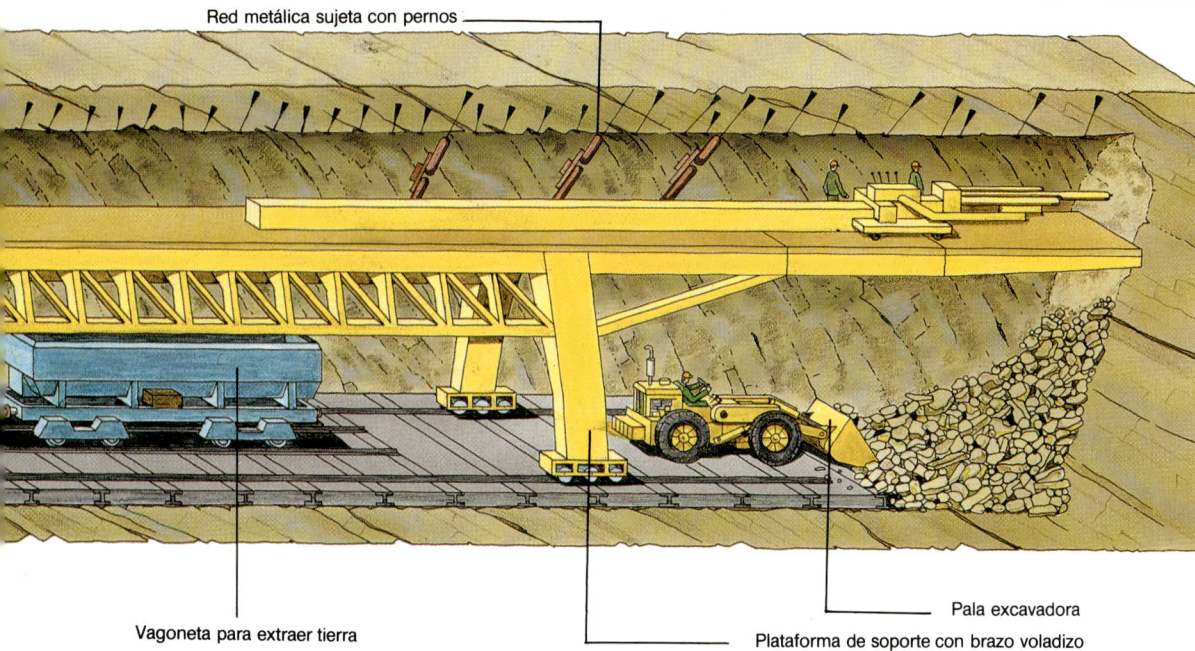

Seis plantas de ventilación (arriba), que consumen en conjunto hasta 24 megavatios, extraen los humos tóxicos del túnel. Funcionando a plena potencia, son capaces de cambiar todo el aire del túnel en seis minutos, pero cuando el tráfico es ligero, un ordenador controla los ventiladores para no malgastar energía.

Pala excavadora

Vagoneta para extraer tierra

Plataforma de soporte con brazo voladizo

lida para los camiones que llegaban a llevarse la roca, y una plataforma desde la que instalar los pilares que sostienen el techo del túnel. Para asegurarse de que el túnel seguía la dirección correcta, se empleó un sistema de nueve rayos láser, montado en la boca del túnel y apuntando hacia delante, para señalar el perfil de la excavación. A cada 320 metros de avance, se trasladaba el sistema más cerca del frente de obra, situándolo en la dirección que debía seguir la excavación. A unos 800 metros de la boca norte, hay un punto en el que el túnel pasa justo por debajo del túnel del tren, con una separación de tan sólo 4,8 metros de roca, y hubo que poner mucho cuidado en las voladuras para no afectarlo.

En la construcción trabajaron unos 730 obreros, la mitad en cada extremo; el encuentro tuvo lugar en marzo de 1976. A pesar de las estrictas medidas de seguridad adoptadas, 19 personas murieron en accidentes durante la excavación. El túnel está equipado con toda clase de sistemas para garantizar la seguridad de los usuarios. La iluminación es constante, y una de cada diez luces está

Una plataforma de protección (arriba), de 30 metros de longitud y 5 de altura, con un brazo voladizo de casi 14 metros, permitía trabajar en el arco excavado al mismo tiempo que se extraía la roca volada.

conectada a una fuente de suministro separada e independiente.

Tanto en el interior del túnel como en los accesos al mismo existen sistemas de señalización que permiten controlar el tráfico, que debe reducirse de los dos carriles que tienen las carreteras que llegan al paso a un solo carril en el túnel. A todo lo largo del túnel, por el lado este, hay salidas que conducen directamente al túnel de seguridad, y en el lado oeste hay nichos con extintores de incendios y teléfonos de emergencia, que sirven de refugio en caso de fuego o accidente. Además, el túnel está equipado con sistemas de alarma de incendios y monitores de televisión. Un sistema especial de radio permite que los automovilistas puedan escuchar la radio dentro del túnel y oír cualquier posible aviso de emergencia.

Igual que Favre, los constructores de este túnel se encontraron con rocas difíciles y una cantidad inesperada de agua bajo el macizo de San Gotardo, lo cual retrasó tres años la inauguración. El coste definitivo ascendió a 690 millones de francos suizos, más del doble del presupuesto original.

Las autopistas más grandes del mundo

Las primeras carreteras eran poco más que simples caminos, que evolucionaron hasta convertirse en rutas comerciales, las más famosas de las cuales fueron las rutas de la seda, entre Persia y China. Las primeras carreteras pavimentadas fueron obra de los egipcios, que construyeron calzadas de piedra pulida para facilitar el transporte de bloques de piedra para las pirámides. Sin embargo, fueron los romanos los que adquirieron fama por su habilidad en la construcción de carreteras.

El desarrollo del tráfico rodado exigía mejores carreteras, y así fueron apareciendo las carreteras de peaje británicas, las autopistas de los años treinta y, por último, las autopistas actuales de múltiples carriles. La preocupación que causa su impacto sobre el medio ambiente ha obligado a replantear los planes de carreteras y las previsiones sobre el aumento del tráfico.

La Vía Apia
La calzada que iba desde Porta San Sebastiano, Roma, hasta Capua, construida por orden del censor Apio Claudio y terminada en 312 a.C. (abajo) era la más importante de las carreteras consulares. Más adelante se prolongó hasta Benevento y Brindisi; estaba pavimentada con grandes bloques poligonales de lava basáltica, y su primer tramo estaba flanqueado de tumbas familiares y templos.

El cruce de Los Ángeles
De todas las ciudades del mundo, Los Ángeles es tal vez la más atada al automóvil: cada día, un millón de vehículos transportan a 3,3 millones de pasajeros a lo largo de 1.165 kilómetros de autopistas, casi siempre saturadas, produciendo tal cantidad de vapores tóxicos que sólo con medidas radicales se podrá evitar que la ciudad perezca asfixiada.

La autopista Panamericana

La carretera más larga del mundo comienza en Texas (varias poblaciones se disputaron este honor) y recorre más de 25.000 kilómetros hasta llegar a Valparaíso, Chile; a partir de aquí, tuerce hacia el este para atravesar los Andes y llegar a Buenos Aires. Presenta varios cortes en América Central y existe una prolongación hasta Brasilia. En la fotografía, la autopista a su paso por los Andes, cerca de Arequipa, Perú.

La maravilla metálica de Darby

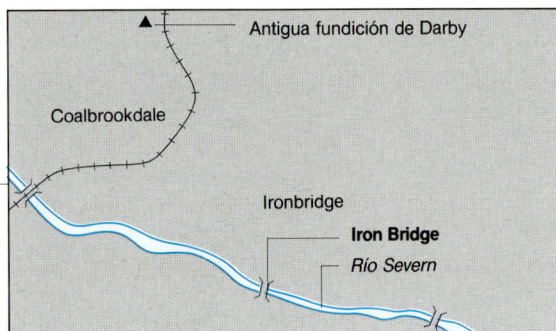

Antigua fundición de Darby

Coalbrookdale

Ironbridge

Iron Bridge
Río Severn

INGLATERRA

Datos básicos

El primer puente de hierro del mundo, construido sobre el río Severn.

Diseñador: Thomas Farnolls Pritchard.

Fecha de construcción: 1777-1779.

Materiales: Hierro fundido y piedra.

Longitud: 30,5 m de ojo.

Peso del hierro: 378 t.

«En las dos millas que van desde Coalport hasta el Iron Bridge, el río recorre el distrito más extraordinario del mundo», escribió Charles Hulbert, ciudadano de Shrewsbury, a finales del siglo XVIII. Según él, esta zona estaba repleta de fundiciones de hierro, fábricas de ladrillos, astilleros, comercios, posadas y casas.

Hulbert estaba describiendo el primer distrito de Inglaterra —y del mundo entero— que sintió el impacto de la Revolución Industrial. Un cambio tan radical y completo que desde entonces ha venido dominando la vida humana. Y el símbolo más elocuente de aquella revolución es el puente que Hulbert menciona, un puente de hierro que cruza el río Severn y que asombró al público desde un principio. El dramaturgo y compositor de canciones Charles Dibdin escribió que «aunque parece un encaje hecho de hierro, tiene aspecto de poder durar siglos intacto». E intacto permanece todavía.

La construcción del puente fue una idea del arquitecto de Shrewsbury Thomas Farnolls Pritchard. Con él se pretendía sustituir un transbordador que atravesaba la garganta del Severn entre Madeley y Broseley, reduciendo los retrasos e incomodidades ocasionados por el deficiente servicio, sobre todo en invierno. No está claro por qué Pritchard se decidió por el hierro fundido, ya que el acta parlamentaria en la que se aprobó la construcción del puente, en la primavera de 1776, permitía elegir entre estructuras de «hierro fundido, piedra, ladrillo o madera». La petición al Parlamento se limitaba a indicar la «utilidad pública» de un puente de hierro, se supone que por razones de duración y resistencia, y con el fin de demostrar las posibilidades del material.

Lo cierto es que, en el verano de 1776, los administradores del proyecto se encontraban divididos en dos bandos: los radicales, encabezados por el fabricante de hierro Abraham Darby III, partidarios de una estructura de hierro, y los conservadores, que preferían una solución más convencional. Aunque se encontraba en minoría, Darby consiguió hacerse con la mayor parte de las acciones y pudo salirse con la suya. Entre Pritchard y Darby calcularon que la construcción del puente costaría unas 3.200 libras esterlinas, de las que

2.100 se invertirían en más de 300 toneladas de hierro fundido, y 500 en piedra preparada. Estas cifras se quedaron luego muy cortas, y la catástrofe financiera no dejó de amenazar durante toda la construcción del puente.

Darby, a quien Pritchard había elegido para que construyera el puente, era el tercer miembro de su familia con el mismo nombre. Su abuelo, Abraham Darby I, ideó en 1709 un método para fabricar hierro en un alto utilizando carbón de coque en lugar de hulla como fuente de carbono. Aunque se trataba de un descubrimiento que a la larga iba a tener una enorme importancia, los demás fabricantes tardaron mucho en adoptarlo, porque en aquellos tiempos no había escasez de hulla y el coque sólo daba buenos resultados si se elegían con mucho cuidado el mineral y el carbón. Pero en 1755, su hijo, Abraham Darby II, que también trabajaba en Coalbrookdale, había construido un alto horno de coque tan eficiente como los de hulla, que producía hierro de primera calidad. Sería su hijo, el tercero de la dinastía, quien aplicaría este material a la construcción del puente.

Los primeros diseños de Pritchard presentaban un puente de un solo ojo, de 36 metros de longitud, con cuatro conjuntos de arcos curvos, de 22×15 cm de sección. Pero en julio de 1777 la extensión se había reducido a 27 metros, y el diseño había cambiado. Posteriormente, se volvió a agrandar a 30,5 metros, para dejar paso a un remolcador que recorría las orillas del Severn, y éste fue el diseño que por fin se llevó a la práctica. El 21 de diciembre de 1777, cuando apenas se habían iniciado las obras, Pritchard falleció, dejando el proyecto en manos de Darby.

Las piezas más grandes del puente son los arcos principales, cada una de las cuales pesa 5,75 toneladas. En aquella época, los altos hornos de Coalbrookdale producían poco más de dos toneladas de hierro en cada operación, de manera que no es posible que se hicieran vertiendo el hierro fundido en moldes directamente desde el horno. Lo más probable es que se construyera un horno especial de refundición a orillas del río Severn, para fundir de nuevo el hierro previamente fabricado en el alto horno y verterlo en moldes de arena.

Este sistema habría presentado la ventaja de no tener que transportar las pesadas y frágiles piezas de hierro desde la fundición de Coalbrookdale hasta la orilla del río, situada a casi dos kilómetros de distancia. Aunque muy resistente a la compresión, el hierro fundido es un material quebradizo, que exige un manejo cuidadoso hasta que queda bien instalado. Una vez montados los arcos, y gracias al diseño del puente, las fuerzas ejercidas sobre ellos eran predominantemente de compresión.

Considerando el interés que despertó la estructura en sus tiempos, parece extraño que dispongamos de tan poca información acerca de su construcción. Parece que casi todo el montaje de los arcos se llevó a cabo en seis semanas durante el verano de 1779. El primer par quedó instalado entre el 1 y el 2 de julio. En la obra trabajaban de 25 a 30 operarios. En los libros de cuentas de Darby ha quedado registrada la compra de grandes cantidades de madera para construir un andamiaje, desde el cual se suspendían los arcos con cuerdas, haciéndolos descender hasta que se juntaran en el centro.

A mediados de agosto, los libros registran un gasto de 6 libras en cerveza, se supone que para celebrar la finalización del montaje de los arcos; y a finales de noviembre, los mismos libros dan constancia de la retirada del andamiaje, por lo que podemos suponer que para entonces el puente estaba ya terminado.

Tampoco se sabe a ciencia cierta cuánto costó el puente, pero según fuentes contemporáneas, la cifra no debió bajar de 5.250 libras. Parece ser que Darby aportó de su propio bolsillo las 2.000 libras de más, lo cual estuvo a punto de arruinarle. Durante el resto de su vida tuvo hipotecadas sus propiedades, y no cabe duda de que pagó un alto precio por la inmortalidad.

El diseño del puente, bastante conservador, ofrecía un generoso margen de seguridad, ya que aún no se conocían muy bien los límites de resistencia del hierro. Pero Darby —o quizá Prit-

La importancia del Iron Bridge y la zona que lo rodea en la historia del desarrollo industrial ha quedado reconocida por la UNESCO, que ha declarado el lugar parte del Patrimonio Mundial.

La maravilla metálica de Darby

chard— cometió un pequeño error, al no tener en cuenta que un puente de hierro es mucho más ligero que uno de piedra. En un puente de piedra, el peso es tan grande que el arco ejerce una gran fuerza hacia afuera, lo cual obliga a levantar terraplenes para resistir el desplazamiento. En cambio, en un puente de hierro la presión hacia afuera es menor, y los terraplenes se fueron corriendo poco a poco hacia adentro, levantando la parte central del arco.

A principios del siglo XIX se añadieron al puente dos arcos laterales, pero siguieron produciéndose corrimientos de tierras y empezaron a aparecer grietas. A comienzos del XX, se añadieron varios tirantes y barras para reforzar la estructura, que se cerró al tráfico de vehículos en 1934. A finales de los años sesenta, el continuo desplazamiento de los contrafuertes había provocado cierta inquietud respecto al futuro del puente.

Los expertos consultados aconsejaron reforzar los cimientos del contrafuerte del norte para evitar nuevos desplazamientos, e insertar una tornapunta bajo el agua, para mantener los contrafuertes separados a una distancia fija. La tornapunta adoptó la forma de una plancha de hormigón armado, insertada en una zanja en el fondo del río, con paredes a cada lado, que llegaban hasta las paredes interiores del contrafuerte. A pesar de las crecidas y otras muchas dificultades, la obra se terminó durante la bajada de las aguas en los veranos de 1973 y 1974, gracias a lo cual el puente podrá sobrevivir otros 200 años.

El éxito de la construcción del puente, que terminó en 1779, inició un período de construcción de puentes de hierro fundido y forjado, que se prolongó durante un siglo. Poco después de 1790 se había construido sobre el río Wear, en Sunderland, un gigantesco puente de arco único, que medía 72 metros pero contenía menos hierro que el de Coalbrookdale. En 1795, las crecidas del Severn destruyeron muchos puentes, pero el puente de hierro se mantuvo firme, lo cual aumentó su fama y constituyó una excelente publicidad de las ventajas del hierro fundido.

En gran medida, el Iron Bridge ha logrado sobrevivir porque Coalbrookdale, después de abrir la marcha de la Revolución Industrial, quedó prácticamente inactivo. Los centros industriales se trasladaron a Manchester, Glasgow, Newcastle y otras grandes ciudades. Si el tráfico por el río Severn hubiera continuado aumentando durante el siglo XIX, no cabe duda de que se habría sustituido el puente de hierro por otro mayor y más moderno; pero no sucedió así. En consecuencia, ha quedado como único superviviente de un tiempo pasado, convertido en la pieza central del próspero museo que son ahora los lugares históricos de Coalbrookdale.

«Un puente de construcción muy curiosa»: así describieron los inversores el diseño de Pritchard, basado en los principios de la carpintería, con ensambladuras de cola de milano y de caja y espiga. No se emplearon tornillos ni remaches.

Coalbrookdale y el Iron Bridge fueron las primeras zonas industriales que se convirtieron en atracción turística, visitada por numerosos viajeros eminentes y celebrada en pinturas, monedas, jarras de cerveza, vasos e incluso parrillas de chimenea. Además de las fundiciones de Darby, las orillas del río y sus alrededores estaban plagados de talleres de fabricación de ladrillos, azulejos y porcelana, almacenes y muelles de carga. El puente resultaba utilísimo para el comercio de la zona.

Balaustrada

Cinco arcos paralelos
que sostienen el peso

Embecaduras circulares

Gola decorativa

Travesaños de hierro

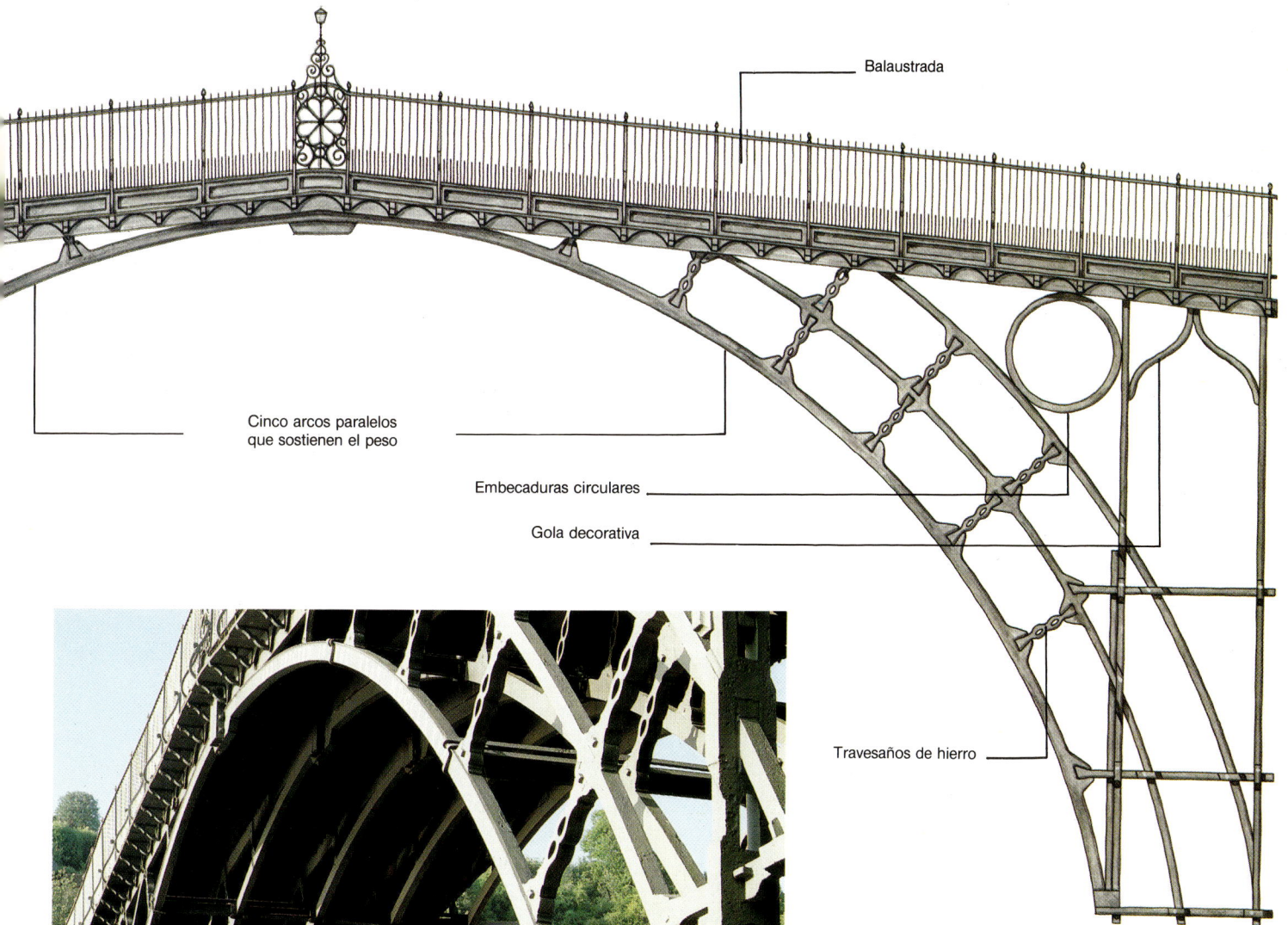

Los cinco conjuntos de
arcos semicirculares se
apoyan en estribos de
albañilería. Otros dos
conjuntos de arcos
sostienen la calzada entre
el ojo y las orillas. Las
uniones se aseguraron
con cuñas. Los pernos
que hoy se pueden ver se
añadieron posteriormente.

Las embecaduras están
decoradas y reforzadas
con aros, y las dos vigas
verticales junto a los
estribos presentan golas
decorativas. El diseño
exigía fundir piezas de
gran precisión.

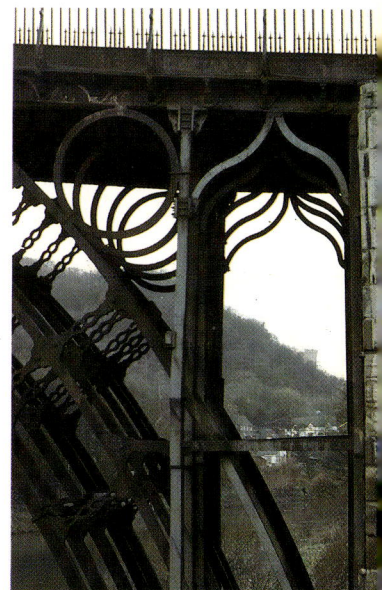

El puente más largo

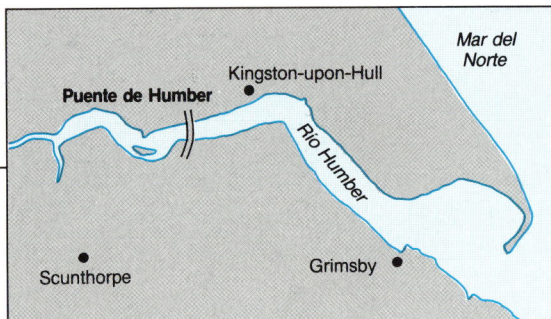

Datos básicos

El puente colgante de ojo más largo del mundo.

Diseñador: Freeman Fox.

Fecha de construcción: 1972-1981.

Material: Hormigón armado y acero.

Longitud: 1.410 m.

El puente colgante de luz más larga del mundo se encuentra en el estuario del Humber, y conecta las dos mitades del condado inglés de Humberside. Además de ser el más largo, con 1.410 metros de luz, ostenta el récord mundial de rapidez en la acumulación de deudas. Desde el día de su inauguración, en 1981, el peaje que pagan los automóviles que lo cruzan nunca ha llegado a igualar los intereses de los préstamos que hubo que solicitar para construirlo, de manera que el déficit no deja de aumentar. Sus detractores lo llaman «el puente que va de ninguna parte a ninguna parte», y el volumen de tráfico que lo recorre jamás se ha aproximado a las estimaciones realizadas antes de la construcción. No obstante, se trata de una magnífica estructura, de aspecto atractivo y tecnológicamente brillante.

El diseño lo realizó la firma inglesa de ingeniería Freeman Fox & Partners. La plataforma principal está sostenida por dos gigantescos cables de acero, firmemente anclados a cada lado del estuario, y suspendidos de lo alto de dos torres de hormigón, de manera que cuelgan por encima del río describiendo una elegante curva catenaria. Los cables están conectados, por medio de otros cables de acero, de alta resistencia a la tracción, a una serie de cajas poco profundas que forman la calzada del puente. Este tipo de construcción da buenos resultados, y se utiliza en puentes que de-

ben tener una luz muy amplia, como el de Verrazano Narrows en Nueva York, el puente del Bósforo en Estambul, y el puente sobre el Severn que conecta Inglaterra y Gales (los dos últimos también son obra de Freeman Fox).

La primera fase de la obra consistió en construir los anclajes y las torres. En Hessle, en la orilla norte, se podían construir ambas cosas sobre una sólida base de roca caliza que se encuentra muy cerca de la superficie. La orilla sur presentaba más dificultades, ya que no existía allí roca caliza, y la única base suficientemente sólida era una capa de arcilla de Kimmeridge situada a 30 metros bajo la superficie. Así pues, hubo que construir la torre sur, unos 460 metros río adentro, con los anclajes al borde del agua. Para que la torre tuviera unos cimientos sólidos, se utilizaron cajones de hormigón, grandes estructuras circulares y abiertas, diseñadas para hundirse poco a poco por su propio peso según se van construyendo, hasta que el borde inferior queda hundido unos 8 metros en la arcilla. Los cajones se fueron hundiendo mientras una excavadora iba extrayendo material de su interior, pero entonces se toparon con una corriente subterránea de agua, que arrastró rápidamente la bentonita, una sustancia mineral que se utiliza para lubricar la superficie del hormigón y facilitar su penetración en la tierra. Esto ocasionó tremendas dificultades

El puente de Humber se diferencia de sus competidores más próximos en varios aspectos: la topografía y la geografía impidieron utilizar un diseño simétrico para los brazos laterales, aunque la longitud del puente disimula la asimetría. Y hasta entonces, el empleo de hormigón armado para las torres, en lugar de acero, era algo reservado para puentes con ojos mucho más cortos.

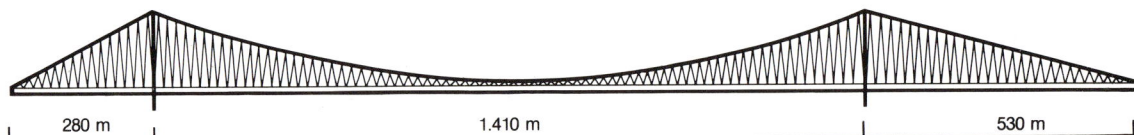

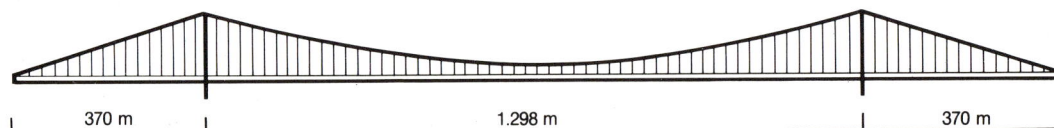

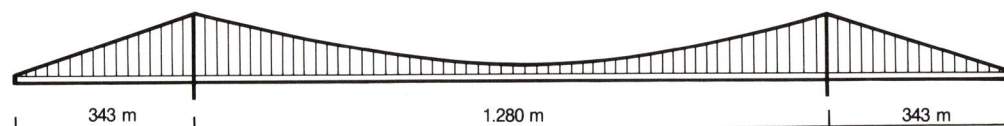

| 280 m | 1.410 m | 530 m |
Puente de Humber

| 370 m | 1.298 m | 370 m |
Puente de Verrazano Narrows

| 343 m | 1.280 m | 343 m |
Puente de Golden Gate

e importantes retrasos. Hubo que aumentar la altura de los cajones y amontonar encima unas 6.000 toneladas de piezas de acero para ejercer el peso necesario para que los cajones se hundieran hasta su posición definitiva.

Las torres se construyeron con hormigón armado, vertido en moldes instalados sobre una plataforma que podía irse elevando por medio de gatos según se iban levantando las torres. Cada torre mide 145 metros de altura y se levantaron a un ritmo de dos metros diarios. La torre Barton, en el extremo sur del puente, se construyó en sólo diez semanas.

A continuación, se tendió una pasarela a través del estuario, utilizando seis cables transportados en barcos y después tensados. Esta pasarela pro-

visional permitiría a los trabajadores instalar los cables principales de suspensión, con un peso total de 11.000 toneladas. Durante el torcido de los cables, los cables individuales se transportaban enrollados en un torno, a bordo de un funicular. A lo largo de la pasarela había hombres cada 100 metros para manejar el cable según se iba desenrollando. Poco a poco, los cables fueron adquiriendo su grosor definitivo, de 68 cm. A intervalos fijos, se instalaban en los cables bandas de acero para conectar los colgadores que sostendrían la plataforma. A continuación, se revistieron los cables con pasta de minio y se les añadió un entorchado de cable de 3,5 mm, utilizando máquinas entorchadoras especiales. Por último, se les aplicaron cinco capas de pintura para pro-

La longitud de la luz del puente obligó a los ingenieros a tener en cuenta la curvatura de la Tierra. Las torres están construidas con una desviación de 36 mm respecto a la paralela. Se realizaron numerosas pruebas previas con maquetas en túneles de viento, y el conjunto puede soportar una desviación y desplazamiento de unos 2,5 metros entre un extremo y otro de los ojos.

El puente más largo

Trole con poleas para izar las secciones ——————

Cable principal ——————

Los anclajes de los cables están formados por secciones de hormigón armado revestidas por paneles reforzados con fibra de vidrio, que les dan un acabado estriado muy decorativo.

Cada cable principal está formado por 14.948 cables paralelos, de 5 mm de diámetro cada uno, con una longitud total de 66.000 kilómetros. Para simplificar la instalación, los cables van agrupados en 37 haces de 404 unidades cada uno.

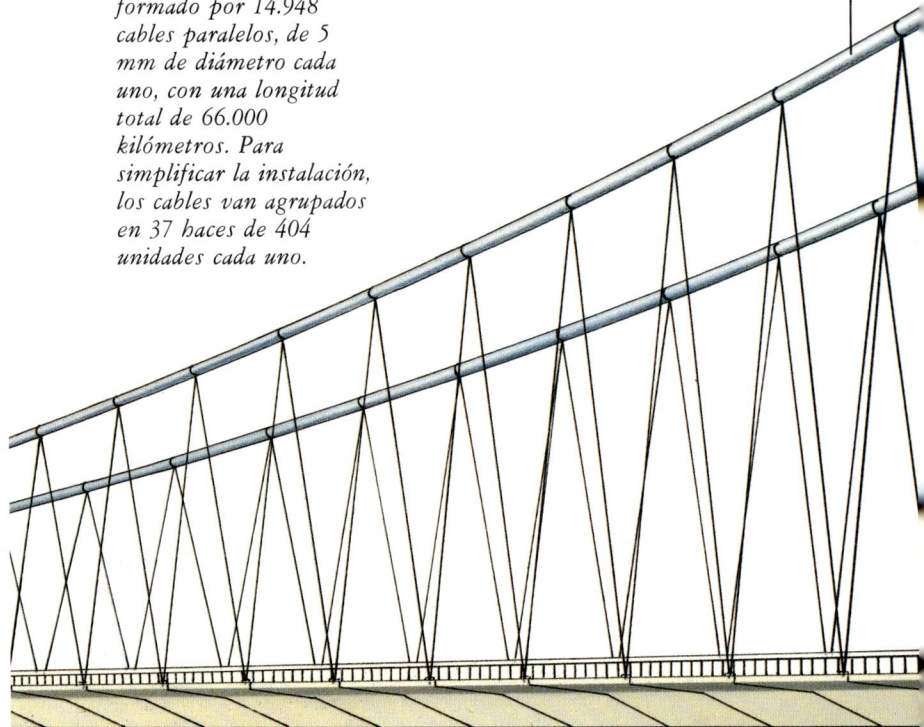

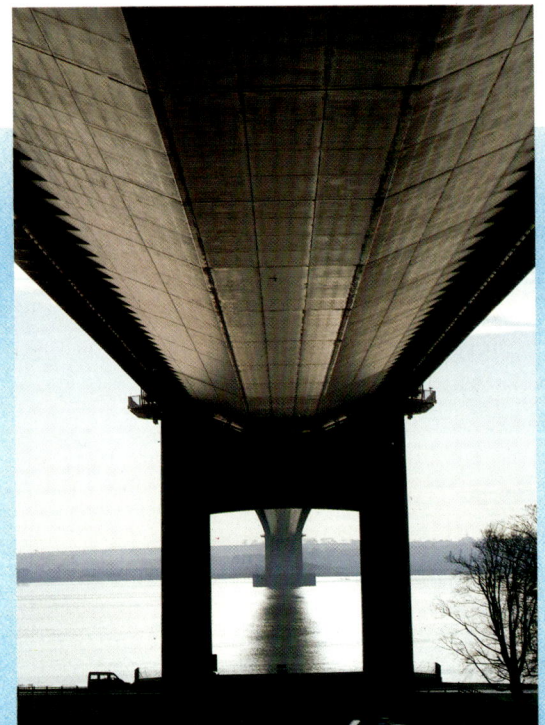

tegerlos contra las inclemencias climáticas.

Una vez montada la plataforma del puente, la última fase consistía en aplicar a las cajas el pavimento definitivo, una capa de 38 mm de asfalto plástico, lo bastante denso como para impedir que el agua penetre hasta el acero de abajo, y lo bastante flexible como para resistir cierta deformación sin agrietarse. Se necesitaron 3.500 toneladas de asfalto para pavimentar todo el puente.

Tanto en el aspecto estético como en el técnico, no cabe duda de que el puente es un éxito. Aunque en los planos no se hicieron concesiones para añadirle belleza, su austera sencillez matemática nunca deja de impresionar.

Sin embargo, el estado de cuentas del organismo responsable de su gestión, Humber Bridge Board, es mucho menos halagüeño, con abrumador predominio de los números rojos. Debido en parte a los retrasos en la cimentación de la torre Barton, el puente tardó mucho en inaugurarse. Las obras comenzaron en abril de 1973, y el puente no se abrió al tráfico hasta el verano de 1981. Además, los costes se dispararon, a causa de la inflación. En lugar de los 28 millones de libras presupuestados en 1972, la construcción acabó costando 90 millones. Todo esto, más los intereses acumulados durante la construcción, dejó al puente con una deuda de 151 millones de libras el día de su inauguración. Desde entonces, los intereses han sido siempre superiores a los ingresos obtenidos con el peaje, y la deuda no ha parado de aumentar. En 1987 ascendía ya a 300 millones de libras, y en 1989 alcanzaba los 350 millones. La Asociación de Transporte de Mercancías ha calculado que, si no se hace nada al respecto, para 1993 la deuda ascenderá a 576 millones; en 2023 habrá superado los 21.500 millones, y para el año 2043 alcanzará la astronómica cifra de 248.247 millones de libras esterlinas. Aunque el peaje aporta unos beneficios aproximados de 9 millones de libras al año, esto no resulta suficiente, y aumentar las tarifas no serviría de nada, ya que disminuiría el número de usuarios. El peaje que paga un automóvil, 1,60 libras, es ya el más elevado de Gran Bretaña. Sin embargo, aún existen esperanzas de que el gobierno británico, que prestó el dinero para construir el puente, acceda a cancelar una parte de la deuda, dándole al puente una oportunidad de cubrir gastos.

Las cajas trapezoidales huecas que forman la plataforma del puente son uno de sus rasgos distintivos. Las cajas de acero son más ligeras que las estructuras macizas habituales, lo cual permite economizar en los cables, torres, anclajes y cimientos; además, la forma «aerodinámica» reduce el impacto del viento sobre el puente y facilita su mantenimiento.

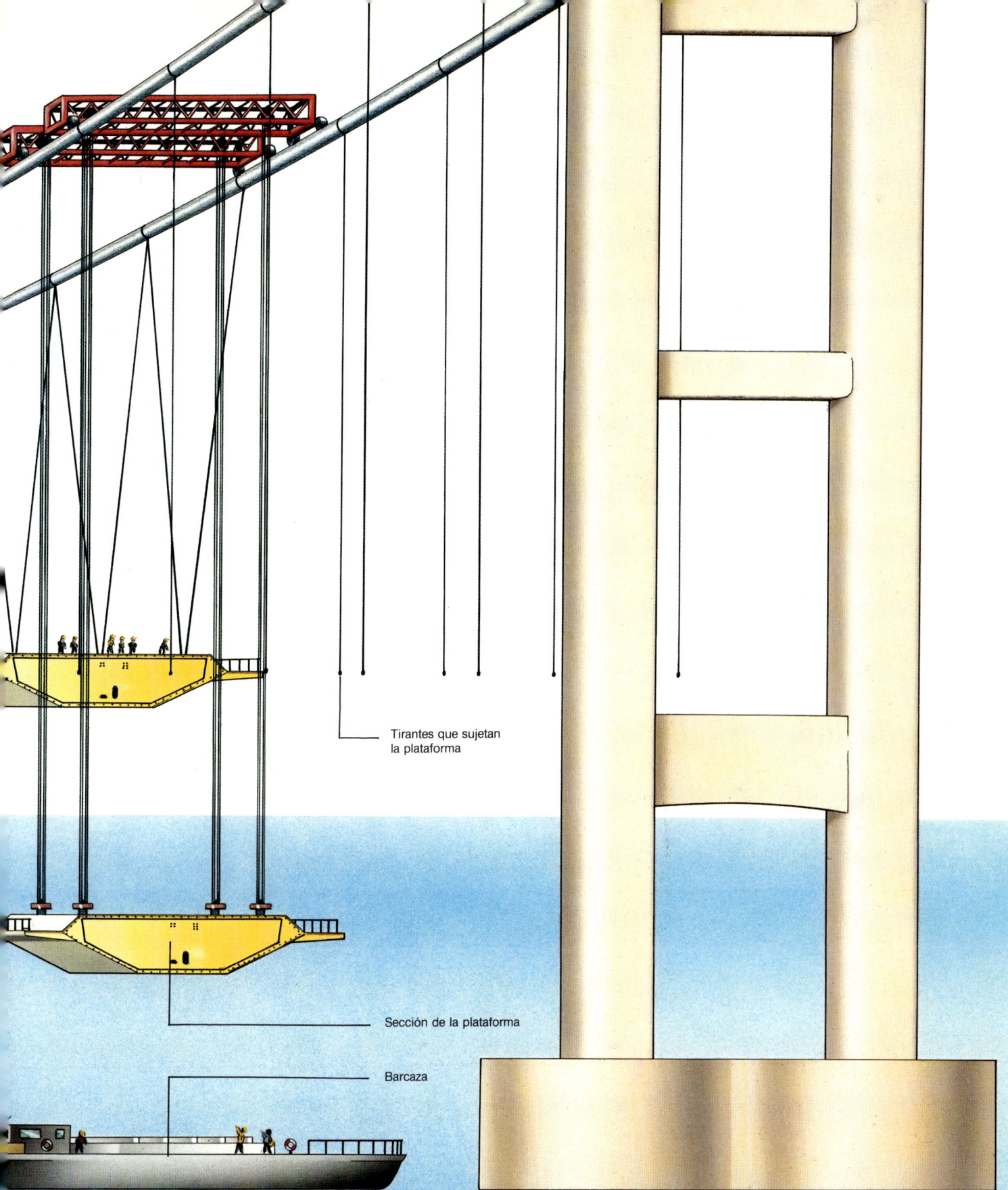

Tirantes que sujetan
la plataforma

Sección de la plataforma

Barcaza

Las 124 cajas prefabricadas se montaron y soldaron cerca del puente. A continuación, se trasladaron una a una en barcazas para situarlas en posición, y se izaron mediante poleas apoyadas en los cables principales, conectándolas a los tirantes y acoplándolas de manera provisional a la siguiente caja. La soldadura final se llevó a cabo cuando los cables estuvieron plenamente cargados y la estructura había adoptado su posición definitiva.

Las torres de hormigón armado constan de dos patas huecas, reforzadas por cuatro vigas. La más baja se encuentra por debajo del nivel de apoyo de la plataforma.

Puentes célebres

Se han venido construyendo puentes desde que los pueblos primitivos tendieron el primer tronco a través de un arroyo, creando así el primer puente de viga. La diferencia fundamental entre los tres principales tipos de puente —de viga, de arco y colgante— radica en la manera en que se desplazan las fuerzas ejercidas por el peso del puente. En el caso de un puente de viga o voladizo (este último consiste en una serie de vigas equilibradas sobre pilares), el peso se apoya directamente en el suelo. Un puente de arco ejerce un empuje hacia fuera en los estribos, y un puente colgante mantiene tensos los cables desde los puntos de anclaje situados a cada extremo.

En ocasiones, se combinan varios principios, pero todos los puentes se basan en permutaciones de estos tipos básicos. Los primeros puentes se hicieron de madera. Más adelante, se construyeron puentes de piedra, ladrillo, hierro, acero, etc.

Puente de la bahía de Sidney

Construido por Dorman & Long, Middlesbrough, Inglaterra, entre 1924 y 1932. El arco de acero, sostenido por pilares de granito, era vez y media más largo y necesitó el doble de acero que el arco más largo construido con anterioridad. El ojo mide 502 m y por él pasan 4 vías de ferrocarril y un carril de 17 m de anchura para automóviles. Para probarlo, se utilizaron 72 locomotoras de 7.600 t.

Gran puente de Seto

Inaugurado en 1988, para conectar por tren y carretera la más grande y la más pequeña de las cuatro principales islas japonesas, Honshu y Shikoku. Sus seis ojos y viaductos miden en total unos 12 kilómetros, lo que le convierte en el puente de doble plataforma más largo del mundo, por el que circulan automóviles y trenes. Tres de los seis ojos son colgantes, dos están sostenidos por cables, y el último es de viga convencional. Costó cerca de 8.180.000 dólares.

Puente de Clapper, Devon

Este puente sobre el río Dart oriental en Postbridge-on-Dartmoor, Devon, se construyó para comunicar Plymouth con la carretera de Moretonhampstead. Se cree que data del siglo XIII, cuando el tráfico de estaño y productos agrícolas adquirió desarrollo. Se utilizó piedra de los páramos, grandes bloques de granito sin tallar, apoyados en pilares y estribos del mismo material. Existen numerosos puentes similares en España, pero el más antiguo de este tipo que se conoce se encuentra en Esmirna, Turquía, sobre el río Meles, y se construyó hacia el 850 a.C.

Puente de Luis I, Oporto

Este puente sobre el río Duero se terminó en 1885, siguiendo un diseño de T. Seyrig, que había colaborado con Gustave Eiffel en la construcción de un puente muy similar, el de Pía María, situado bastante cerca e inaugurado en 1877. El puente de Pía María tiene una sola plataforma para el paso de trenes, mientras que el de Luis I tiene una plataforma sobre el arco y otra debajo, que sirve de durmiente. El arco tiene una luz de 172 metros. Los dos puentes se construyeron con voladizos a partir de las orillas del río. Eiffel utilizó un diseño similar para su puente ferroviario de Garabit, Francia, que atraviesa una garganta a más de 120 metros de altura, lo que le convierte en el puente ferroviario de arco más alto del mundo.

Una gigantesca estructura submarina

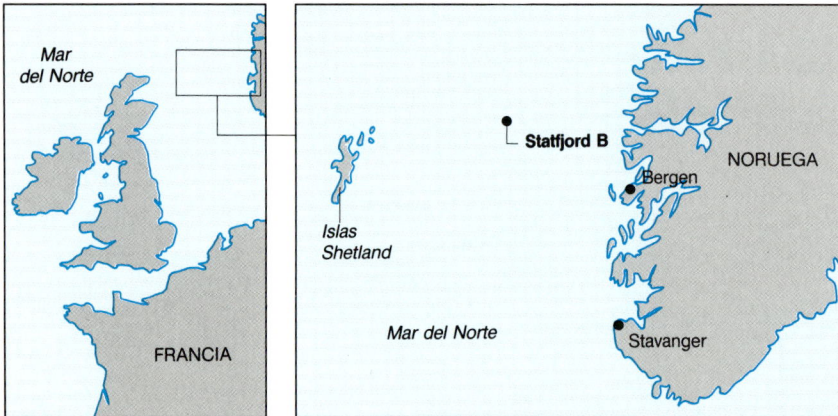

Mar del Norte

FRANCIA

Statfjord B

NORUEGA

Bergen

Islas Shetland

Mar del Norte

Stavanger

Datos básicos

Cuando se inauguró, era el objeto artificial más grande jamás construido.

Constructor: Contratistas noruegos.

Fecha de construcción: 1978-1981.

Materiales: Hormigón y acero.

Altura: 271 m.

Peso: 824.000 t.

El centro de Manhattan, sumergido a la misma profundidad que la Statfjord B, apenas sobresaldría de la superficie.

En agosto de 1981, el objeto artificial más pesado que jamás se ha transportado fue remolcado poco a poco desde los fiordos noruegos hasta el mar del Norte. Nos estamos refiriendo a la plataforma petrolífera Statfjord B, 824.000 toneladas de acero y hormigón, con una altura de casi 200 metros desde los tanques de almacenamiento del fondo hasta la plataforma para helicópteros situada en lo alto. Su construcción costó 1.840 millones de dólares.

Se necesitaron cinco remolcadores para tirar de la gigantesca plataforma, y otros tres para controlarla por detrás mientras pasaba a través de los fiordos, algunos de ellos muy estrechos. Una vez en alta mar, los tres remolcadores de atrás se retiraron, y los cinco de delante aceleraron hasta unos tres nudos. Al cabo de cinco días, tras haber recorrido 245 millas náuticas, la plataforma llegó a su destino, a 180 kilómetros al oeste de Songef-

jord y 185 kilómetros al nordeste de las islas Shetland. Se bombeó agua en los tanques y se asentó la plataforma en el fondo, a menos de 15 metros de la posición prevista.

La Statfjord B era la estructura más grande construida en un período heroico de la ingeniería marítima. Como las plataformas petrolíferas del mar del Norte están tan aisladas y gran parte de su estructura se encuentra por debajo de la superficie, pocas personas se hacen una idea aproximada de lo enormes que son. Desde el fondo del mar hasta lo más alto de la torre de perforación, la Statfjord B tiene una altura de 271 metros, casi el doble que la gran pirámide de Keops y no muy por debajo de los 300 metros de la torre Eiffel. Pesa casi 115 veces más que esta última, nueve veces más que los mayores buques de guerra (los portaaviones del tipo Nimitz) y tres veces más que cada una de las torres del World Trade Center de Nueva York, el edificio de oficinas más grande del mundo. En tierra firme, un objeto semejante despertaría un enorme interés; en medio del mar del Norte, permanece casi ignorado.

La Statfjord B es una plataforma de gravedad, asentada sobre el fondo del mar por su propio e inmenso peso. La base consiste en 24 tanques de hormigón armado, construidos en un dique de carena de Stavanger. Sobre ellos se alzan cuatro patas huecas, también de hormigón. Y encima está montada una estructura de acero, la plataforma propiamente dicha, que pesa 40.000 toneladas, y que incluye todo el equipo necesario para perforar los pozos y producir 150.000 barriles de petróleo al día, más un hotel con 200 camas, donde viven los trabajadores, y un helipuerto en lo alto.

La base y la plataforma se construyeron por separado, y después se acoplaron en el mar, en una operación que exigía precisión absoluta. Las dos piezas se transportaron luego, flotando sobre barcazas, hasta Irkefjorden, un fiordo resguardado y de aguas profundas. El extremo superior de las cuatro patas debía acoplarse a cuatro tubos cortos que sobresalían del fondo de la plataforma. La maniobra más difícil consistía en situar la plataforma en posición exacta sobre la base hundida, y añadir lastre a las barcazas para hacer descender la plataforma, mientras al mismo tiempo se elevaba la base, extrayendo el agua de los tanques de almacenamiento. Manejar masas tan enormes con tanta exactitud y en el mar es una tarea que exige nervios bien templados. Las fuerzas de la inercia son tan tremendas que el más ligero error puede provocar un choque entre las dos gigantescas masas que arranque enormes fragmentos de hormigón. Pero en menos de 37 horas se había conseguido transferir a la base todo el peso de la plataforma, uniendo las dos partes con más de 100 pernos de 10 centímetros.

Tampoco resultó fácil instalar la plataforma en

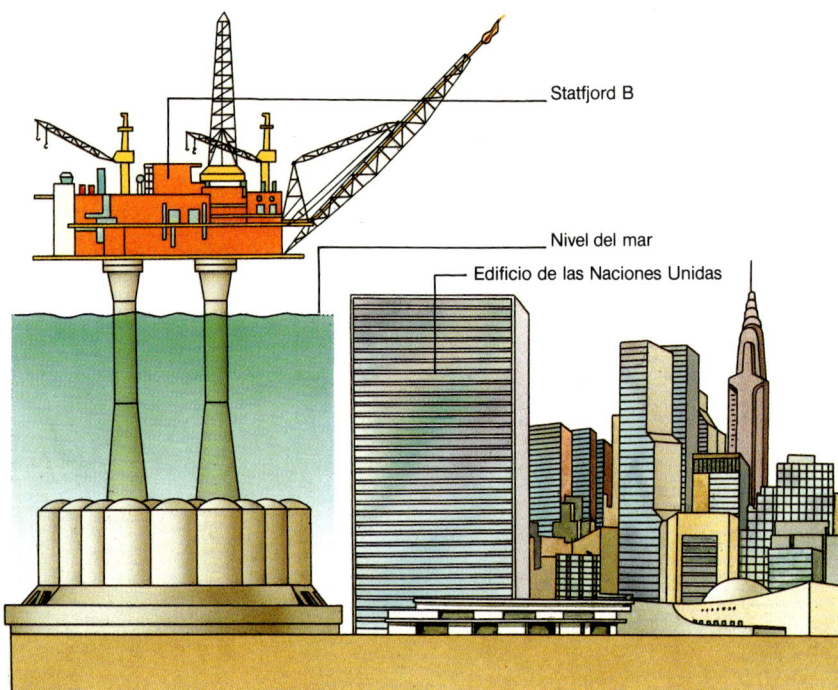

Statfjord B

Nivel del mar

Edificio de las Naciones Unidas

Una gigantesca estructura submarina

Statfjord B fue la primera plataforma marina de hormigón con cuatro patas. Una vez terminados los tanques de la base de una plataforma, se construyen uno, tres o cuatro pilares o «patas», con las mismas técnicas de vaciado en moldes que se utilizaron para los *tanques, y se continúa hasta alcanzar la altura deseada. Los pilares tienen un diámetro interno de 23 metros en la base. Dos de ellos se utilizan para perforar, otro para la subida del petróleo, y el cuarto contiene las instalaciones de las bombas de carga y controles del agua de lastre.*

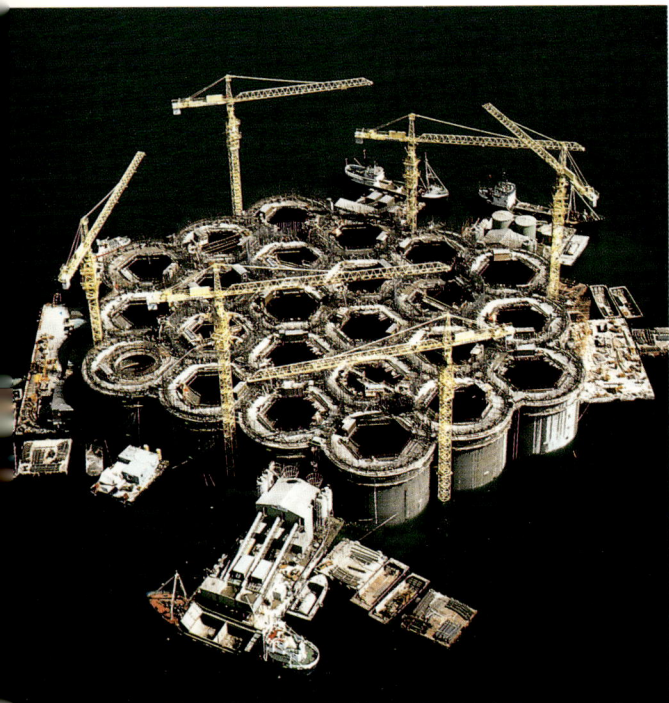

La estructura de la base consta de 24 tanques o cilindros de hormigón, en formación concéntrica. Cuatro de ellos se prolongan para formar los pilares de la plataforma; los otros 20 son tanques de almacenamiento de crudo, de 23 metros de diámetro por 64 de altura, que, además de facilitar las operaciones de carga, contribuyen a estabilizar la plataforma.

su emplazamiento definitivo. Una vez situada por el remolcador, se bombeó agua en los tanques de lastre para hundir la plataforma hasta el fondo del mar. El borde de acero que rodea la base penetró casi cuatro metros en el fondo al asentarse la plataforma. Seis remolcadores situados en círculo tiraban de la plataforma hacia afuera para mantenerla en posición mientras se añadía lastre. La operación se controló por medio de más de 100 sensores y aparatos de medición.

En cuanto el borde empezó a penetrar en el fondo del mar, se bombeó agua desde abajo, y por último se rellenaron los pequeños huecos existentes entre la base y el fondo del mar, bombeando hormigón. El resultado es una plataforma instalada en posición correcta y que se desvía menos de un grado de la verticalidad. Es capaz de resistir los peores ataques que el mar del Norte pueda lanzar contra ella —olas de 30 metros de altura y vientos de más de 160 kilómetros por hora— sin oscilar ni un centímetro.

Las plataformas como la Statfjord B son mun-

dos aparte, universos de ruido y energía en incesante actividad. Las turbinas de gas generan suficiente electricidad para abastecer a una ciudad pequeña, y por dentro de las enormes patas de hormigón corre un laberinto de tubos y cables de increíble complejidad. Dos de las patas de Statfjord B se utilizan para perforar los 32 pozos, que no descienden en vertical, sino que se curvan en amplias parábolas para llegar a todos los rincones del campo petrolífero. Otra de las patas, donde se encuentran las bombas y las entradas de los conductos, consta de 13 plantas separadas, comunicadas mediante ascensores.

Si alguien mirase hacia arriba desde las turbias y oleosas aguas del fondo, a cientos de metros bajo la superficie del mar, se sentiría, como ha escrito el poeta Al Álvarez, «como en el fondo de una de las prisiones imaginarias de Piranesi: un enorme y tenebroso espacio cerrado, con pasillos, galerías y extrañas y ominosas maquinarias, todo ello desproporcionado para las dimensiones humanas».

Torre de perforación

Aguilón para llamas

Oficinas

Pista para helicópteros

Plataforma modular

Bodegas

Alojamientos

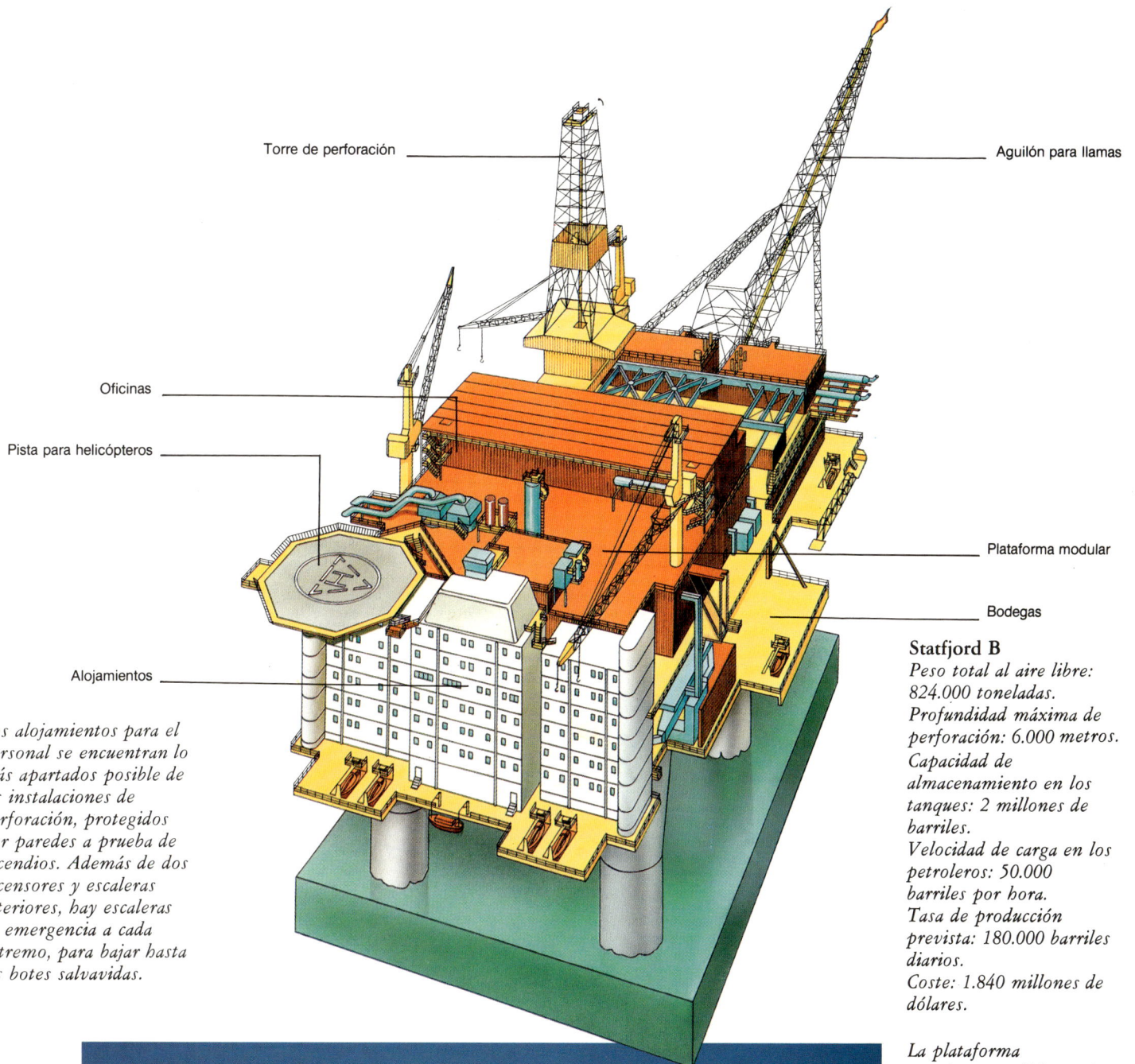

Los alojamientos para el personal se encuentran lo más apartados posible de las instalaciones de perforación, protegidos por paredes a prueba de incendios. Además de dos ascensores y escaleras interiores, hay escaleras de emergencia a cada extremo, para bajar hasta los botes salvavidas.

Statfjord B
Peso total al aire libre: 824.000 toneladas.
Profundidad máxima de perforación: 6.000 metros.
Capacidad de almacenamiento en los tanques: 2 millones de barriles.
Velocidad de carga en los petroleros: 50.000 barriles por hora.
Tasa de producción prevista: 180.000 barriles diarios.
Coste: 1.840 millones de dólares.

La plataforma propiamente dicha está formada por módulos de acero, cada uno de los cuales tiene una función diferente. Las unidades, fabricadas por distintos contratistas, se montaron para formar la plataforma completa, antes de asentarla sobre la base de hormigón. En primer plano, las siete plantas de alojamientos para el personal, con capacidad para 204 personas.

Generadores del futuro

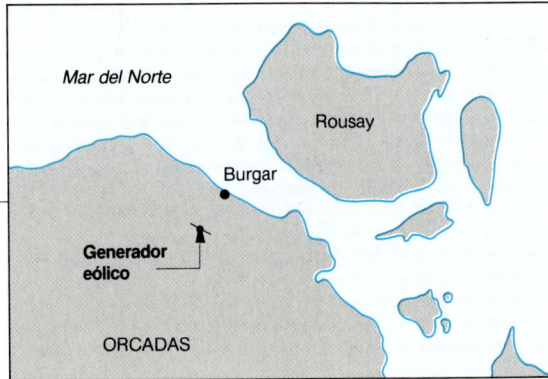

Mar del Norte

Rousay

Burgar

Generador
eólico

ORCADAS

Datos básicos

El generador eólico más potente del mundo.

Constructor: Wind Energy Group.

Fecha de construcción: 1985-1987.

Material: Hormigón.

Altura: 44 m.

Longitud del rotor: 59,5 m.

El viento se ha venido aprovechando como fuente de energía desde el siglo VII d.C., cuando aparecieron en Persia los primeros molinos de viento. Desde los tiempos medievales hasta la invención de las máquinas de vapor, los molinos de viento y de agua representaron la cumbre de la tecnología: máquinas capaces de moler grano y bombear agua, mucho más potentes que la fuerza humana o animal. Se ha calculado que hacia 1840 existían en Inglaterra y Gales unos 10.000 molinos de viento en funcionamiento.

Pero estas hermosas máquinas tienen poco en común con los nuevos modelos de generadores eólicos, diseñados para producir electricidad, y que se vienen construyendo desde el comienzo de la década de los setenta como respuesta al encarecimiento de los combustibles fósiles y a la creciente inquietud por la poca seguridad de la energía nuclear. Es muy poco probable que puedan llegar a generar más del 5-10 por 100 de las necesidades energéticas de los países desarrollados, pero ese porcentaje representa ya un mercado significativo. Con los actuales costes de construcción, el 5 por 100 del suministro energético de Gran Bretaña representa 6.000 millones de libras en contratas de construcción, lo cual explica el interés mostrado por tantas grandes empresas.

Para aportar una contribución útil a la producción nacional de electricidad —algo muy diferente de abastecer viviendas o comunidades aisladas con un suministro intermitente—, los generadores eólicos tienen que ser muy grandes. El primero que intentó construir una de estas máquinas fue el ingeniero norteamericano Palmer Putnam, en los años cuarenta. En lo alto de una colina de 600 metros de altitud llamada Grandpa's Knob, en las montañas Verdes del centro de Vermont, Putnam construyó una torre de 33 metros de altura, con un rotor en forma de hélice de dos aspas montado en lo alto. Estaba diseñada para generar 1,25 megavatios, una producción considerable, y empezó a funcionar de manera experimental en octubre de 1941.

Este generador no dio muy buenos resultados:

sufrió numerosas averías y por fin dejó de funcionar en marzo de 1945, al desprenderse una de las aspas. Desde entonces, los problemas de Grandpa's Knob se han repetido en numerosas ocasiones, porque las fuerzas fluctuantes que actúan en la base de las aspas provocan fatiga de los metales, que es la causa de las fracturas y averías de la máquina. Las experiencias más recientes parecen indicar que este problema aún no se ha resuelto por completo.

Son muchos los ingenieros que han seguido los pasos de Palmer Putnam. El generador eólico más grande del mundo se inauguró en noviembre de 1987 en lo alto de la colina Burgar, en la mayor de las islas Orcadas, frente a la costa de Escocia. Se llama LS-I y tiene un rotor de dos aspas montado en lo alto de una torre de hormigón de 44 metros de altura. Está diseñado para generar un máximo de 3 megavatios, y a lo largo del año produce electricidad suficiente para abastecer a 2.000 viviendas conectadas a la red de las Orcadas.

El LS-I fue construido por el Wind Energy Group, una empresa mixta en la que participan Taylor Woodrow, la GEC y British Aerospace. El gigantesco rotor lo construyó British Aerospace en su fábrica de Hatfield. Mientras tanto, se había ido levantando la torre con técnicas tradicionales de moldeado de hormigón. En lo alto se instaló un tronco de acero de seis metros de altura y 33 toneladas de peso, que contiene el generador eléctrico. Todo esto lo construyó Seaforth Maritime en Escocia. Y sobre el tronco se montó una barquilla de 66 toneladas, construida por British Aerospace, que incluye el rotor, los engranajes primarios, los cojinetes y el freno.

La máquina de las Orcadas, como todos los grandes generadores eólicos, está diseñada para producir un rendimiento homogéneo en una amplia gama de velocidades del viento. Con brisas de menos de 25 km/h, o fuerza 3 en la escala Beaufort, no funciona. Por encima de esa velocidad, el rotor se pone en marcha, y alcanza su máxima potencia, de 3 mw, con vientos de 60 km/h.

Cuando el viento es muy fuerte, de más de 95 km/h o fuerza 10, la máquina se desactiva para evitar averías. La construcción está diseñada para resistir vientos huracanados de hasta 250 km/h. Con vientos normales, de unos 38 km/h a la altura de la hélice, la máquina genera 9.000 megavatios-hora al año, que equivalen a un rendimiento continuo de 1 megavatio durante 24 horas al día, todos los días del año.

La energía del rotor se transmite en primer lugar al engranaje primario instalado en la barquilla. Este engranaje transmite la energía hacia abajo, a través de un engranaje secundario que la hace llegar al generador. El rotor gira a una velocidad de 34 rpm —aproximadamente como un disco de larga duración en un tocadiscos—, pero

Generadores del futuro

los dos engranajes multiplican la velocidad hasta llegar a 1.500 rpm en el generador. La velocidad del generador viene determinada por la necesidad de sincronizar su salida de energía con los 50 ciclos por segundo de la red eléctrica. La máquina, que todavía se encuentra en fase experimental, está equipada con numerosos contadores que miden la producción de energía, la carga sobre las aspas del rotor, la velocidad del viento y otras variables. Las señales se transmiten por cable de fibra óptica a una base de datos situada a unos 100 metros de la máquina.

Aunque el LS-I es el generador más grande construido hasta la fecha, existen otros casi iguales en Suecia, Alemania y los Estados Unidos. Hasta ahora, los resultados obtenidos con estas enormes máquinas han sido irregulares. El problema de la fatiga ha acabado con varios generadores, y otros han tenido dificultades para sincronizar su salida de energía con la red, un requisito imprescindible para que resulten útiles como abastecedores de energía. La red suministra una corriente alterna que invierte su dirección 50 veces por segundo, y las nuevas centrales de energía tienen que sincronizarse con las ya existentes, de manera que coincidan las crestas y valles de todo el suministro eléctrico.

No ha resultado fácil conseguir esto con los generadores eólicos, porque su velocidad no es absolutamente constante. La fuerza de la gravedad hace que las aspas reduzcan ligeramente la velocidad al subir y aceleren al bajar, lo cual puede provocar fluctuaciones en el rendimiento, que dificultan la sincronización. En el LS-I, un acoplamiento hidráulico entre el rotor y el engranaje amortigua las oscilaciones.

Hasta ahora, la experiencia con máquinas más pequeñas ha resultado más positiva. La mayor concentración de generadores pequeños se da en el estado de California, donde las «granjas eólicas» proporcionan ya energía a 20.000 hogares, ahorrando 2.200.000 barriles de petróleo al año. Uno de los lugares donde más abundan es en Altamont Pass, cerca de San Francisco, donde el viento sopla de manera casi continua y el paisaje está salpicado de miles de generadores eólicos. En 1988 existían en California 16.000 turbinas que generaban electricidad, casi todas en la gama de 150 a 300 kilovatios, muy inferior a la del LS-I. Los incentivos fiscales han favorecido esta experimentación, tanto en los EE UU como en Dinamarca y los Países Bajos.

A largo plazo, el futuro de la energía eólica dependerá del buen funcionamiento, los costes y el bajo impacto ambiental. Con respecto al precio, la mayoría de los estudios actuales parece indicar que la electricidad eólica podrá competir con la generada a partir del carbón o la energía nuclear, pero que no será mucho más barata. La experiencia demuestra que los grandes generadores necesitarán muchas reparaciones, y que estarán sin funcionar aproximadamente una tercera parte de sus vidas. Otro aspecto clave de la energía eólica es el impacto sobre el medio ambiente. Aunque los entusiastas de las fuentes alternativas de energía prefieren decididamente la energía eólica al carbón, el petróleo o la energía nuclear, aún no se sabe si el público en general aceptará de buen grado la presencia de gigantecas turbinas eólicas en todos los lugares ventosos y a lo largo de las costas. Para influir de manera significativa en el consumo total de energía, habría que construir cientos, e incluso miles de máquinas como el LS-I, cada una de las cuales necesita un espacio bastante amplio. No se pueden instalar muy cerca unas de otras, porque eso reduciría el viento y aumentaría las irregularidades. Puede que las granjas eólicas sean verdes, pero ¿será totalmente benigno su efecto sobre el medio ambiente? Se trata de una pregunta peliaguda, a la que los ecologistas todavía no han encontrado respuesta.

Construcción del LS-1 en la colina Burgar (arriba). Las Orcadas constituyen un emplazamiento ideal, a causa de los fuertes vientos reinantes y las frecuentes galernas. Aunque no es éste el primer generador eólico construido en Burgar, se trata del más grande con diferencia. En la fotografía se puede ver uno de sus antecesores, el MS-1, que tiene un rendimiento de 250 kw, muy inferior a los 3 mw del LS-1.

El rotor, hecho de acero y plástico reforzado con fibra de vidrio, está formado por cinco secciones y pesa 63 toneladas. Mide 59,5 metros de punta a punta, más que la envergadura de un avión Boeing 747. Las tremendas fuerzas que actúan sobre el rotor hacen que éste sea el componente más vulnerable a la fatiga de los metales.

El montaje del rotor se llevó a cabo en un gran hangar, donde se sometió a pruebas estáticas y dinámicas, antes de desmontarlo y transportarlo a las Orcadas. El ángulo de inclinación del rotor se puede ajustar mediante un mecanismo hidráulico encajado en el eje. El tercio exterior de las aspas se puede girar para ajustar su velocidad a un rendimiento constante.

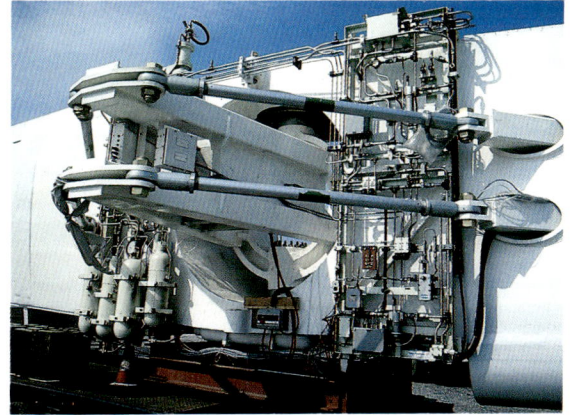

Un montacargas interior permitió elevar el rotor hasta la barquilla, para allí conectarlo al engranaje primario. La barquilla, de 65 toneladas, y el tronco de 32 toneladas que contiene el generador se instalaron por medio de grúas. Un ascensor para cuatro personas permite al personal de mantenimiento subir hasta la barquilla.

El gigante nuclear

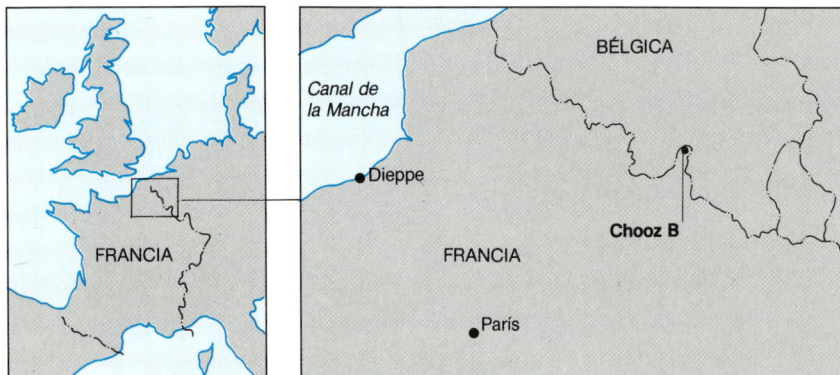

Datos básicos

La central nuclear más grande de Europa.

Constructor: Electricité de France.

Fecha de construcción: Desde 1982.

Producción: 2.800 megavatios.

Extensión de las instalaciones: 134 h.

En ninguna otra modalidad de ingeniería se combinan la potencia y la precisión como en las centrales nucleares. Se trata de máquinas inmensas, que cuestan miles de millones, con capacidad suficiente para abastecer de electricidad a una gran ciudad. Sin embargo, están montadas con precisión de relojería y con unas condiciones de limpieza comparables a las de un hospital. La mayor de toda Europa, y una de las mayores del mundo, es la Chooz B, que, cuando quede terminada, en 1993, generará 2.800 megavatios por medio de dos reactores de agua a presión, instalados en un meandro del río Mosa, en territorio francés, cerca de la frontera con Bélgica.

La energía nuclear ha vivido malos tiempos desde 1979. Los accidentes de Isla de las Tres Millas en 1979 y de Chernóbil en 1986 han dejado patentes las consecuencias que acarrea un error en una tecnología que ofrece mucho, pero a un alto precio. Muchas naciones han abandonado por completo la construcción de centrales nucleares, pero no Francia, que posee uranio pero carece de carbón y petróleo, por lo que a principios de los años setenta emprendió un ambicioso plan de inversiones nucleares.

En 1973, Francia producía con sus propios recursos menos de una cuarta parte de la energía que consumía. En 1986, producía ya el 46 por 100, y se espera que en la década de los noventa el porcentaje supere el 50 por 100. Lo ha conseguido a base de construir centrales nucleares en todos los ríos importantes de Francia y a lo largo de la costa. En la actualidad, existen en Francia más de 50 reactores en funcionamiento. Los tres más grandes, que aún no están terminados, se encuentran en Chooz, sobre el río Mosa, y en Civaux, sobre el Vienne. En Chooz, donde ya existe un reactor más pequeño —el Chooz A—, se instalarán dos reactores de 1.400 mw; en Civaux, sólo uno.

Parte del éxito obtenido por Francia en este gigantesco y costoso programa se ha debido a la política de construir un único tipo de reactor, aumentando el tamaño poco a poco, lo cual ha permitido adquirir una considerable experiencia.

El reactor de agua a presión es un invento patentado por Westinghouse en los Estados Unidos, basado en los reactores que sirven para impulsar los submarinos nucleares. Pero los franceses no vacilaron en abandonar sus diseños nacionales en favor de un reactor norteamericano. Desde entonces, el diseño se ha perfeccionado considerablemente.

Todas las centrales nucleares tienen varios elementos en común: el combustible de uranio, por lo general en forma de bolitas de dióxido de uranio; un refrigerante para eliminar el calor producido por la reacción nuclear y generar vapor; y un moderador, cuya función consiste en frenar los neutrones liberados por la fisión nuclear y mejorar el funcionamiento del reactor. En un reactor de agua a presión, el agua se utiliza como refrigerante y como moderador. El calor generado por el combustible se transfiere al agua que llena un tanque de acero, a una presión aproximada de 130 atmósferas. La temperatura del agua asciende de 300° C, pero la enorme presión impide que el agua hierva. Unos tubos la hacen pasar a un generador de vapor, donde transfiere su calor a un segundo conjunto de tubos por los que también circula agua. Este agua, que no está sometida a presión, sí que hierve, produciendo vapor que hace funcionar los turbo-generadores que producen electricidad.

El componente más delicado de un reactor de agua a presión es el tanque de presión, ya que si ocurriera en él un accidente, podría producirse un importante escape de material radiactivo al edificio del reactor, y quizá también al mundo exterior. Los tanques de presión de la central Chooz B, típicos de su clase, son cilindros de 13 metros de altura, con un diámetro interior de 4,5 metros. Están hechos de acero de casi 25 cm de grosor y pesan 462 toneladas. En lo alto tienen una tapa en forma de cúpula, que se atornilla con fuerza durante el funcionamiento normal, pero que puede separarse para cambiar el combustible, operación que en Chooz B se realiza una vez al año. Tanto el tanque de presión como las tuberías por las que entra y sale el agua refrigerante tienen

BÉLGICA

Canal de la Mancha

Dieppe

Chooz B

FRANCIA

FRANCIA

París

El gigante nuclear

que estar fabricados con los más altos criterios de calidad. Hasta ahora, tanta precaución ha valido la pena: no se han producido fallos catastróficos en los tanques de presión de ningún reactor nuclear comercial.

En el interior del tanque de presión hay una red de varillas de combustible, de unos 4,2 metros de longitud y sólo 1 cm de diámetro. En el interior de cada varilla hay bolitas de dióxido de uranio, en las que la proporción de uranio-235 fisionable se ha aumentado por medios artificiales hasta un 3 por 100, aproximadamente. Las varillas están dispuestas en grupos de 264 unidades, montadas en una rejilla con espaciadores. El reactor de Chooz B tiene 205 conjuntos, con un total de 54.120 varillas de combustible. Estos conjuntos ocupan la mitad inferior del tanque de presión, y están rodeados por una vaina metálica. El agua que circula por las tuberías de arriba se dirige al fondo del tanque, pasando entre la vaina y las paredes, y luego sube por el centro, por los huecos que quedan entre las varillas. Al subir, absorbe el calor de las varillas de combustible, aumentando de temperatura antes de salir por otro conjunto de tuberías que conducen al generador de vapor.

El reactor de agua a presión tiene un diseño muy completo, y todo el calor se genera en un volumen relativamente pequeño. Por lo tanto, es imprescindible mantener un flujo constante de agua, ya que si se interrumpiera un momento, el reactor podría sobrecalentarse y derretirse. La refrigeración debe mantenerse incluso después de desactivar el generador, porque la degeneración radiactiva sigue produciendo un calor intenso. Por esta razón, los reactores de agua a presión siempre están equipados con sistemas de emergencia para refrigerar el núcleo, independientes de los circuitos normales, para garantizar una refrigeración adecuada en todo momento.

Las enormes estructuras que se alzan sobre los reactores de Chooz B son torres de refrigeración. Según las leyes de la termodinámica, no todo el calor generado por el combustible nuclear se puede transformar en electricidad; más de la mitad se pierde.

La función de las torres de refrigeración consiste en absorber el calor del agua y dispersarlo en el aire. El aire penetra por abajo y sube por el efecto chimenea hasta lo alto de la estructura. Mientras tanto, se rocía agua caliente sobre una red de paletas de hélice, entre las cuales asciende el aire. El resultado es que el aire se calienta y sale por lo alto de la torre en forma de nube cargada de vapor de agua, mientras el agua se enfría. El agua así enfriada se descarga en el río Mosa; pero todavía no está fría del todo, y puede elevar un grado la temperatura del río. Según Electricité de France, el calentamiento es demasiado pequeño para tener efectos apreciables sobre la vida fluvial.

El último elemento fundamental de la central es el turbo-generador que transforma el vapor en electricidad. Los turbo-generadores de Chooz B son de los más grandes que jamás se hayan construido, capaces de generar 1.400 mw; y pesan 3.150 toneladas. En un extremo hay una turbina de vapor, en la que el vapor se expande a través de una serie de ventiladores dispuestos a lo largo de un eje común, haciéndolo girar a 1.500 rpm. Al otro extremo de la máquina, acoplado al mismo eje, hay un generador eléctrico que produce la electricidad.

Está previsto que la construcción de Chooz B dure diez años, con un coste de 15.000 millones de francos. En las obras trabajarán unas 1.600 personas. Una vez en funcionamiento, necesitará una plantilla de 500 a 550 trabajadores. Las obras comenzaron en julio de 1982, y se espera que el primer reactor empiece a funcionar en 1991; el segundo no se pondrá en marcha hasta 1993.

Las torres de refrigeración son una característica común de las centrales nucleares instaladas en tierra firme y de las que utilizan carbón como combustible. Las centrales nucleares costeras suelen desprenderse del exceso de calor virtiendo agua caliente en el mar, donde sus efectos son mínimos. Las instaladas a orillas de un río no pueden hacer esto, porque el agua del río se calentaría, provocando terribles daños ecológicos.

El anillo basal de una torre de refrigeración (abajo), con los pilares anti-turbulencia en forma de aletas, que parecen demasiado endebles para sostener la torre de hormigón. Todo el suelo de la torre está ocupado por la maquinaria de intercambio calórico.

Los reactores están rodeados por una bóveda de hormigón, encerrada en una estructura de paredes dobles (arriba), el edificio de contención, lo cual proporciona una serie de capas protectoras que aíslan la radiación en caso de escape, para que no salga al mundo exterior.

Parte de un generador de vapor (derecha), que utiliza el calor generado por el reactor de agua a presión para producir vapor en un sistema secundario, que a su vez hace funcionar el turbo-generador. Cada generador contiene 5.600 tubos en forma de U.

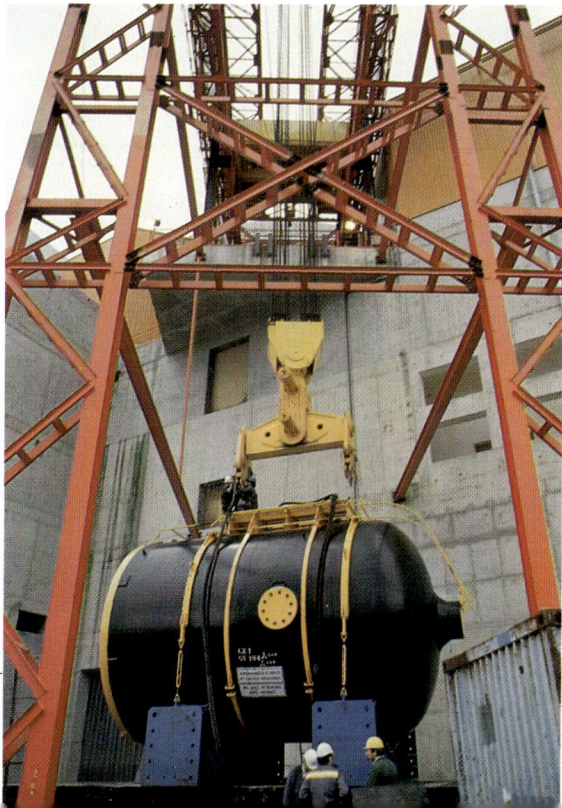

La cúpula que cubre el reactor de agua a presión tiene dos cubiertas, reforzadas con acero antifractura (arriba). Para cada reactor, con su depósito de combustible y su torre de refrigeración, se necesitan casi 200.000 metros cúbicos de hormigón.

El aprovechamiento del sol

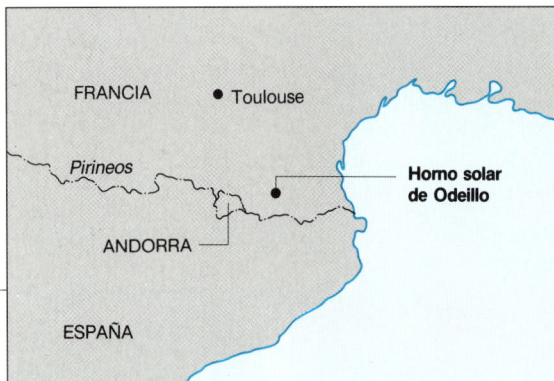

FRANCIA

FRANCIA • Toulouse

Pirineos

Horno solar
de Odeillo

ANDORRA

ESPAÑA

ESPAÑA

Datos básicos

La central de energía solar
más grande de Europa.

Constructor: Centro
Nacional Francés de
Investigaciones Científicas.

Inicio del proyecto: 1969.

Material: Cristal.

Superficie de espejos:
1.850 m².

*En la torre situada frente
al espejo fijo se
encuentra el horno que
recibe los rayos solares
concentrados por el
espejo.*

La cantidad de energía que llega a la tierra procedente del sol es muchas veces superior a la que utilizamos los seres humanos que poblamos el planeta. Sólo en las carreteras y autopistas de los Estados Unidos cae más del doble de la energía que se consume en todo el mundo procedente del carbón y el petróleo. Pero la energía solar llega muy repartida: la cantidad que cae sobre un metro cuadrado en un día soleado asciende como máximo a 1.000 vatios; en días nublados, puede llegar sólo la quinta parte.

Para poder aprovechar eficazmente la energía solar, es preciso concentrarla. Este principio se conoce desde tiempos muy antiguos. Se dice que Arquímedes consiguió incendiar las naves romanas que atacaban Siracusa en 214 a.C., reflejando sobre ellas los rayos solares mediante un sistema de espejos instalados en la costa. Los atenienses y los aztecas encendían sus fuegos sagrados con ayuda de espejos cóncavos, e innumerables excursionistas han encendido sus hogueras con lentes convexas. En el siglo XVIII, un físico suizo, Ho-

race-Benedict de Saussure, cocinó una sopa —la historia no dice de qué clase— utilizando una serie de lentes para enfocar los rayos del sol hacia un horno; y el famoso químico Lavoisier construyó en 1772 un horno solar utilizando dos lentes montadas sobre un carro de madera. Con este artilugio consiguió temperaturas por encima de los 1.500° C.

La utilización de la energía solar parece haber fascinado de manera especial a los franceses. En 1945, el Centro Nacional Francés de Investigaciones Científicas (CNRS) encargó al químico Felix Trombe, especializado en el estudio de materiales refractarios con un punto de fusión muy alto, que estudiara a fondo el tema. Trombe utilizó una vieja pantalla de radar de 1,80 m de diámetro, con el interior plateado para que reflejara la luz, y logró obtener temperaturas superiores a los 3.000° C. En vista del éxito de sus experimentos, se instaló un laboratorio en Montlouis, Pirineos occidentales, para proseguir allí las investigaciones. Muy cerca, en Odeillo, se construyó uno de los hornos solares más impresionantes y eficaces del mundo, que empezó a funcionar en el año 1969.

El horno de Odeillo está formado por una serie de espejos planos, dispuestos en terrazas sobre la ladera de una montaña, que reflejan los rayos de sol sobre un espejo parabólico de 42 metros de anchura. Existen en total 63 espejos planos, o helióstatos, ordenados en ocho terrazas. Los helióstatos pueden girar horizontal y verticalmente para seguir la trayectoria del sol y lograr que sus rayos se reflejen siempre sobre el espejo parabólico central. El movimiento se lleva a cabo de manera automática, por medio de un sistema hidráulico controlado por ordenador.

El espejo parabólico está fijo y enfoca la luz que cae sobre él. Lo característico de los espejos parabólicos es que los rayos paralelos de luz, al reflejarse, pasan todos por el mismo punto, que se llama foco; en Odeillo, el foco se encuentra a 17,5 metros del espejo parabólico, que a su vez está formado por 9.500 espejos pequeños, de menos de 45 cm de lado, con una superficie total de 1.850 metros cuadrados. La luz que refleja este espejo se dirige hacia el horno, instalado en una torre en el punto focal. El calor no se concentra todo en un punto único, sino en una zona de unos 40 cm de diámetro, lo cual genera temperaturas altísimas, de hasta 3.800° C.

Como la atmósfera de los Pirineos es muy pura, se deposita muy poca suciedad sobre los espejos, y la lavan la escarcha y la nieve. Los helióstatos sólo tienen que limpiarse cada dos años, y el espejo parabólico sólo se limpió dos veces en los primeros 16 años. El horno funciona unas 1.200 horas al año, y su maquinaria hidráulica y controles electrónicos necesitan pocas reparaciones.

El aprovechamiento del sol

La ventaja del horno solar radica en la intensidad de la fuente de calor y en su gran pureza. A diferencia de otros métodos que también permiten alcanzar temperaturas igual de altas, no existe peligro alguno de contaminación, un factor que ha resultado muy útil para fabricar materiales como el semiconductor de óxido de vanadio utilizado por Kodak en ciertas películas fotográficas.

También se puede emplear para investigar la resistencia de los materiales a cambios bruscos de temperatura. Utilizando pantallas frías especiales, se puede activar y desactivar el calor en un período de tan sólo una décima de segundo, provocando ciclos muy rápidos de calentamiento y enfriamiento, capaces de fracturar casi cualquier material. De este modo se han puesto a prueba los azulejos térmicos que se utilizan para proteger las lanzaderas espaciales norteamericanas cuando vuelven a penetrar en la atmósfera, así como los materiales protectores que recubren los misiles.

Por supuesto, el calor concentrado del sol puede tener otras aplicaciones. Si se utiliza para producir vapor, podrá generar electricidad y sustituir al carbón, el petróleo y las centrales nucleares. Cerca de Odeillo existe una central energética de 2,5 megavatios basada en este principio. Dispone de 200 espejos ordenados en semicírculo, que reflejan la luz del sol hacia una torre de 100 metros de altura. Se trata de la central de energía solar más grande de Europa, pero en Barstow, California, existe una instalación mucho mayor, llamada Solar I.

En Solar I se utilizan 1.818 espejos para reflejar la luz del sol hacia una caldera instalada en lo alto de una torre de 78 metros de altura. Las primeras pruebas se llevaron a cabo en 1982. Su construcción costó 141 millones de dólares, pero ahora Solar I es capaz de generar 10 megavatios. Se encuentra situada en el desierto de Mojave, donde disfruta de más de 300 días de sol al año; pero ocupa unas 40 hectáreas de terreno, lo cual indica la gran cantidad de espacio que necesita una central de energía solar, incluso en condiciones ideales. Para generar de este modo todo el suministro de energía de los Estados Unidos habría que llenar de estaciones solares casi todas las zonas desérticas. Las naciones menos favorecidas por el sol, como Gran Bretaña, no disponen de espacio suficiente para justificar este tipo de instalaciones.

A diferencia de la de Odeillo, la estación de Barstow no tiene espejo parabólico compuesto, sino que la luz se refleja sobre un receptor único, montado en lo alto de la torre. Este receptor consta de una serie de tubos, pintados de negro para que absorban mejor la energía, por los cuales circula un fluido. En los casos más sencillos, el fluido puede ser agua, que se transforma en vapor por acción del calor; luego, el vapor se utiliza para generar electricidad en turbinas convencionales. Otra posibilidad es utilizar sales fundidas, que constituyen un excelente medio para almacenar calor y evitan el problema que plantea la formación del vapor a alta presión en lo alto de la torre. Los rayos solares concentrados calientan la sal, que circula por tuberías hasta el suelo, donde transmite su calor al agua, para formar el vapor necesario para generar electricidad.

La central de Barstow ha dado muy buenos resultados, y ello ha abierto el camino en EE UU a una serie de proyectos tendentes a sustituir las calderas convencionales de las centrales energéticas por torres de energía solar. Un estudio realizado en los 16 estados del suroeste da a entender que de este modo se podrían aprovechar hasta 13.000 megavatios de energía solar, lo cual permitiría prescindir del 11 por 100 del petróleo y el gas que se consumen actualmente en las centrales eléctricas.

El tamaño que deben tener los espejos para generar energía en cantidades comerciales (arriba) hace que interfieran con el paisaje e impide que se construyan más instalaciones de este tipo. Sin embargo, al aumentar el precio de los combustibles fósiles, la energía solar se irá convirtiendo en una alternativa cada vez más rentable.

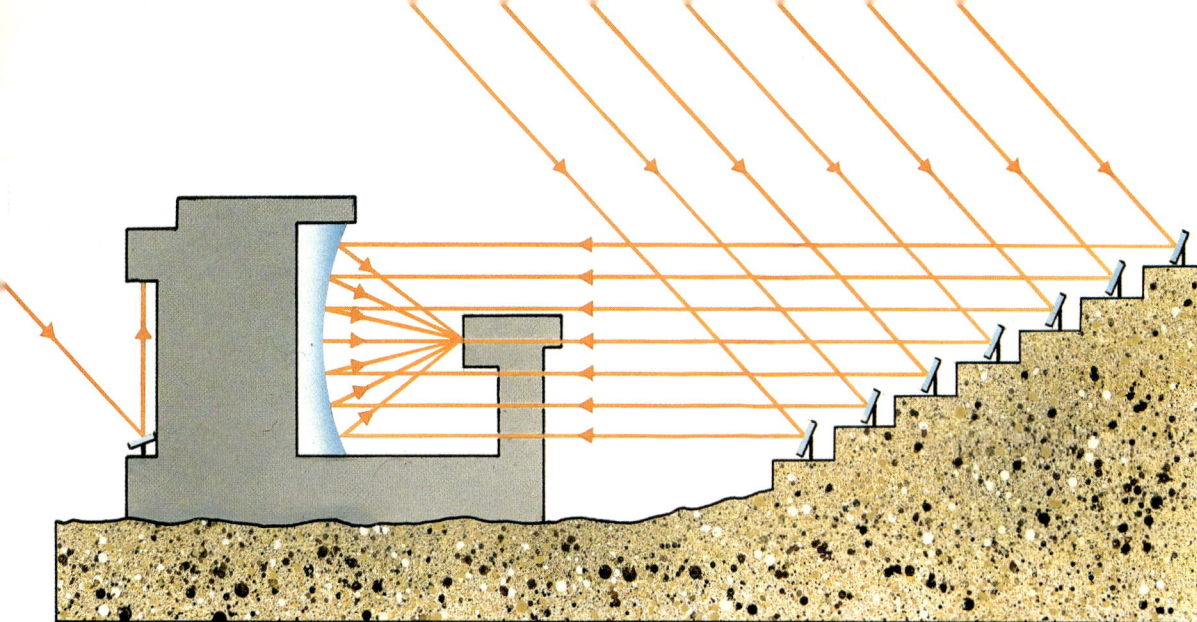

Cuando el horno funciona a la máxima potencia, la intensidad de la radiación solar en el punto focal del espejo es 12.000 veces superior a la de los rayos de sol normales; en condiciones normales, es sólo 2.000 veces superior.

Las baterías de helióstatos (derecha), espejos planos que reflejan los rayos de sol sobre el espejo parabólico principal, necesitan mucho espacio y se disponen de manera escalonada para obtener un máximo de eficiencia. En Odeillo, cada helióstato mide 6 × 7,3 metros, lo cual representa una superficie total de 2.780 metros cuadrados.

En los climas templados (izquierda), la abundancia de días nublados constituye el principal obstáculo para el aprovechamiento de la energía solar. No obstante, el sol proporciona tanta energía que vale la pena seguir investigando al respecto: la energía solar que llega a la Tierra en dos semanas equivale al total de las reservas iniciales de carbón, petróleo y gas natural.

CAPÍTULO CUATRO

Maravillas de la ingeniería subterránea

ONOCEMOS mejor la superficie de la Luna que la tierra situada a 15 kilómetros bajo nuestros pies. A pesar de los grandes logros de la ingeniería, la corteza terrestre continúa siendo un territorio desconocido, en el que muy rara vez nos aventuramos. Aún más remotos son el manto y el núcleo situados bajo la corteza. Los pozos más profundos que se han perforado no llegan a más de 15 kilómetros de profundidad, y eso con grandes dificultades. Los intentos de alcanzar la discontinuidad de Mohorovicic —donde termina la corteza y comienza el manto— se interrumpieron definitivamente en los años sesenta, al dispararse los costes del proyecto.

Se trata de una situación con la que los ingenieros de túneles están familiarizados. Ahora que el túnel del canal de la Mancha está a punto de franquear por fin la barrera que separa Gran Bretaña del resto de Europa, las dificultades económicas y técnicas de la construcción de túneles no dejan en ningún momento de ponerse a prueba. Prácticamente, no existe en el mundo ningún túnel que no haya costado más de lo presupuestado. En Japón, donde hace pocos años se construyó el túnel de ferrocarril más largo del mundo, a un coste exorbitante, las obras duraron tanto que las líneas aéreas habían acaparado mientras tanto casi todo el tráfico. Para agravar las cosas, el túnel había salido tan caro que no quedaba dinero para construir el carril para el «tren bala», que habría permitido atraer de nuevo a los pasajeros. Parece que no existe una fórmula que garantice el éxito.

En pocos lugares se percibe tanto el carácter siniestro del mundo subterráneo y el temor aprensivo que inspira, como en las catacumbas donde reposaban los restos de los primeros cristianos, cada uno en su nicho, como fichas en un archivador. Una inquietud similar se siente en los largos túneles de la mayor fábrica subterránea del mundo, construida en Alemania bajo los montes Harz, donde numerosos prisioneros de las naciones conquistadas trabajaron como esclavos en la fabricación de una nueva y terrible arma, el misil balístico, con el que Alemania intentaba ganar la segunda guerra mundial. Comparados con éstos, los ligeros y animados túneles del CERN (el laboratorio europeo de física de partículas), donde se encuentra el fisionador de átomos más grande del mundo, parecen de lo más inocuo. En este lugar, una inmensa máquina empotrada en la roca estable investiga los principios fundamentales del universo. Partículas tan pequeñas que desafían la imaginación giran y orbitan a velocidades increíbles antes de chocar unas con otras, una imagen que, en cierto modo, concuerda bien con los antiguos mitos que dieron notoriedad al mundo subterráneo.

Maravillas de la ingeniería subterránea
Las catacumbas
Fábrica de V-2 de Nordhausen
Acelerador de electrones-positrones
El túnel de Seikan
Grandes túneles

El mausoleo subterráneo

Datos básicos

Los antiguos
enterramientos de los
primeros cristianos
constituyen una de las
redes de pasadizos
subterráneos más extensas
del mundo.

Fecha de construcción:
Siglos II-V.

Número de catacumbas:
42.

ITALIA

Roma

Las
catacumbas

A las afueras de Roma existe un laberinto de pasadizos subterráneos donce yacen enterrados los restos de los primeros cristianos. Las catacumbas son un recuerdo de una época en la que ser cristiano constituía una actividad peligrosa. Aquí fueron enterrados varios de los primeros papas y los cristianos martirizados por los emperadores romanos, decididos a erradicar el cristianismo. Junto a ellos yacen muchos otros fieles, hombres y mujeres que compartían la creencia en la necesidad de enterrar a los muertos para poder participar en la resurrección final.

La excavación de las catacumbas, proceso que se prolongó durante varios siglos, fue obra de un colectivo de *fossores* o cavadores. Todavía se pueden apreciar las señales de los picos que utilizaban para excavar los pasadizos en la roca blanda. A mediados del siglo III, cuando la Iglesia sufrió una fuerte persecución, debió incrementarse el número de *fossores,* con el fin de ampliar el laberinto de túneles. Se conocen unos 40 conjuntos diferentes de catacumbas, la mayoría de ellos muy cerca de las principales vías de acceso a la ciudad.

Resulta difícil calcular la longitud total de los túneles, ya que se ramifican y desvían por varios niveles, formando un verdadero laberinto, pero desde luego es considerable.

Los *fossores* que construyeron las catacumbas llevaban una vida triste y lúgubre, recluidos en estrechos túneles sin más compañía que los muertos. No era trabajo para pusilánimes. En ocasiones, se les pedía que excavaran cámaras subterráneas, de 3 metros o más de lado, que servían como criptas para familias enteras. Es muy probable que algunos de ellos obtuvieran ingresos complementarios robando cualquier objeto de valor que hubiera en las tumbas más antiguas y abandonadas.

Más adelante, cuando Roma fue ocupada por sucesivas oleadas de invasores, la existencia de las catacumbas cayó en el olvido, y nadie las visitó durante cientos de años. El responsable de su redescubrimiento, a principios del siglo XVII, fue un entusiasta llamado Antonio Bosio, que, al parecer, había dedicado la mayor parte de su vida, desde los 20 años de edad, a la búsqueda de las catacumbas. Salía a pie por el centro de Roma y dedicaba días enteros a buscar entradas a las catacumbas. Descubrió unas 30, y publicó sus hallazgos en el libro *Roma Sotterranea* (Roma subterránea). Hasta el siglo XIX no se realizaron estudios arqueológicos rigurosos.

En 1854, cuando el arqueólogo G. B. de Rossi comunicó al papa Pío IX que se habían encontrado las tumbas de varios antiguos papas, el pontífice al principio se negó a creerlo. Pero las inscripciones no dejaban lugar a dudas: aquéllas eran, efectivamente, las sepulturas de cinco papas del siglo III.

¿Por qué se tomaron tanto trabajo los antiguos cristianos para enterrar a sus difuntos? En realidad, las catacumbas no son exclusiva de los cristianos, y existen por todo el Mediterráneo, sobre todo en Malta, Sicilia, Egipto, Túnez y Líbano. Es posible que el hecho de que Cristo fuera sepultado después de la crucifixión, con una piedra tapando la entrada al sepulcro, contribuyera a popularizar la idea entre sus seguidores.

Otra razón fue, sin duda alguna, el peligro de persecución. Durante el reinado del emperador Valeriano, por ejemplo, los cristianos tenían vedada la entrada a los cementerios, y la ley prohibía practicar enterramientos dentro de las murallas de Roma. Para proteger las restas mortales de los mártires cristianos, no los enterraban en fosas comunes, sino en catacumbas donde corrieran menos peligro de ser profanados. Al poco tiempo, estos lugares de enterramiento se convirtieron en centros de peregrinación, y los cristianos normales empezaron a manifestar sus deseos de ser enterrados lo más cerca posible de los restos de los mártires.

Otro posible factor pudo ser la limitación de espacio, que obligó a adoptar un sistema de enterramiento a base de tumbas cada vez más profundas. Por último, hay que tener en cuenta que los cristianos tenían la costumbre de visitar a sus difuntos en el aniversario de su muerte, y celebrar allí la Eucaristía. Para una Iglesia perseguida, resultaba mucho más fácil celebrar estas ceremonias en galerías subterráneas y privadas que en un cementerio más convencional. Sin embargo, no parece probable que se utilizaran las catacumbas como lugares secretos de culto. Las cámaras más espaciosas no tienen capacidad más que para unas 40 personas, y en el siglo III existían en Roma por lo menos 50.000 cristianos practicantes, de manera que las misas subterráneas no parecen buena solución.

El terreno que rodea Roma se presta de maravilla a la excavación de túneles. Está formado por una toba blanda, que se utilizaba como base de una argamasa muy fuerte que los romanos em-

El mausoleo subterráneo

Las catacumbas de san Calixto (derecha) servían de sepultura oficial de los obispos de Roma, y deben su nombre a Calixto, encargado del cementerio por designación del papa Ceferino. El propio Calixto se convirtió en papa después de 18 años de administrar el cementerio. Estas catacumbas presentan cinco niveles y contienen numerosos frescos. En la cripta papal se pueden ver inscripciones en griego de los papas martirizados en los siglos III y IV.

El columbario de la catacumba privada de Vigna Codini (arriba) tiene una sala principal con capacidad para 500 urnas de cenizas. El término «columbarium», que se aplicaba a estos recintos, se debía a su semejanza con los nichos de un palomar («columba» significa «paloma» en latín).

pleaban para construir. Muchas catacumbas comenzaban en los huecos formados en las colinas por los canteros para extraer toba. Se excavaba un pasadizo que penetrara en el suelo y se abrían otros perpendiculares al primero, que luego podían ramificarse a su vez. Algunos pasadizos —de dos a tres metros de altura y aproximadamente un metro de anchura— descienden bajo tierra hasta cinco niveles; para que la luz llegara hasta las galerías se perforaban pozos verticales hasta la superficie. Con cierta frecuencia, las catacumbas vecinas acababan por unirse, creando un verdadero laberinto de pasadizos, en el que resulta fácil perderse.

El tipo más sencillo de sepultura consistía en un nicho en la pared, donde se introducía el cadáver envuelto en dos sudarios de lino. Luego se cerraba el nicho con azulejos. Estas tumbas recibían el nombre de *loculi*. También existen cámaras funerarias, o *cubicula*, donde recibían sepultura familias enteras, el equivalente subterrá-

neo de los panteones familiares de un cementerio normal. A lo largo de los pasillos había lámparas de aceite, fijadas con cemento a las paredes, y tarros de esencias para perfumar el ambiente. Cerca de algunas tumbas hay juguetes o monedas pegados con cemento a la pared. La mayoría de los azulejos han sido arrancados por ladrones de tumbas.

Lo poco que sabemos acerca de los *fossores* que excavaron estas catacumbas se debe a los dibujos descubiertos en las paredes. Vestían túnicas cortas y llevaban una lámpara con una cadena y un clavo incorporado, para poderla colgar de la pared mientras trabajaban. También llevaban un cesto para sacar el material que arrancaban de las paredes con los picos. Resulta evidente que los *fossores* se consideraban mucho más que meros sepultureros, y que gozaban de un estatus casi similar al del clero. Eran, además, artistas, que decoraron las catacumbas con dibujos y pinturas de no demasiado mérito, pero fascinantes por la in-

Esta catacumba (izquierda), situada cerca de la Vía Latina, se descubrió en 1955 durante unas obras de construcción.
Se cree que data de los años 320-360, y que pertenecía a unas pocas familias pudientes. Algunos de sus frescos representan escenas que no se habían encontrado en las catacumbas; por ejemplo, temas de la mitología griega, como esta escena, en la que Hércules, tras haber rescatado a Alcestes de los infiernos, se la devuelve a su esposo Admeto.

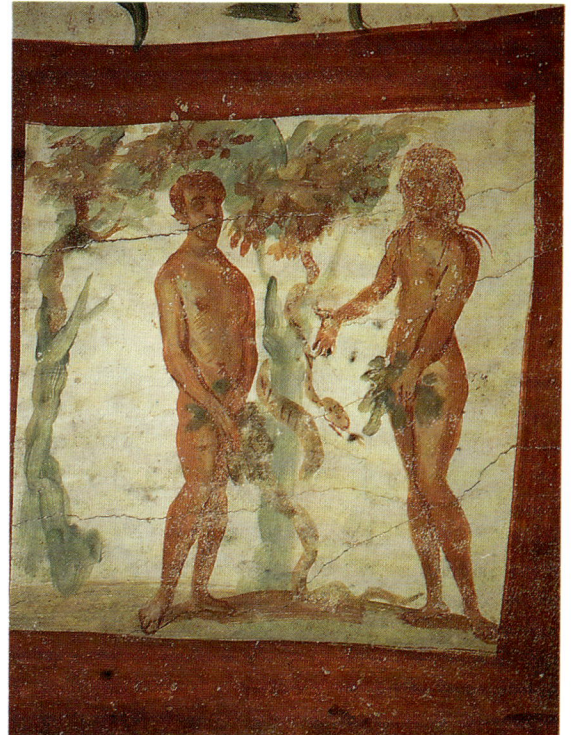

formación que proporcionan acerca de la Iglesia primitiva.

Durante la época en que Roma fue atacada por sucesivas oleadas de invasores, se sacaron de las catacumbas los restos de muchos mártires, para instalarlos en iglesias y basílicas. En el año 609, por ejemplo, se dice que se trasladaron 28 carros de reliquias a la iglesia de Santa María de los Mártires; y la invasión lombarda de 756 causó graves daños en los cementerios de las afueras de Roma, lo cual decidió al papa Pablo I (757-67) a trasladar aun más reliquias a las iglesias de la ciudad.

Pascual I (817-24) hizo trasladar los restos de 2.300 mártires a la iglesia de San Práxedes. Con esto, las catacumbas quedaron casi vacías y empezaron a caer en el olvido. A partir del siglo IX languidecieron en silencio, visitadas por muy pocas personas, hasta que Bosio las redescubrió en el XVII.

Los hallazgos de Bosio animaron a otros a seguir su camino, aunque muy pocos creían que se tratara realmente de cementerios cristianos. Muchas reliquias y pinturas quedaron destruidas por entusiastas exploradores aficionados.

Las pinturas encontradas en las catacumbas tienen importancia porque son prácticamente las únicas muestras de arte cristiano de la época en que la Iglesia estaba perseguida. Las construcciones religiosas quedaron destruidas, pero la sencilla decoración de las catacumbas ha sobrevivido hasta nuestros días.

Muchas de las pinturas representan escenas del Antiguo Testamento: el pecado original, el arca de Noé, y Abraham sacrificando a Isaac son temas especialmente recurrentes.

También existen numerosas escenas del Nuevo Testamento, como el bautismo de Jesús y muchos de sus milagros. Entre ellos, el más repetido es la resurrección de Lázaro, que aparece más de 50 veces, lo cual resulta comprensible en un lugar dedicado a los difuntos.

Las catacumbas de los santos Pietro y Marcelino (arriba) son las que más decoraciones pictóricas poseen. Abundan las representaciones del pecado original no sólo en los frescos, sino también en los sarcófagos y las urnas de cristal. En las catacumbas de la Vía Latina hay una versión en la que se ve a Adán y Eva expulsados del paraíso por Dios, que aparecía representado sin inhibiciones en el arte cristiano primitivo.

La fábrica bajo la montaña

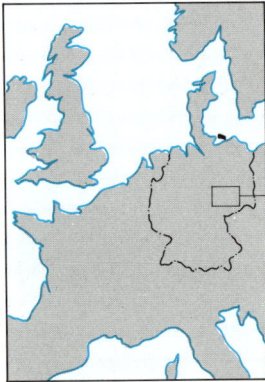

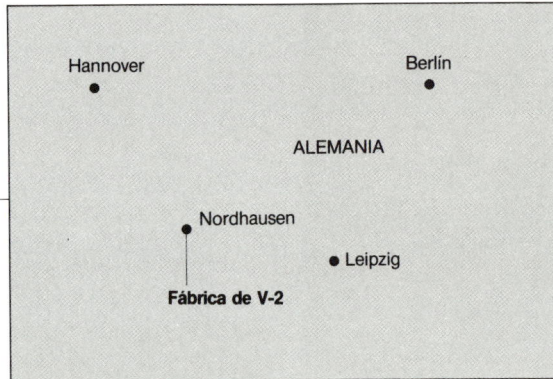

Datos básicos

La fábrica subterránea más grande del mundo.

Constructor: El Tercer Reich.

Fecha de construcción: 1936-1942.

Longitud de los túneles: 11 kilómetros.

Superficie: 117.900 m².

La noche del 8 de septiembre de 1944, sin previo aviso, una terrible explosión abrió un cráter de seis metros de profundidad en medio de Staveley Road, en el barrio londinense de Brentford and Chiswick. Murieron tres personas: una de ellas era un joven soldado que pasaba por la calle; otra, un niño de tres años. Fueron las primeras víctimas de un misil balístico, el V-2, lanzado desde una plataforma móvil instalada en una calle de La Haya, entonces ocupada por los alemanes. Dieciséis segundos después de la primera explosión, un segundo V-2 caía en Epping, sin provocar heridos.

El V-2 era el arma secreta con la que Hitler confiaba poder ganar la guerra. Lo mismo que la bomba voladora llamada V-1, se fabricaba en una extraordinaria factoría subterránea bajo los montes Harz, en la baja Sajonia. Los túneles de Nordhausen, protegidos por 60 metros de roca y con sus entradas cuidadosamente camufladas contra las inspecciones aéreas, se mantuvieron intactos e invulnerables hasta el final de la guerra, cuando fueron ocupados por tropas de la 1ª División Estadounidense. Para entonces, la fábrica había producido la casi totalidad de los 1.403 misiles V-2 disparados contra Londres, y muchos más que se lanzaron contra objetivos belgas. La de Nordhausen es la fábrica subterránea más grande que jamás se haya construido.

Las obras comenzaron en 1936, formando parte de los preparativos alemanes para la guerra. La firma estatal de almacenamiento de petróleo Wirtchaftliche Forschungs GmbH trazó los planos de un depósito subterráneo bajo el monte Kohnstein, cerca de Nordhausen. La roca era anhidrita (sulfato de calcio), un material ideal para el proyecto, ya que es seco, blando y fácil de excavar y, sin embargo, es lo bastante resistente como para abrir en él largas galerías continuas sin necesidad de soportes adicionales. La roca extraída se utilizó como materia prima para producir cemento, azufre y ácido sulfúrico.

Cuando el complejo quedó terminado en 1942, constaba de dos túneles de servício, que penetra-

ban en la montaña más o menos paralelos uno a otro, y separados unos 165 metros. Cada túnel medía poco más de 1,6 km de longitud, 10 metros de anchura y 7,5 metros de altura. A intervalos de unos 35 metros, los túneles estaban conectados por 43 galerías transversales, dispuestas como los peldaños de una escalera, cada una de unos 9 metros de anchura y 6,5 de altura. Los once kilómetros de túneles ocupaban una superficie total de 117.900 metros cuadrados. En las galerías transversales se instalaron gigantescos tanques cilíndricos para almacenar combustible, pero en 1943 se desmontaron los tanques por orden del Ministerio de Producción de Guerra, y todo el complejo se reconvirtió para adaptarlo a la producción de armas.

Tras los ataques aliados contra Hamburgo, las fábricas de cojinetes de Schweinfurt y el centro de investigaciones de Peenemünde, donde se inventó el V-2, se necesitaba una fábrica a prueba de bombas, y Nordhausen era el candidato perfecto. La mitad norte del complejo quedó bajo el control de Mittelwerk GmbH, para fabricar y montar las bombas voladoras V-1 (menos las alas) y los cohetes V-2 (menos las cabezas); la parte norte se asignó a la empresa Junkers, para el montaje de los motores de propulsión Jumo 004 para los aviones Messerschmitt 262, y motores de pistón Jumo 213 para los modelos más antiguos, Focke Wulf 190.

Hubo que realizar muy pocas reformas. Se instaló un suministro eléctrico desde una central cercana y se excavó una caverna de 23 metros de altura, donde pudieran ponerse verticales los V-2 ya montados, para probar sus componentes eléctricos. Entre agosto y septiembre de 1943 se trasladaron a Nordhausen numerosos prisioneros de los campos de concentración, para utilizarlos como mano de obra.

Hacia finales de octubre, se trasladó todo el campamento al interior de la montaña, y los prisioneros —en su mayoría franceses, rusos y polacos, aunque también había entre ellos algunos presos políticos alemanes— fueron encerrados en

tres cámaras oscuras, húmedas y llenas de polvo. Dormían en bancos apilados de cuatro en cuatro, y trabajaban en turnos de 12 horas. Cuando un turno iniciaba el trabajo, el otro intentaba dormir en los mismos bancos sucios, cubriéndose con las mismas mantas. No existían letrinas —había que apañarse con barriles de carburo vacíos y cortados por la mitad— y había que caminar más de 800 metros para llegar a un grifo de agua.

Albert Speer, ministro alemán de armamentos, visitó la fábrica en diciembre y dejó constancia de sus impresiones en su autobiografía, publicada después de la guerra: «Las condiciones en que vivían estos prisioneros eran verdaderamente bár-

baras, y cuando pienso en ellos me invade una profunda sensación de responsabilidad y culpa personal. Después de la inspección, los supervisores me informaron de que las instalaciones sanitarias eran inadecuadas y las enfermedades hacían estragos; los prisioneros estaban recluidos en cavernas húmedas y, como consecuencia, la mortalidad... era extraordinariamente elevada.»

Por órdenes de Speer, se construyó un campo de concentración fuera de la montaña para alojar a los prisioneros, y las condiciones mejoraron. Cada vez se enviaban a la fábrica más prisioneros, hasta que el número de trabajadores esclavos ascendió a unos 20.000. La SS dictó órdenes estric-

Un soldado norteamericano, examinando una V-2 casi terminada, después de la toma de Nordhausen por las tropas del general Omar Bradley, el 11 de abril de 1945. Hitler había ordenado destruir toda la fábrica antes de que cayera en manos enemigas, pero quedó casi intacta después de la evacuación de los especialistas y obreros.

La fábrica bajo la montaña

tas, prohibiendo todo contacto privado entre los prisioneros y el personal alemán. Bajo ningún concepto debían filtrarse al mundo exterior noticias de lo que estaba sucediendo en Nordhausen.

Los tres primeros misiles V-2 salieron de Nordhausen el día de Año Nuevo de 1944; a finales de enero, se habían terminado otros 17. A partir de entonces, la producción progresó con rapidez, y en junio se entregaron 250 misiles. La producción de V-1 comenzó más tarde, en julio de 1944, pero aquel mismo mes se entregaron 300. El V-2 era un arma muy compleja y sofisticada, mientras que el V-1 era simple y barato, pero los dos resultaron muy eficaces, y en Londres se hicieron muchos chistes macabros acerca de cuál de los dos era más terrorífico: el V-1, que podía oírse venir hasta que el motor se paraba, iniciándose entonces una angustiosa espera hasta que se producía la explosión, o el V-2, que caía sin avisar. Una mujer de Streatham adoptó una postura filosófica ante el V-2, considerándolo como si se tratara de un rayo: «Para cuando te enteras de que ha caído, o estás muerto o sabes que ha fallado.» Pero para el escritor James Lees-Milne, que vivía en Chelsea, no cabía duda de que el V-2 era mucho más aterrador que el V-1, porque no avisaba de su llegada: «Uno acaba por esperarlo en todo momento, y salta como un conejo ante cualquier ruido inesperado, ya se trate del escape de un automóvil o de un simple portazo.»

Todas las entradas y los conductos de ventilación de la fábrica estaban perfectamente camuflados. Los misiles se cargaban en vagones de tren o en camiones dentro de los túneles, y se cubrían bien con lonas. Los trenes salían de los túneles y seguían la red ferroviaria alemana hasta llegar a las bases de lanzamiento, cerca del canal de la Mancha. Gracias a estas precauciones, la fábrica consiguió permanecer oculta a los reconocimientos aéreos, y los aliados no tuvieron idea de su importancia hasta finales del verano de 1944, cuando el interrogatorio de un prisionero alemán reveló su existencia. Por suerte para los esclavos de Nordhausen, el mando aliado rechazó un plan de ataque norteamericano, consistente en arrojar enormes cantidades de napalm sobre los túneles y los conductos de ventilación, para provocar un incendio que acabase con todos los ocupantes del interior.

Durante el mes de diciembre de 1944, la fábrica subterránea produjo un total de 1.500 V-1 y 850 V-2, y el éxito obtenido hizo que se pensara en ampliarla, multiplicando por seis su superficie. Se empezaron a excavar nuevos túneles, para instalar en ellos una fábrica de oxígeno líquido (uno de los combustibles empleados por el V-2), una segunda fábrica de motores de avión, y una refinería para producir petróleo sintético. Pero todo terminó el 11 de abril de 1945 cuando las tropas

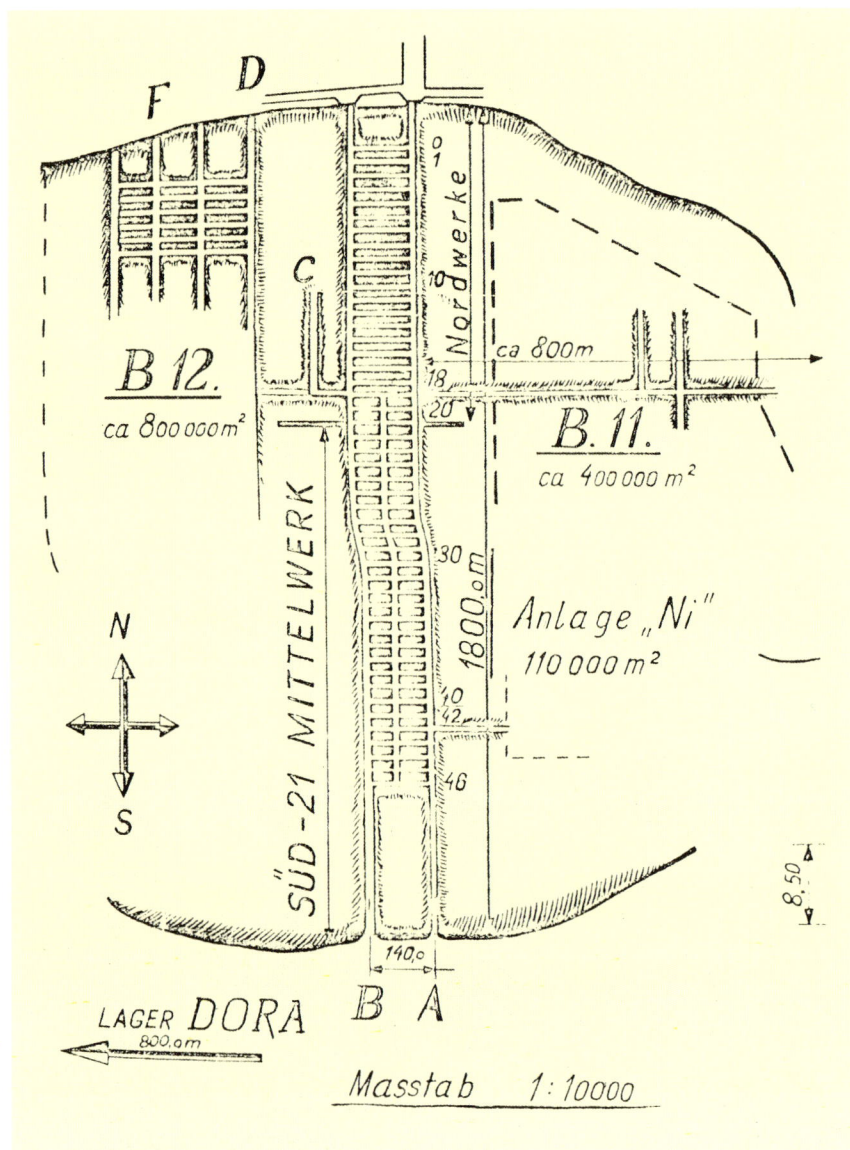

La fábrica de Mittelwerk se dedicaba a la producción de componentes y maquinaria para bombas volantes y cohetes, y al montaje de los artefactos. Esta fábrica, situada en Niedersachswerfen, cerca de Nordhausen, tenía dos túneles equidistantes que atravesaban la colina, por cada uno de los cuales discurría un ferrocarril de vía ancha para el suministro de materiales y el embarque de los cohetes.

norteamericanas llegaron a la zona. Permanecieron en ella seis semanas, llevando a cabo una minuciosa inspección de la fábrica y sus productos, antes de dejarla en manos del Ejército Rojo.

De haberse inventado antes, el V-2 habría influido de manera decisiva en el desenlace de la guerra. En total, se lanzaron sobre Londres unos 1.403 misiles, que mataron a 2.754 personas e hirieron a otras 6.532. Durante los últimos meses de la guerra, se lanzaron otros muchos contra objetivos belgas: sólo en Amberes cayeron 1.214. Después de la guerra, sus inventores —entre ellos, Werner von Braun— se trasladaron a Estados Unidos para diseñar nuevos cohetes. El misil balístico, dotado posteriormente de una cabeza nuclear, se convirtió en el arma definitiva del precario equilibrio de terror en el que el mundo ha vivido desde entonces.

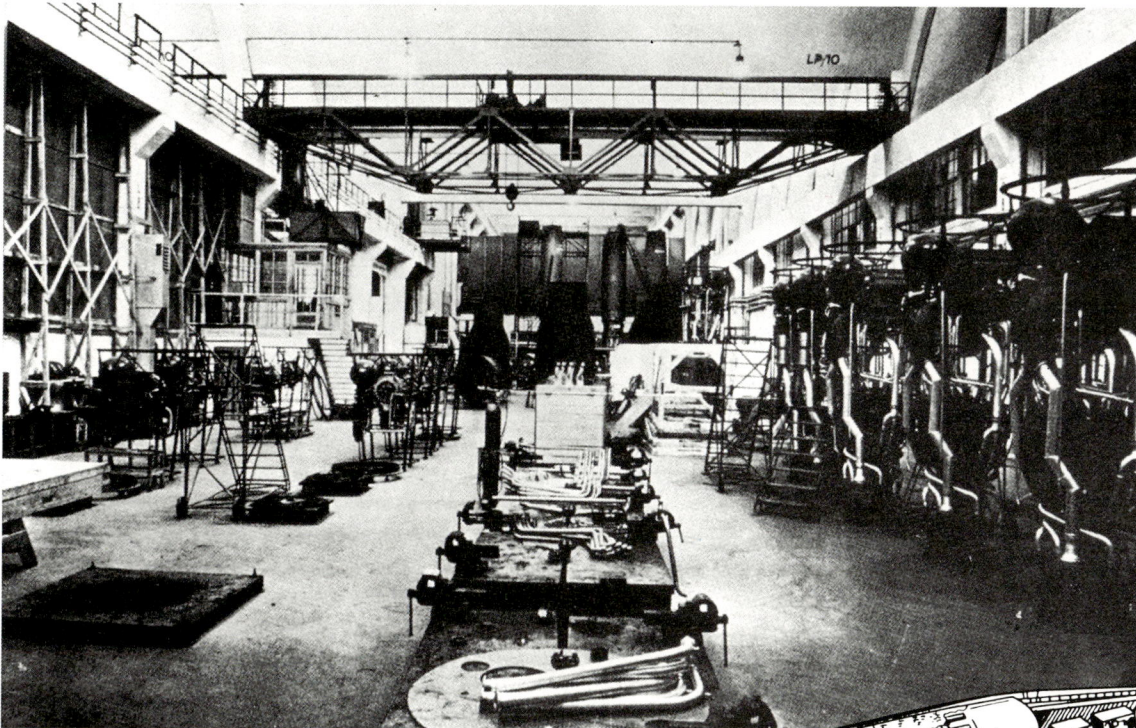

Las impresionantes instalaciones de Nordhausen (izquierda), donde se fabricaron entre 30.000 y 32.000 proyectiles V-1. Aproximadamente la sexta parte de los casi 20.000 que cayeron sobre Londres procedían de Nordhausen. Aquí se fabricaron también casi todos los V-2.

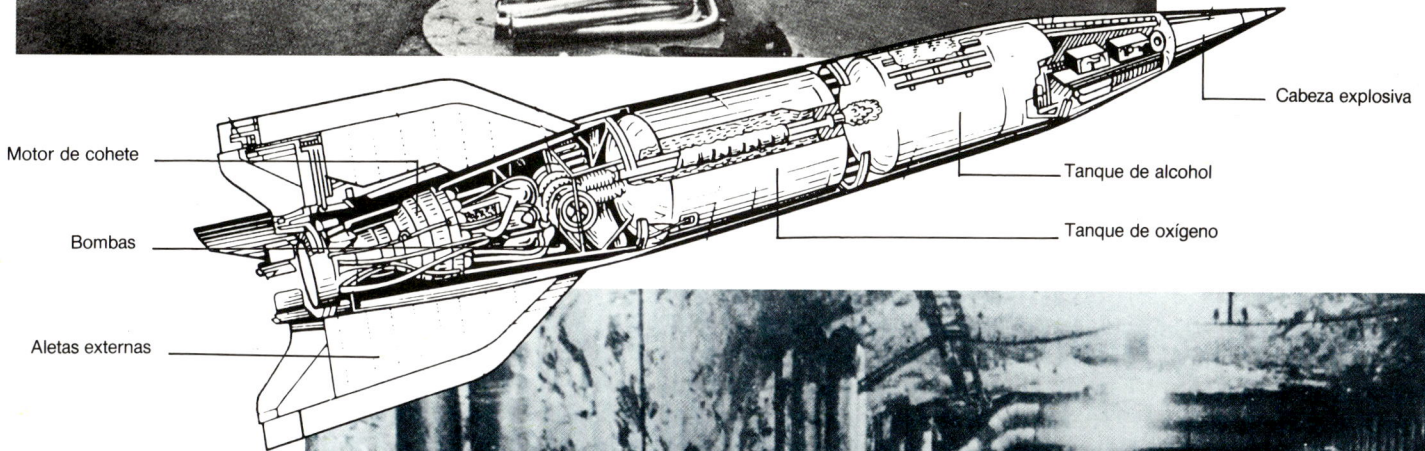

Cabeza explosiva

Motor de cohete

Tanque de alcohol

Bombas

Tanque de oxígeno

Aletas externas

La cadena de producción de cohetes V-2 en Nordhausen (derecha), de la que Albert Speer, ministro alemán de armamentos, escribió: «En locales enormemente largos, numerosos prisioneros trabajaban en el montaje de maquinaria e instalación de tuberías. Miraban inexpresivos a través de mí, quitándose de manera mecánica sus gorras azules de prisionero...»

Un gigantesco túnel de colisión

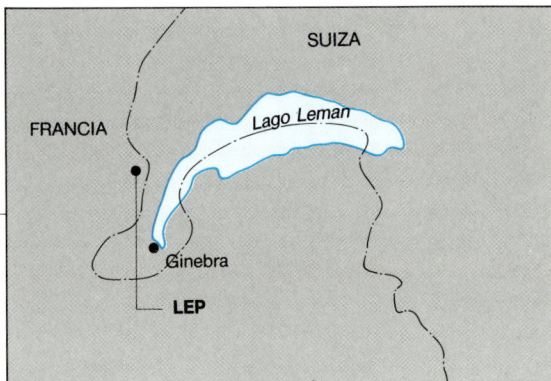

Datos básicos

El instrumento científico más grande del mundo.

Constructor: Consejo Europeo de Investigación Nuclear (CERN).

Fecha de construcción: 1983-1989.

Longitud del túnel: 27 km.

Coste: 500 millones de libras esterlinas.

Desde los detectores de las salas de experimentación instaladas en los puntos de colisión (derecha) se pueden apreciar las dimensiones de la maquinaria del LEP. Casi todos los aparatos del L3 se encuentran dentro de un imán que contiene 6.500 toneladas de acero, el imán superconductor más grande del mundo. El presupuesto anual, repartido entre 450 físicos pertenecientes a 39 instituciones, ronda los 200 millones de libras.

El instrumento científico más grande del mundo se encuentra en un túnel de 27 kilómetros de longitud, en la frontera entre Francia y Suiza. El acelerador LEP *(large electron-positron)* es una máquina que acelera las partículas subatómicas hasta velocidades próximas a la de la luz, para que choquen entre ellas y observar los resultados. Esto tiene lugar en un campo de circunferencia equivalente a la de la línea Circular del *Metro* de Londres. A lo largo de un túnel de 3,60 metros de diámetro se han dispuesto 4.600 enormes imanes que guían los haces de partículas a través de un tubo en el que se ha hecho el vacío. La máquina está compuesta por más de 60.000 toneladas de equipo técnico, que consumen 70 megavatios de energía eléctrica, tanto como una ciudad de buen tamaño. Y toda esta gigantesca instalación resulta casi invisible desde la superficie.

Los físicos de partículas utilizan esta máquina, la más grande del mundo, para estudiar las partículas más pequeñas, los fragmentos de materia de los que está hecho todo el universo. En otros tiempos se creía que el átomo era la partícula natural más pequeña, pero más adelante los científicos demostraron que los propios átomos están formados por partículas aún más pequeñas: electrones, protones, neutrones y otras variedades. Los átomos no se pueden desmenuzar con un bisturí ni contemplar con un microscopio; sólo la fuerza bruta es capaz de romper los enlaces que los mantienen unidos. Así pues, el proceso de investigación ha consistido en romper los átomos por la fuerza y después arrojar sus partes componentes unas contra otras, con la mayor fuerza posible, y observar los fragmentos que se forman.

Cuanto mayor sea la velocidad relativa de las partículas, más completa será la ruptura cuando choquen. Desde los años treinta, cuando se construyeron los primeros aceleradores de partículas, estos aparatos han ido aumentando de tamaño, al aumentar también la energía y velocidad de las partículas. En un acelerador LEP se aceleran dos tipos diferentes de partículas, en diferentes direcciones, para hacerlas chocar de frente.

Los electrones, descubiertos por J. J. Thomson, de la Universidad de Manchester, a finales del siglo XIX, son partículas muy ligeras con carga negativa. Los positrones fueron descubiertos en 1932 por Carl Anderson, del Instituto de Tecnología de California, y, como su nombre indica, tienen carga positiva. En realidad, a excepción de su carga, son idénticos a los electrones. El hecho de que ambas clases de partículas posean carga eléctrica permite guiarlas por medio de imanes y aumentar su velocidad mediante campos de radiofrecuencia.

Los haces de electrones y positrones recorren el tubo al vacío del acelerador. Como sus cargas son opuestas, los campos eléctricos y magnéticos los hacen desplazarse en sentido contrario hasta que chocan, aniquilándose mutuamente y generando, durante una fracción de segundo, un estallido de alta energía que reproduce a pequeña escala el estado del universo en el momento de su creación. Al instante, la energía vuelve a rematerializarse en forma de partículas, pero durante esa fracción de segundo los científicos han creado las condiciones que querían estudiar.

Los aceleradores tienen que ser grandes porque si las partículas recorrieran un circuito más pequeño perderían energía y velocidad muy pronto. A mayor energía, mayores aceleradores, lo cual equivale a más caros. Hace mucho que pasaron los tiempos en que una universidad individual —e incluso una nación europea individual— podía costear la construcción de un acelerador competitivo. Por eso, en 1954, doce naciones europeas se aliaron para fundar el CERN (Consejo Europeo de Investigación Nuclear), una empresa conjunta de costes compartidos. Desde entonces, otras dos naciones se han incorporado a la organización, con sede central en Ginebra, que ha cambiado de nombre para pasar a denominarse Laboratorio Europeo de Física de Partículas, aunque en todo el mundo se la sigue conociendo por las siglas CERN.

Los planes de construcción del LEP se iniciaron a finales de los años setenta, cuando los directivos del CERN se dieron cuenta de que para competir con los laboratorios norteamericanos necesitaban una máquina nueva y más grande. Obtuvieron la aprobación en diciembre de 1981, y las obras propiamente dichas comenzaron en septiembre de 1983. Menos de seis años después, en agosto de 1989, el aparato provocó las primeras colisiones de electrones y positrones.

El LEP se construyó bajo tierra por varias razones. La principal fue que así se garantizaba una base sólida y segura para una máquina que, a pesar de sus dimensiones, tiene que funcionar con una precisión extraordinaria. Por otra parte, existen pocos terrenos —sobre todo en las proximidades de Ginebra— lo bastante llanos como para crear en ellos un círculo de más de ocho kilóme-

Un gigantesco túnel de colisión

ALEPH

Salas de experimentación

Puntos de acceso

Punto 4

Punto 3

Punto 2

Punto 1

Imanes de enfoque

Cavidad de aceleración

Imanes desviadores

Cámara de vacío

Colisión

Vista aérea del emplazamiento del LEP (arriba), mostrando el trazado del túnel. La línea de puntos representa la frontera entre Francia y Suiza, con Suiza en primer plano. El círculo pequeño de la izquierda señala el circuito del super-sincrotón de protones, uno de los tres aceleradores construidos a partir de 1954, antes del LEP.

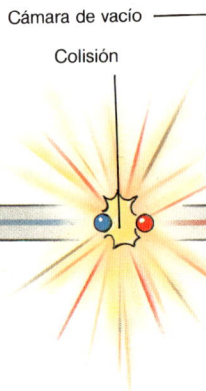

Cada colisión de electrones y positrones proporciona información suficiente para llenar una guía de teléfonos, pero los equipos de detección y las computadoras de alta velocidad son tan avanzados que sólo se registran para análisis los datos insólitos o interesantes. En el interior de la cámara de vacío, los electrones que circulan son acelerados, desviados y enfocados.

tros de diámetro sin tener que realizar grandes excavaciones y levantar terraplenes. Pero además, al quedar la máquina oculta a la vista, al CERN le resultó más fácil obtener el permiso de las autoridades locales.

El emplazamiento del LEP es una pequeña franja de tierra situada entre el lago de Ginebra (Léman) y los montes Jura. El túnel es casi circular, aunque no exactamente, y consta de ocho secciones rectas, de 500 metros de longitud, conectadas por ocho arcos de 2.700 metros cada uno. La mayor parte del túnel se excavó a través de una roca blanda llamada molasa, utilizando perforadoras de sección completa, que se hicieron descender hasta el nivel del túnel mediante 18 pozos que iban desde la superficie hasta profundidades de entre 48 y 145 metros.

Las máquinas perforadoras, guiadas por un rayo láser para no desviarse de su trayectoria exacta, se abrieron camino a través de la molasa, y el túnel que dejaban atrás se iba reforzando con

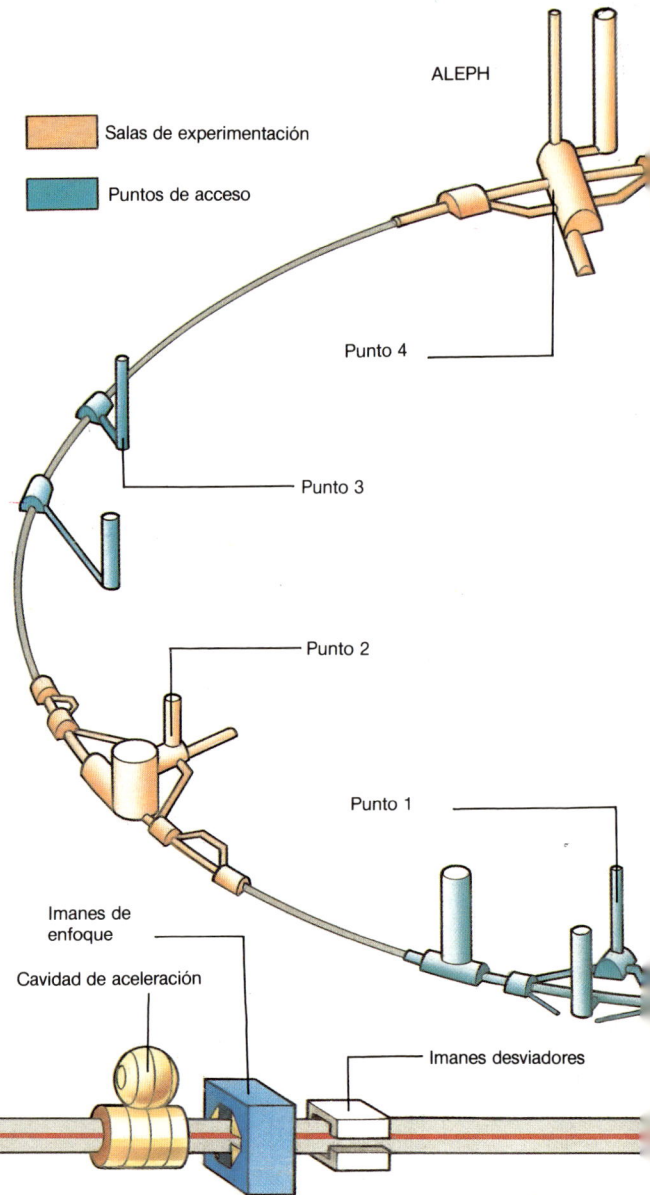

anillos preformados de hormigón. Las excavaciones más grandes corresponden a las salas de experimentación, enormes cavernas subterráneas donde chocan los haces de electrones y positrones, mientras un arsenal de instrumentos registra los resultados. En total, hubo que extraer 1,39 millones de metros cúbicos de material, que se esparció cerca del túnel, sobre tierras de escaso valor agrícola. Por último, se repuso la capa de tierra fértil y se pudo volver a cultivar la tierra.

Una vez terminado el túnel, se instaló el tubo por el que circulan las partículas, así como los imanes que permiten guiar su curso. Durante su desplazamiento, las partículas no deben chocar con ninguna otra forma de materia, y por eso es preciso hacer el vacío dentro del tubo. Durante su movimiento, cada electrón y positrón recorre aproximadamente 100 veces la distancia entre la Tierra y el Sol, por lo que el vacío dentro del tubo debe ser absoluto. El haz de partículas circula por el centro de un tubo ovalado, equipado con bom-

Punto 5

En las secciones rectas del túnel hay cavidades de alta frecuencia (derecha) para acelerar los haces de electrones. La energía de

radiofrecuencia para las 128 cavidades la proporcionan 16 clistrones, que agrupan los electrones que cruzan un hueco.

OPAL

A las estructuras subterráneas del túnel se llega por pozos abiertos en puntos equidistantes (1-8). El túnel atraviesa las cuatro salas donde se llevan a cabo los experimentos de colisión; cada una está especializada en un campo de investigación diferente.

Túnel LEP

Punto 6

Punto 7

Punto 8

DELPHI

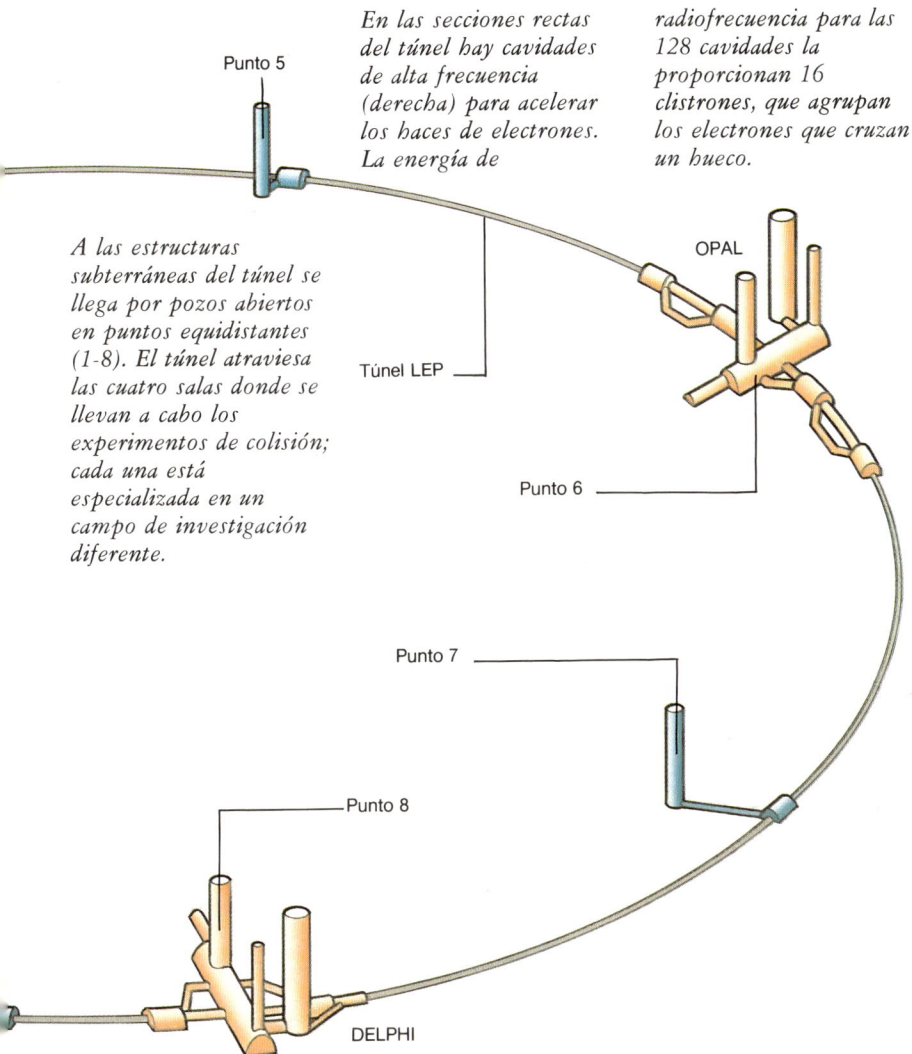

bas en toda su longitud para mantener el vacío.

A lo largo del tubo existen 3.368 imanes bipolares que desvían los haces de partículas para guiar su trayectoria, y 816 imanes tetrapolares que enfocan el haz, manteniéndolo fino e intenso. Además, 128 cavidades de aceleración aumentan la velocidad de las partículas. En total, esta maquinaria representa 14.000 toneladas de acero y 1.200 toneladas de aluminio, todo lo cual se transportó hasta su emplazamiento definitivo por medio de un monorraíl. Para instalar los imanes con una exactitud de milésimas de centímetro se utilizaron instrumentos de medición increíblemente precisos.

Los detectores empleados para medir los resultados de las colisiones son aparatos espectaculares, de más de 10 metros de longitud y otro tanto de diámetro, montados sobre el tubo por el que circulan las partículas. Existen cuatro de estos detectores, diseñados por equipos científicos muy numerosos. El detector utilizado en el experimen-

to denominado L3 es tan grande como un edificio de cinco pisos y está literalmente abarrotado de instrumentos electrónicos.

El LEP se terminó de construir dentro del plazo previsto, y costó 1.300 millones de francos suizos, superando tan sólo en un 5 por 100 el presupuesto inicial. A las pocas semanas de funcionamiento, había demostrado su utilidad, confirmando que toda la materia está formada por sólo tres familias de partículas subatómicas. Esta demostración de lo que los físicos teóricos denominan el Modelo Estándar justificó de manera triunfal el esfuerzo y el dinero invertidos en la máquina más grande y complicada del mundo, permitiendo avanzar un paso más hacia el Santo Grial de los físicos, la llamada Teoría del Todo, que explicaría todo el funcionamiento del universo, desde la partícula más minúscula hasta los astros más grandes. Cuando lo consigan, los físicos se quedarán sin trabajo, pero esto no parece preocuparles por el momento.

El inyector Linac (arriba) suministra los electrones y positrones, que quedan almacenados hasta el momento de introducirlos en el sincrotrón de protones (PS) y el supersincrotón (Super PS), dos aceleradores interconectados que dan el primer empuje energético a las partículas, antes de que éstas pasen al LEP, donde son aceleradas a velocidades aún mayores.

El ferrocarril bajo el mar

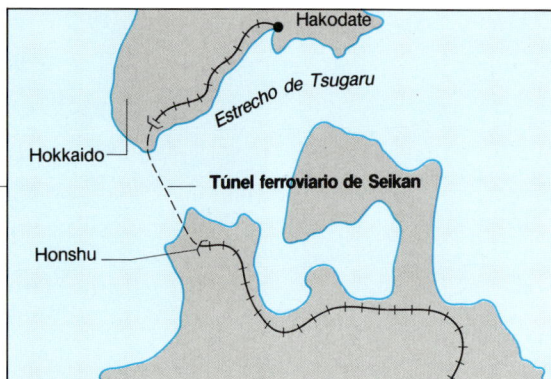

Datos básicos

El túnel más largo y más costoso del mundo.

Constructor: Japan Railways (Líneas ferroviarias japonesas).

Fecha de construcción: 1971-1988.

Longitud: 54 km.

Profundidad mínima bajo el mar: 83 m.

El túnel más largo y más caro del mundo se mantiene limpio, seco y apenas sin usar, bajo el estrecho de Tsugaru, entre las islas japonesas de Honshu y Hokkaido. Sólo 15 trenes circulan cada día en cada dirección por este extraordinario túnel de 54 kilómetros de longitud, excavado a través de una roca terriblemente difícil de perforar. Su construcción tardó más del doble de lo previsto y costó casi diez veces más de lo presupuestado, pero representó «un logro tecnológico sin parangón en el mundo», según palabras del ministro japonés de Transportes, que lo inauguró en marzo de 1988. Pero mientras los perforadores trabajaban bajo tierra, los pasajeros japoneses se lanzaron a los aires. Para cuando se puso en marcha el primer tren, los servicios aéreos entre las dos islas estaban ya tan bien establecidos que pocos pasajeros deseaban hacer el viaje en tren.

El túnel representa el cumplimiento parcial de un sueño que viene inspirando a los ingenieros japoneses desde 1936: conectar por tren todas las islas de Japón. En un principio, la línea tendría que haberse prolongado aún más hacia el norte, hasta la isla de Sajalín, y de allí a Corea, que entonces era colonia japonesa. Pero Sajalín cayó en poder de la Unión Soviética después de la segunda guerra mundial, y Corea obtuvo la indepen-

dencia. Así pues, se adoptó un plan modificado para conectar las cuatro islas del archipiélago japonés, que quedó completo con la construcción del túnel de Seikan y los puentes de Seto, que comunican la isla principal, Honshu, con Hokkaido al norte y Shikoku al sur. La cuarta isla, Kyushu, estaba ya conectada a Honshu mediante el túnel de Kanmon, inaugurado en 1942. Tras la pérdida de cinco transbordadores y 1.430 vidas humanas durante un tifón en el estrecho de Tsugaru, que separa Honshu de Hokkaido y mide 24 kilómetros de anchura en su punto más estrecho, se realizó un estudio sobre las posibilidades de construir un túnel.

El estudio indicó que la tarea resultaría muy difícil. Las rocas de Japón son jóvenes en términos geológicos, se han formado por actividad volcánica y están llenas de fallas y fisuras. Son inestables y porosas a la vez, y permiten grandes filtraciones de agua. Se trata, en definitiva, de la clase de roca más difícil de perforar. Las peligrosas condiciones del mar en el estrecho dificultaron los estudios, y los ingenieros de la Compañía Nacional de Ferrocarriles obtuvieron menos información de la que habían esperado. En marzo de 1964 se empezó a perforar el primer pozo en el lado de Hokkaido; dos años después se comenzaba a abrir un pozo similar en Honshu. Los pozos tenían por objeto facilitar el estudio que permitiera encontrar un método para abrir túneles en la roca y, a largo plazo, servir como entradas al túnel principal.

Los pozos demostraron que resultaba imposible excavar un túnel mientras la roca siguiera siendo tan porosa e inestable. Para que dejara de serlo se utilizó una técnica denominada «lechada». Se perforaron pequeños orificios en la roca, por delante de la excavación, abriéndolos en forma de cono. En estos orificios se bombeó una mezcla de cemento y agente aglutinante a presión, para hacerla penetrar en todas las pequeñas fisuras de la roca. A continuación, se hacía avanzar la excavación a través de esta roca preparada, y después se horadaba y preparaba la sección siguiente. Sin esta cuidadosa preparación, los túneles se habrían inundado nada más abrirlos.

De los 54 kilómetros de túnel, menos de la mitad pasa bajo el mar, pero, inevitablemente, esta sección resultó la más difícil. Para reducir las filtraciones, se excavó el túnel a más de 100 metros por debajo del fondo del mar, pero por cada día de perforación había que dedicar dos o tres días a preparar la roca. Por delante del túnel principal se iba abriendo un túnel piloto, para conocer con anticipación las dificultades que se avecinaban; al mismo tiempo, un taladro iba extrayendo muestras de roca por delante de la perforación.

A pesar de todas estas precauciones, se produjeron por lo menos cuatro inundaciones graves.

El estrecho de Tsugaru está sometido a condiciones meteorológicas extremas y violentas corrientes, que lo mantienen cerrado 80 días al año. En 1954, la pérdida de cinco transbordadores a consecuencia de un tifón dio impulso a las investigaciones sobre la posibilidad de construir un túnel bajo el mar. En primer plano, las obras de construcción en Tappi.

Las peores tuvieron lugar en 1976 y 1977, cuando la penetración de hasta 80 toneladas de agua por minuto obligó a los mineros a desalojar los túneles a toda prisa. En uno de estos incidentes, el de mayo de 1976, quedaron inundados casi cuatro kilómetros del túnel de servicio y más de kilómetro y medio del túnel principal, lo cual retrasó las obras varios meses. Poco a poco, el túnel de servicio consiguió sortear la zona de roca más difícil, y la aplicación de lechadas y otras técnicas especiales de minería permitió hacer avanzar el túnel principal a través de esta zona sin mayores problemas. Aun ahora, con el túnel ya terminado y completamente blindado, se necesitan cuatro sistemas de bombas en continuo funcionamiento para mantenerlo seco. Sin estas bombas, el túnel se llenaría de agua en 78 horas.

El cáracter de la roca impedía utilizar máquinas perforadoras de sección completa, como las empleadas para horadar la caliza bajo el canal de la Mancha. Los ingenieros se vieron obligados a utilizar métodos de minería tradicionales, rompiendo la roca con explosivos antes de extraerla con excavadoras mecánicas.

Dada la longitud del túnel, se precisaban instalaciones especiales para la ventilación y la prevención de incendios. El aire se bombea al interior del túnel desde pozos inclinados, abiertos a cada lado del estrecho; pasa al túnel piloto y desde él penetra en el túnel principal por el centro, para salir por las dos salidas del túnel principal. Una corriente constante de unos 3,2 km/h basta para renovar el aire en el interior del túnel y evitar que se recaliente a causa del calor desprendido por los trenes. En los túneles de servicio, que discurren junto al principal en su tramo submarino, la presión del aire es ligeramente superior, para asegurar que el aire pase del túnel de servicio al principal, y no al revés. Esto tiene una importancia fundamental en caso de incendio, ya que evita que el humo penetre en los túneles de servicio, que constituyen la salida de emergencia de los pasajeros.

En caso de producirse un incendio, el conductor del tren intentaría sacarlo del túnel lo más de prisa posible, pero, dada la longitud del túnel, puede que no lo consiga. Por esta razón se han construido dos estaciones subterráneas de emergencia,

El túnel tiene dos carriles de vía estrecha (105 cm), pero sus dimensiones permitirán instalar vías normales (1,42 cm) para trenes Shinkansen, cuando se disponga de fondos suficientes. El retraso en la introducción de trenes de alta velocidad ha anulado la principal razón de ser del túnel, ya que el tiempo que ahora se ahorra no es suficiente para atraer grandes inversiones hacia estos sistemas alternativos de transporte.

El ferrocarril bajo el mar

donde los pasajeros pueden apearse del tren para huir por los pasillos de emergencia hasta el túnel de servicio. En estas estaciones existen extractores de humos de gran potencia y generadores de emergencia, para garantizar que el túnel permanezca bien iluminado.

A lo largo del túnel existen cuatro sistemas de detección de calor con rociadores de agua, que permiten detectar al instante cualquier fuego y apagarlo con rapidez. Muchos de estos sistemas se instalaron después de que se produjera un catastrófico incendio en otro túnel ferroviario japonés, que causó 30 muertos y numerosos heridos en noviembre de 1972. «Consideramos que éste es el túnel submarino más seguro que existe», ha declarado Shuzo Kitagawa, subdirector del proyecto.

Seguro puede que sea, pero de rentable no tiene nada. El coste total del túnel ascendió a 6.500 millones de dólares, cuando el presupuesto original, elaborado en 1971, lo estimaba en 783 millones. Añadiendo los gastos de financiación y otros gastos secundarios, la cantidad total ascendía a 8.300 millones de dólares. Y mientras los gastos se disparaban, la utilidad potencial iba disminuyendo.

En los diez años transcurridos desde 1975, el número de pasajeros que utilizaban los transbordadores descendió un 50 por 100. En 1986, antes de inaugurarse el túnel, sólo 186.000 pasajeros hacían en tren y transbordador el trayecto de Tokio a Sapporo, la principal ciudad de Hokkaido, mientras que cuatro millones y medio —25 veces más— lo hacían en avión, que sólo tarda 90 minutos. La decisión de no utilizar trenes bala eliminó definitivamente la posibilidad de invertir esta tendencia, y se llegó a hablar de abandonar el túnel y utilizarlo como depósito subterráneo de petróleo, e incluso para cultivar champiñón. Pero eso habría herido de manera inaceptable el orgullo de la compañía japonesa de ferrocarriles, que optó por terminar el túnel y ponerlo en funcionamiento. Se calcula que, durante los próximos 30 años, las deudas y las pérdidas ascenderán a unos 67 millones de dólares al año.

Los trenes diurnos no han podido competir con el tráfico aéreo entre Tokio y Sapporo, pero los nocturnos han tenido más aceptación: cada noche, tres trenes de doce vagones recorren el túnel en cada dirección. Los pasajeros pueden contemplar en cada vagón tableros luminosos que indican la situación del tren en el túnel, la distancia recorrida y la profundidad bajo el mar. La profundidad máxima es de 235 metros. Muchos pasajeros se pasan buena parte del trayecto sacando fotografías de estos tableros y de sí mismos. En mitad del túnel, el tren hace una parada de dos minutos para que los pasajeros puedan fotografiar los indicadores instalados en la pared del túnel.

En algunos tramos se excavó por medios mecánicos (derecha), pero por lo general se emplearon explosivos, estabilizando después la superficie con una mezcla de cemento llamada shotcrete e instalando vigas de acero de sección en H y una capa de hormigón de 60 cm de espesor, y hasta de 90 cm en tramos inestables.

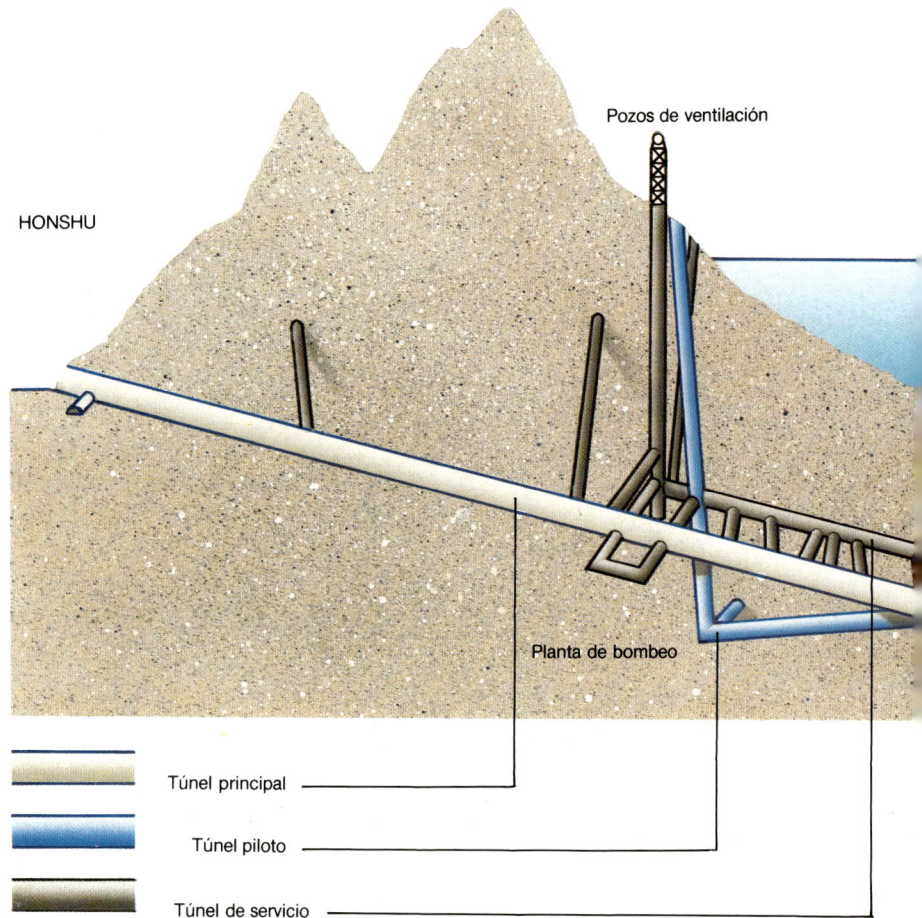

Pozos de ventilación

HONSHU

Planta de bombeo

Túnel principal

Túnel piloto

Túnel de servicio

Dos clases de pozos conectaban los túneles con la superficie: los pozos verticales se utilizaban para transportar maquinaria, materiales y personal a los túneles principal y de servicio; los pozos inclinados servían como entradas de aire y más adelante se adaptaron para el sistema de ventilación mecánica y como pasadizos para el mantenimiento, salidas de emergencia y operaciones de rescate. El aire del túnel salía por el pozo vertical, que ahora serviría como salida de humos en caso de producirse un incendio en el túnel.

Durante la construcción del túnel principal, se utilizó un ferrocarril de vía estrecha para transportar materiales, maquinaria y equipo a las cabezas de obra, y para extraer tierra y cascotes. Los sistemas de seguridad incluían alarma de incendios, comunicación por radioteléfono y megafonía en los túneles.

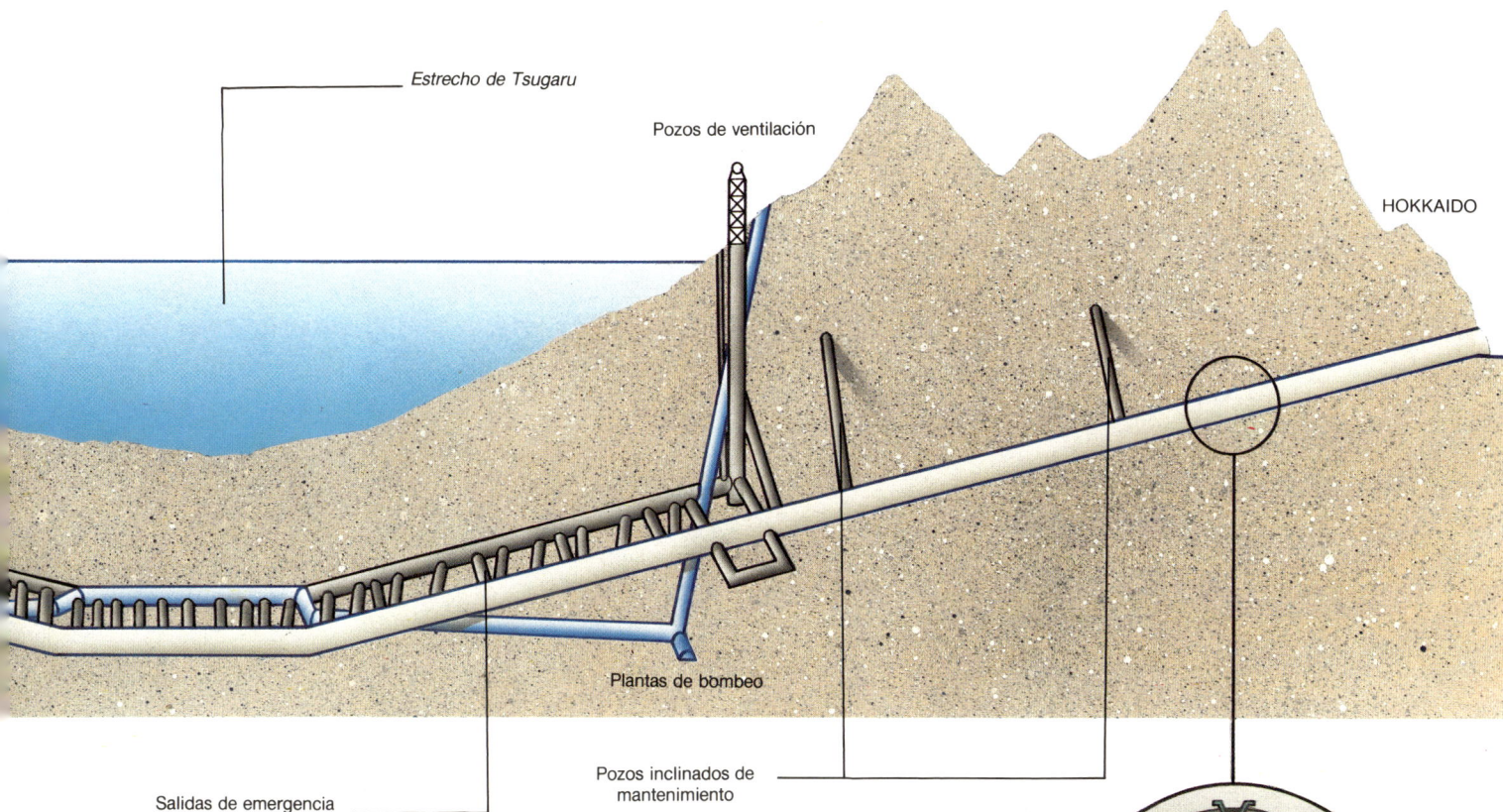

Estrecho de Tsugaru

Pozos de ventilación

HOKKAIDO

Plantas de bombeo

Pozos inclinados de mantenimiento

Salidas de emergencia

Existen estaciones de emergencia en Tappi y en Yoshioka, que dividen el túnel en secciones controlables. Las estaciones disponen de andenes para que se apeen los pasajeros, con salidas de emergencia, sistemas de megafonía y teléfonos, extractores de humos y equipo contra incendios. Un sistema de rayos infrarrojos junto a las vías detecta los incrementos de calor, y también se han instalado detectores de humo. En Hakodate, un centro de control supervisa las condiciones en los túneles y pone en marcha los sistemas de seguridad.
Se siguen perforando ramales de seguridad, provistos de servicios de emergencia.

Por razones de economía, hubo que aplazar el proyecto original de un túnel con dos anchuras de vía, por el que podrían circular trenes Shinkansen a 200 km/h. Sin embargo, se sigue pensando en transformar el túnel cuando la situación financiera lo permita.

Vía estrecha

Vía de anchura normal

Grandes túneles

Los primeros túneles se excavaron en las tumbas de los reyes de Egipto y Babilonia. Parece que en el siglo XXII a.C. se construyó un pequeño túnel bajo el río Éufrates.

La extracción de minerales y el socavamiento de las murallas de los castillos sometidos a asedio mantuvieron vivo el arte de excavar túneles hasta que llegó la era de los canales en el siglo XVIII, cuando las obras de ingenieros como James Brindley eclipsaron todo cuanto se había hecho con anterioridad. El ferrocarril trajo consigo la invención del blindaje de túneles y el empleo de aire comprimido, tanto para contrarrestar la presión externa del agua como para hacer funcionar los taladros.

Se han abierto túneles a través de los grandes macizos montañosos situados en rutas importantes. Pero el futuro de la especialidad se encuentra en proyectos como el túnel del canal de la Mancha, que superará en longitud al túnel de Seikan.

Túnel de Malpas, Canal du Midi
Aunque sólo mide 160 metros, el túnel de Malpas, en el suroeste de Francia, fue pionero en muchos aspectos: terminado en 1681, fue el primer túnel-canal y, en realidad, el primer túnel construido para un medio de transporte; y también fue el primer túnel excavado con ayuda de pólvora, lo cual representó una importante innovación técnica. El canal du Midi, que conecta el océano Atlántico con el mar Mediterráneo, fue el primer gran canal europeo: en sus 238 kilómetros de recorrido hay 119 esclusas, que llevan el canal hasta una altitud máxima de 190 metros sobre el nivel del mar.

Túnel de Rove, canal de Marsella al Ródano
El túnel de canal más largo del mundo, con una longitud de casi siete kilómetros y medio, se inauguró en 1927 y comunica el puerto de Marsella con el Ródano a la altura de Arlés. Se construyó para el paso de buques de navegación marítima, y mide 22 metros de anchura y 11 de altura.
Las obras se iniciaron en el extremo sur del túnel en 1911, y en el extremo norte en 1914. El estallido de la primera guerra mundial interrumpió los trabajos, pero pronto se reanudaron con prisioneros de guerra alemanes. La perforación terminó en 1916, pero las obras de revestimiento duraron bastante más. Dadas las dimensiones de la abertura, hubo que extraer el doble de tierra y roca que en el túnel del Simplón. En 1963 quedó cerrado al tráfico a causa del hundimiento de un tramo del túnel.

El túnel del canal de la Mancha, Folkestone-Sangatte

La idea de construir un túnel bajo el canal de la Mancha tiene casi dos siglos: el primero que la planteó fue un ingeniero de minas francés, en 1802, y durante los 160 años siguientes se presentaron numerosos proyectos, todos ellos rechazados por Gran Bretaña, temerosa de poner en peligro su seguridad nacional. Hacia 1880 se empezaron a excavar túneles pilotos por ambos lados, pero el gobierno británico hizo interrumpir las obras. Las excavaciones se reanudaron en 1973, para volverse a interrumpir por problemas económicos.

En enero de 1986, Eurotunnel obtuvo la concesión para construir una línea ferroviaria subterránea, que constará de dos túneles, con un tercer túnel de servicio entre ellos. Su longitud total será de 49 kilómetros, de los que 37,5 discurrirán bajo el mar. El principal problema para la excavación lo constituye la caliza saturada que hay que perforar. Las perforadoras japonesas disponen de un aislamiento entre la cabeza y el cilindro posterior, para evitar la penetración de agua. El blindaje se atornilla en el mismo cilindro, y la cavidad que queda al avanzar el cilindro se llena de hormigón a presión. El túnel cambiará el panorama del transporte ferroviario británico, y formará parte de la red europea de ferrocarriles de alta velocidad.

CAPÍTULO CINCO

Construcciones astronómicas

L OS astrónomos se encuentran en la vanguardia del conocimiento del universo desde que se construyeron los primeros telescopios en el siglo XVII. Aquellos primitivos instrumentos revelaron la existencia en el cielo de muchos más cuerpos que los que podían apreciarse a simple vista, pero por cada objeto que identificaban, otros mil permanecían ocultos. Las limitaciones de los telescopios y la poca claridad de las imágenes que atravesaban la atmósfera terrestre obstaculizaban el progreso del conocimiento.

La solución más obvia para estas dificultades consistía en construir mejores telescopios e instalarlos —como se hizo con los del Observatorio Europeo del Sur— en la cima de altas montañas, donde la atmósfera es más tenue. Isaac Newton mostró el camino a seguir, con telescopios basados en espejos y no en lentes. Desde entonces, los espejos se han ido haciendo cada vez más grandes, para captar cantidades cada vez mayores de luz y poder detectar hasta las estrellas menos brillantes.

Pero la instalación de observatorios más allá de la atmósfera, como el telescopio espacial Hubble, constituye un nuevo y trascendental paso adelante, que permitirá estudiar estrellas individuales que hasta ahora sólo se apreciaban confusamente como parte de un grupo. Por primera vez, el ojo humano podrá contemplar objetos infinitamente lejanos y apenas distinguibles. Estos descubrimientos se combinarán con los resultados obtenidos por los radiotelescopios gigantes de alta sensibilidad, que detectan las señales emitidas por objetos misteriosos como los quásares y los púlsares. Entre estos aparatos destaca el Very Large Array («Gran complejo»), un nombre poco expresivo para un extraordinario instrumento construido en una elevada meseta de Nuevo México.

La búsqueda de conocimientos ha impulsado a científicos de todas las disciplinas a construir instrumentos cada vez más grandes y más caros. Pero ningún campo está en condiciones de proporcionar descubrimientos tan espectaculares como la astronomía, que parece estar entrando en su década más productiva desde los años veinte.

Construcciones astronómicas
Telescopio espacial Hubble
Very Large Array
El observatorio europeo del Sur

El observatorio cósmico

Datos básicos

El sistema de recogida de información sobre el universo más potente del mundo.

Agencia coordinadora:
Marshall Space Flight Center, Huntsville, EE UU.

Fecha de construcción:
1977-1985.

Longitud: 13 m.

Diámetro: 4,25 m.

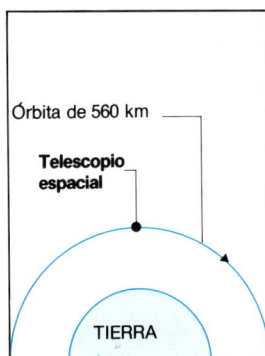

Órbita de 560 km

Telescopio espacial

TIERRA

Un complicado satélite, del tamaño de un vagón de tren, estuvo cinco años esperando la oportunidad de transformar nuestra imagen del universo, al haberse retrasado su lanzamiento debido al desastre del Challenger en 1986. El telescopio espacial Hubble pasó este período de espera sometido a concienzudas pruebas, y guardado en un recinto escrupulosamente limpio del Centro Espacial Kennedy, en Florida, dentro de una bolsa de plástico en cuyo interior se hacía circular aire fresco. Su puesta en órbita, el 24 de abril de 1990, representó el comienzo de la operación más importante para obtener nueva información acerca del universo, desde que Galileo enfocó hacia los cielos su primer y rudimentario telescopio, hace casi 400 años.

Los astrónomos saben desde hace décadas que desde fuera de la atmósfera podrían obtener una visión del universo mucho más clara que desde la Tierra. El centelleo de las estrellas en el cielo nocturno está provocado por perturbaciones atmosféricas que deforman las ondas de luz que llegan hasta nosotros. Mirar las estrellas desde el suelo es como observar el vuelo de las aves desde el fondo de una piscina. Así pues, el proyecto de instalar un telescopio en el espacio es más antiguo que los propios vuelos espaciales. Ya lo propuso en 1923 Hermann Oberth, pionero alemán que desarrolló muchos de los conceptos fundamentales de la exploración espacial.

En 1962, la Academia Nacional de Ciencias de los EE UU recomendó la construcción de un gran telescopio espacial, y en 1965 y 1969 otros organismos similares se adhirieron a la propuesta. La puesta en órbita de satélites de observación del espacio en 1968 y 1972 acrecentó el interés por el proyecto, pero hasta que no se inventó el transbordador espacial no se dispuso de un medio para poner en órbita un telescopio verdaderamente grande. La Agencia Espacial Europea se incorporó al proyecto en 1975, en 1977 se obtuvieron los fondos necesarios, y en 1985 el telescopio estaba ya listo.

El proyecto del telescopio espacial fue diseñado para proporcionar las imágenes más claras y de mayor alcance que los astrónomos han visto nun-

ca. Flotando por encima de los efectos enmascaradores de la atmósfera, puede observar los cielos utilizando rayos infrarrojos y ultravioletas, además del espectro visible de la luz. Puede captar objetos demasiado lejanos o demasiado imprecisos para verlos desde la Tierra, tan distantes que la luz que emiten tarda miles de millones de años en llegar hasta nosotros. Según lo previsto, este enorme alcance permitiría al telescopio espacial explorar el pasado, contemplar acontecimientos que sucedieron hace 14.000 millones de años, cuando el universo era joven. Podría distinguir objetos con una precisión 25 veces mayor que la que se disfruta desde la Tierra, y explorar el universo captando diez veces más detalles que los advertidos hasta ahora.

Sin embargo, este ambicioso proyecto, debido a un defecto en el espejo principal, se ha visto obligado por el momento a renunciar a sus objetivos cosmológicos más importantes, si bien está realizando una gran labor en el campo astrofísico. Esta situación, en cualquier caso, se considera momentánea, ya que se prepara para febrero de 1994 una reparación en órbita del aparato, a cargo de una tripulación del transbordador de la NASA.

En general, el telescopio espacial es bastante similar a cualquiera de los grandes telescopios instalados en tierra. A diferencia del primitivo

El transbordador espacial forma parte fundamental del proyecto del telescopio espacial: el Discovery puso el telescopio en órbita y un transbordador transportará astronautas para efectuar las reparaciones precisas.

instrumento de Galileo, los telescopios modernos utilizan espejos, en lugar de lentes, para enfocar la luz. Los más grandes tienen espejos de 500 cm de diámetro, para captar el mayor campo posible de luz, y así detectar los objetos más lejanos. El espejo del telescopio espacial mide 240 centímetros de diámetro, y está hecho de un cristal especial, que se dilata y contrae muy poco con los cambios de temperatura. Sus fabricantes, la Perkin-Elmer Corporation, necesitaron 4 millones de horas-personas de trabajo para moldearlo y pulirlo. Su poder de resolución —la capacidad de separar dos objetos distantes— es muy superior a la de cualquier otro telescopio astronómico. Pero, debido a la aberración esférica que sufre, que provoca una pérdida de contraste, la calidad en su capacidad de ver objetos celestes débiles se ha reducido enormemente.

El cristal del espejo está cubierto por una superficie reflectante de aluminio. Este espejo, montado en el interior del cuerpo cilíndrico del telescopio, refleja la luz hacia un segundo espejo, de 30 cm de diámetro y situado a 4,8 metros de distancia, el cual hace regresar la luz, a través de un orificio de 60 cm abierto en el centro del espejo primario, hasta el plano focal, donde están instalados los instrumentos científicos, algunos de cuyos equipos, hoy afectados, habrán de ser sustituidos durante la reparación del Hubble. Ésta consiste básicamente en la instalación del COSTAR, instrumento dotado de diversos espejos que contrarresten el defecto del principal.

El sistema de enfoque del espejo del telescopio fue diseñado de modo tan preciso que pueda dirigir un láser hacia un objeto del tamaño de una moneda situado a 650 kilómetros de distancia, a pesar de estar dando vueltas en torno a la Tierra a una velocidad de 27.000 km/h.

El observatorio cósmico

El telescopio está revestido por varias capas de película metálica brillante, que reflejan la mayor parte de la luz solar y evitan el recalentamiento. La energía eléctrica la generan dos baterías solares, cada una de las cuales contiene 24.000 células solares, más seis baterías complementarias que almacenan la electricidad mientras el satélite permanece oculto del Sol por la masa de la Tierra.

Dichos instrumentos son cinco: dos cámaras, dos espectrógrafos y un fotómetro. La cámara de campo amplio se utiliza para investigar la edad del universo y buscar nuevos sistemas planetarios en torno a las estrellas jóvenes. Esta cámara podrá observar el cometa Halley, que en condiciones normales sólo es visible una vez cada 75 años, cuando su órbita pasa cerca de la Tierra. A pesar del nombre de la cámara, su campo es en realidad bastante limitado, abarcando tan sólo un arco de 2,67 segundos, por lo que sería necesario montar 100 de sus imágenes para obtener una imagen completa de la Luna. Pero este campo reducido proporciona una resolución mucho mejor de los objetos lejanos.

La segunda cámara, llamada cámara de objetos débiles, tiene un campo aún más reducido, cuarenta veces menor que el de la cámara de campo amplio, pero puede extender el alcance del telescopio hasta límites nunca alcanzados, proporcionando imágenes muy nítidas. Muchos objetos que apenas pueden distinguirse desde la Tierra aparecerán como resplandecientes fuentes de luz en las imágenes de esta cámara.

Los dos espectrógrafos se utilizarán para analizar los espectros de luz de los objetos observados. Como los diferentes átomos presentan longitudes de onda diferentes y características, los espectrógrafos permitirán a los astrónomos determinar con exactitud qué elementos forman parte de los objetos brillantes que observen. El espectrógrafo de objetos débiles se utilizará para estudiar las propiedades químicas de los cometas y para comparar la composición de las galaxias más cercanas a la Tierra con la de las más alejadas.

El espectrógrafo de alta resolución se utilizará para estudiar la composición química, temperatura y densidad del gas que llena el espacio entre las estrellas, y para analizar las atmósferas de los planetas de nuestro sistema solar.

El último instrumento es el fotómetro de alta velocidad, que servirá para medir la luminosidad de los cuerpos celestes, investigar la existencia de agujeros negros y elaborar un mapa preciso de la magnitud de las estrellas.

Todo esto se encuentra hoy en un instrumento de 13 metros de longitud y 4,25 de diámetro, que pesa poco más de 11 toneladas. El telescopio está recubierto por varias capas de revestimiento metálico brillante, que refleja casi toda la luz solar y evita el recalentamiento. La lanzadera colocó el telescopio en órbita a 610 kilómetros. Los equipos de control en tierra tuvieron que trabajar varios meses para activar todos los sistemas del telescopio, alinear los espejos y comprobar la exactitud de la órbita. La decepción ante el fracaso fue enorme, pero hoy existen fundadas esperanzas de recuperar casi completamente la capacidad del Hubble, que estaba previsto para 15 años de servicio.

El telescopio está diseñado para poderse reparar en órbita desde el transbordador, que puede llegar hasta él e introducirlo en su recinto de carga, para que un equipo de astronautas con trajes espaciales efectúe las reparaciones necesarias.

El nombre del telescopio espacial rinde homenaje a un célebre astrónomo norteamericano, Edwin Hubble, nacido en 1889, que realizó numerosos e importantes descubrimientos con los grandes telescopios ópticos de su época. Fue él quien demostró que muchos de los objetos que observamos en el cielo no se encuentran en nuestra galaxia, sino que se trata de verdaderas galaxias, situadas a miles de millones de años luz. También demostró que todo el universo se expande.

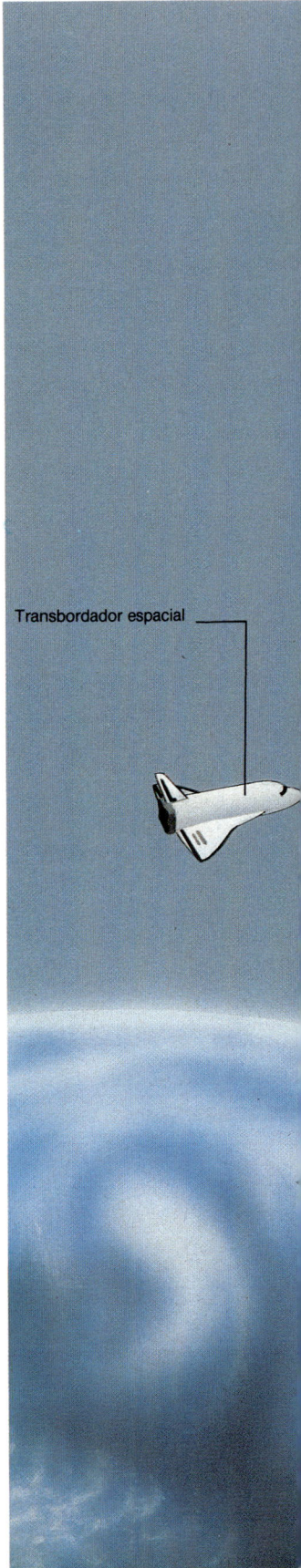

Transbordador espacial

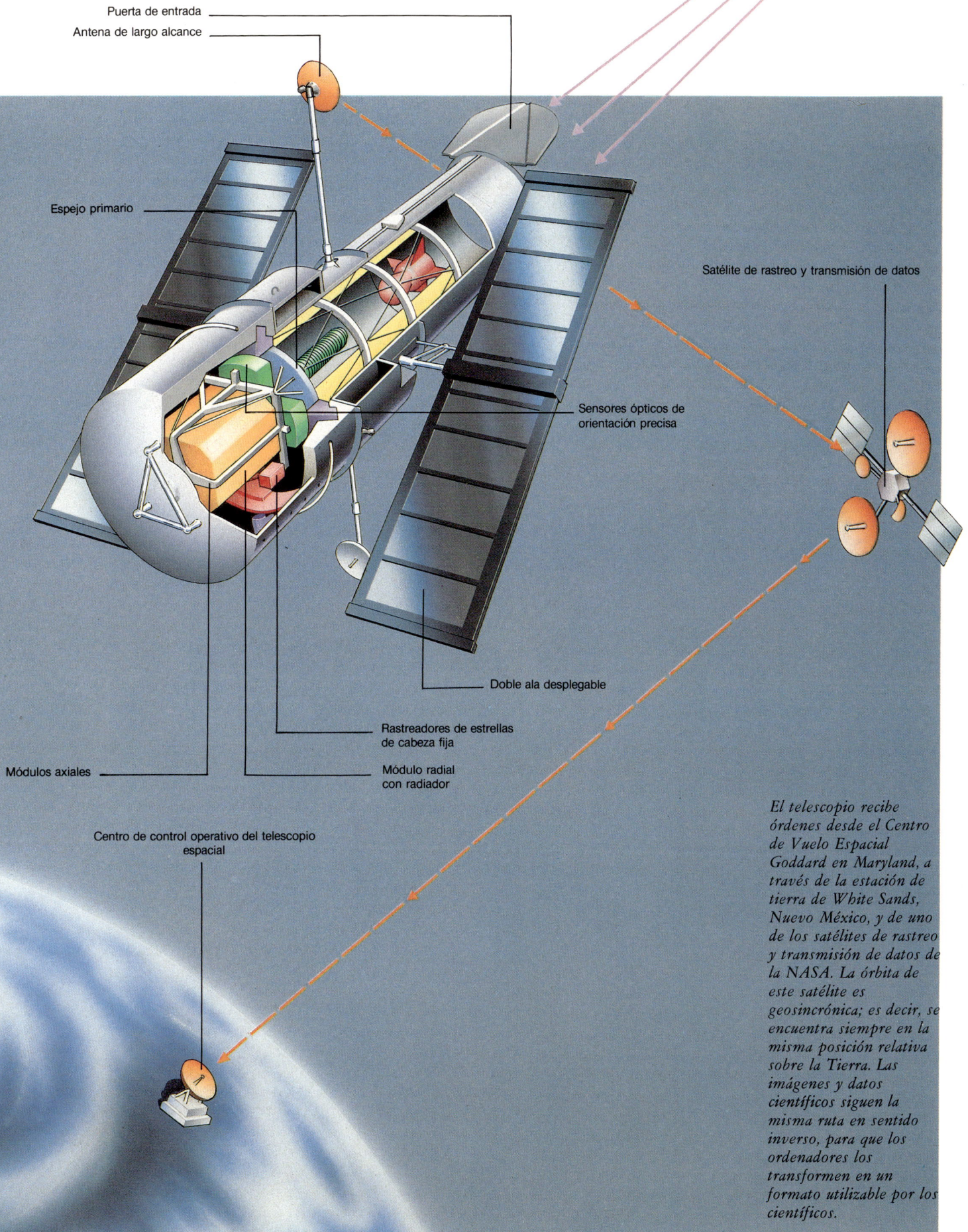

Puerta de entrada

Antena de largo alcance

Espejo primario

Satélite de rastreo y transmisión de datos

Sensores ópticos de
orientación precisa

Doble ala desplegable

Rastreadores de estrellas
de cabeza fija

Módulos axiales

Módulo radial
con radiador

Centro de control operativo del telescopio
espacial

*El telescopio recibe
órdenes desde el Centro
de Vuelo Espacial
Goddard en Maryland, a
través de la estación de
tierra de White Sands,
Nuevo México, y de uno
de los satélites de rastreo
y transmisión de datos de
la NASA. La órbita de
este satélite es
geosincrónica; es decir, se
encuentra siempre en la
misma posición relativa
sobre la Tierra. Las
imágenes y datos
científicos siguen la
misma ruta en sentido
inverso, para que los
ordenadores los
transformen en un
formato utilizable por los
científicos.*

El radiotelescopio definitivo

El radiotelescopio más potente del mundo se encuentra en una llanura elevada de Nuevo México. Desde su aislado y tranquilo emplazamiento, escudriña los cielos, proporcionando radio-imágenes de estrellas, galaxias y otros objetos astronómicos, tan nítidas como las mejores fotografías obtenidas por los telescopios ópticos. Sus detalladas imágenes de algunos de los millones de cuerpos celestes que emiten ondas de radio se utilizan para investigar las colosales fuerzas que actúan en el universo: filamentos curvos a una distancia de un millón de años luz; objetos tan densos que la propia luz es incapaz de escapar de ellos; estrechos canales que surcan el espacio transportando enormes cantidades de energía; y la débil radiación que impregna el cielo, el último y mortecino eco de la Gran Explosión con la que comenzó todo, hace 15.000 millones de años.

La radioastronomía la inventó en los años treinta un ingeniero de los laboratorios telefónicos Bell, llamado Karl Jansky, que intentaba descubrir la causa de los chasquidos y siseos que interferían las transmisiones de radio transatlánticas. Utilizando aparatos rudimentarios, comprobó que dichas señales procedían del centro de la Vía Láctea. Después de la segunda guerra mundial se construyeron instrumentos más sensibles, con el fin de identificar con más precisión las fuentes de emisión de ondas, averiguar si se trataba de objetos visibles y estudiar su estructura íntima. Como estas señales son muy débiles, en comparación con las ondas de radio terrestres, se necesitan enormes antenas en forma de plato para captarlas. La primera de estas «antenas» fue el radiotelescopio de Jodrell Bank, en Cheshire, Inglaterra, que se terminó de construir en 1957 y mide 76 metros de diámetro.

Cuanto mayor sea el plato, mayor será la sensibilidad, y con más precisión podrá identificar los objetos en el espacio. Pero existe un límite técnico al tamaño de los platos, sobre todo teniendo en cuenta que deben orientarse con una precisión exquisita. Muy pronto se comprobó que se podía reproducir el efecto de un plato muy grande combinando las señales de varios pequeños, instalados a cierta distancia unos de otros.

El Very Large Array (VLA) de Nuevo México es, por el momento, la última palabra en este tipo de telescopios. Se trata de uno de los cuatro telescopios controlados por el Observatorio Nacional de Radioastronomía de los EE UU, y consta de 27 platos instalados a los costados de tres raíles rectos, dispuestos en abanico a partir de un punto central. Cada plato mide 25 metros de diámetro, y su superficie parabólica está formada por paneles de aluminio ajustados sobre toda la superficie con una precisión de 5 centésimas de centímetro. La parte móvil de la antena, es decir, el plato, pesa 100 toneladas; el peso de la estructura completa

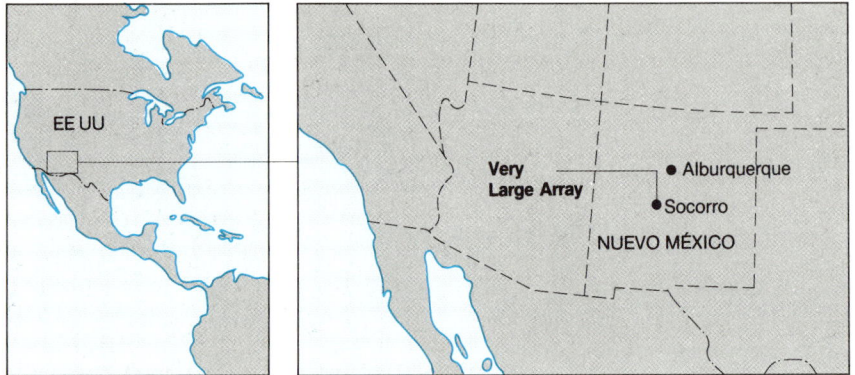

es de 235 toneladas. Cada uno de los 27 platos se puede orientar hacia cualquier lugar del firmamento, con una precisión de 20 segundos de arco, equivalente a 1/180 del diámetro de la Luna.

Dos de los tres raíles tienen una longitud de 21 kilómetros, mientras que el tercero mide sólo unos 19. A lo largo de cada uno hay nueve platos. Los raíles permiten desplazar los platos, con lo que se consigue un efecto similar al del *zoom* de una cámara. Existen cuatro configuraciones posibles para los platos. En la configuración A, están distribuidos a todo lo largo de los raíles, proporcionando así la mayor resolución para captar emisiones pequeñas pero intensas. En la configuración D, están todos agrupados a menos de 600 metros del centro, lo cual permite estudiar fuentes de emisión más grandes y difusas, con menos resolución pero con más sensibilidad. Las configuraciones B y C son disposiciones intermedias.

Para desplazar un plato se utiliza un transportador especial que lo levanta de su pedestal, lo monta sobre el raíl, lo traslada a una posición diferente y lo instala sobre otro pedestal, con una precisión de medio centímetro. Utilizando un par de transportadores, se tarda unas dos semanas en cambiar por completo la configuración del telescopio, y este proceso sigue un ciclo que vuelve a la configuración original cada 15 meses.

Los diseños preliminares del VLA se realizaron a principios de la década de los sesenta, y en 1967 el Observatorio Nacional de Radioastronomía formuló una petición oficial de fondos. El Congreso aprobó la concesión en 1972, y la construcción se inició en 1974, quedando por fin terminada en 1981. Cada plato costó 1.150.000 dólares, y el coste total del radiotelescopio ascendió a 78,6 millones de dólares, rebasando por muy poco el presupuesto inicial.

El emplazamiento elegido, las llanuras de San Agustín, a 2.130 metros de altura y a 80 kilómetros al oeste de Socorro, Nuevo México, resultaba ideal: debido a la altura y al clima desértico, apenas hay nubes que enturbien las imágenes, y las montañas que rodean el lugar evitan las interferencias de la radio, la televisión y las bases milita-

Datos básicos

El radiotelescopio más potente del mundo.

Constructor: Observatorio Nacional de Radioastronomía de los EE UU.

Material: Aluminio.

Diámetro de los platos: 25 metros.

Peso de los platos: 100 t.

Las 27 pantallas en forma de plato apuntan al mismo cuerpo celeste, como sucede en otros radiotelescopios de múltiples pantallas. El VLA representa un salto cuantitativo desde el primer telescopio de dos pantallas construido por el Instituto de Tecnología de California cerca de Bishop, California, en 1959. En 1967, un sistema de tres pantallas construido en 1963 en Cambridge, Inglaterra, descubrió los púlsares, fuentes de emisión que producen estallidos de señales cada pocos segundos.

El radiotelescopio definitivo

res. El terreno es llano, lo cual facilita el desplazamiento de los platos, y se encuentra lo bastante al sur como para abarcar el 85 por 100 del firmamento.

Las ondas de radio captadas por los 27 platos son amplificadas un millón de veces por los receptores, y pasan a un circuito subterráneo instalado bajo los raíles, que las lleva hasta la sala de control, en el centro del complejo. En esta sala se combinan las señales de los 27 platos para crear la imagen. Como las señales procedentes de los platos más alejados han recorrido más distancia, llegan a la sala de control con un pequeñísimo desfase, de una minúscula fracción de segundo, pero suficiente para destruir la imagen. Para corregir este desfase, se retardan automáticamente las señales de algunos de los platos antes de combinarlas todas en un correlacionador y proceder a su análisis por ordenador.

En primer lugar, el ordenador de calibración analiza los datos en busca de posibles defectos, como las señales procedentes de satélites o instalaciones de radar. Estas señales se suprimen automáticamente, y las señales «limpias» se combinan mediante una técnica matemática denominada transformación de Fourier. El resultado es que las señales se transforman en una imagen, algo parecido a lo que ocurre cuando la luz se transforma en una imagen al atravesar una lente. El ordenador almacena la radioimagen como una secuencia de números en una cuadrícula, en la que cada número representa la intensidad de la señal, y cada punto de la cuadrícula una posición en el firmamento. Cuando se transmiten a una pantalla, los números se traducen en imagen.

Para obtener una imagen nítida son necesarios más procesamientos. En primer lugar, las señales de radio tienen una gran cantidad de «ruido», que aparece en la pantalla en forma de «nieve». Se puede eliminar reduciendo las señales a su valor

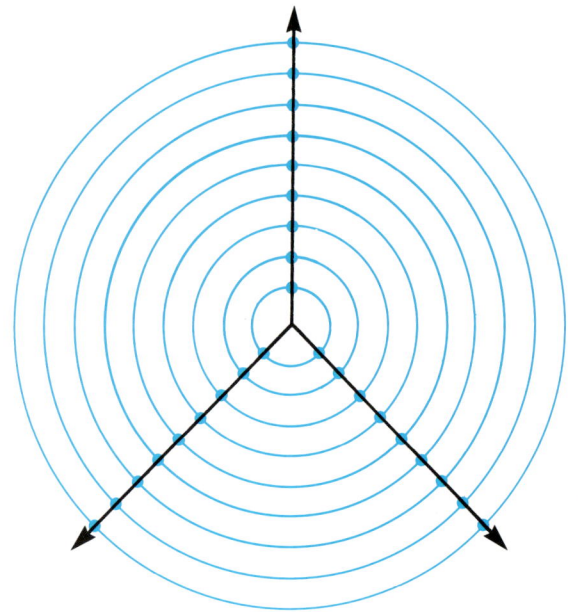

La superficie curva del plato refleja las ondas de radio (izquierda) hacia un segundo subreflector en el foco del plato, del que pasan a los radiorreceptores del centro.

Los 27 platos, dispuestos sobre tres carriles, están conectados electrónicamente para que sinteticen sus señales, equivalentes a las de un único radiotelescopio de 32 kilómetros de diámetro.

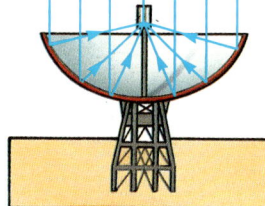

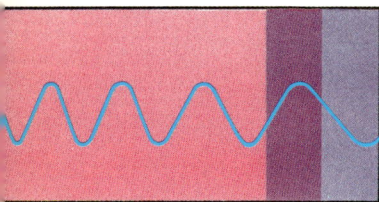

Una ligera rotación del subreflector (arriba), que es un espejo asimétrico, permite dirigir las señales hacia uno de los seis receptores, sintonizados en diferentes longitudes de onda. En la base del plato se encuentran las maquinarias y engranajes azimutales y de altitud, que giran durante la observación para compensar la rotación de la Tierra.

Las ondas electromagnéticas (arriba) varían desde los rayos gamma, en la longitud de onda más corta del espectro (izquierda), hasta las ondas largas, de baja frecuencia (derecha). Cerca del centro, se encuentra el espectro de colores de la luz visible.

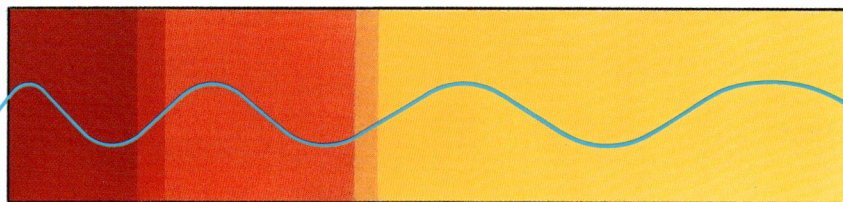

Luz visible

Casiopea A (derecha), cuyo cinturón de radioseñales parece una nube esférica de gas en expansión producida por una explosión.

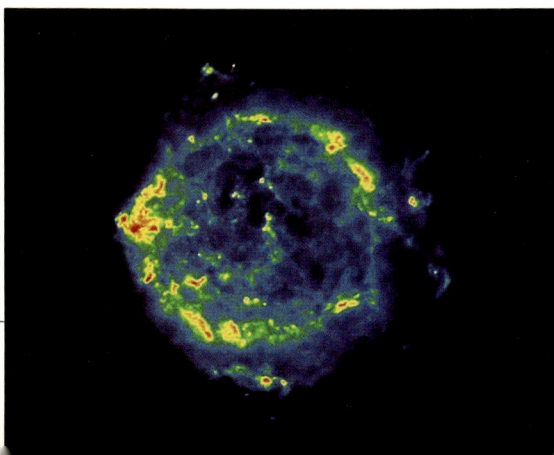

La sincronización de las señales de los 27 platos constituye uno de los procesos más fundamentales del VLA, ya que el tiempo que tardan las señales en llegar desde su fuente de origen al correlacionador no debe diferir en más de una milmillonésima de segundo. La distancia, de varios kilómetros, entre unos platos y otros puede provocar una diferencia de una diezmilésima de segundo.

medio a lo largo de varias horas de observación. Además, existen distorsiones debidas a que los 27 platos sólo cubren una pequeña fracción de la superficie del complejo. Estas distorsiones se pueden corregir, para obtener una imagen igual que la que se obtendría con un solo plato que ocupara toda la extensión del VLA. Por último, hay que contar con el equivalente en ondas de radio del «titileo» de las estrellas, provocado por las condiciones atmosféricas, y que también debe corregirse.

El VLA se mantiene en funcionamiento 24 horas al día, todos los días del año, con excepción de algunas festividades como la Navidad y el Día de Acción de Gracias. Numerosos astrónomos, tanto estadounidenses como de otros países, formulan solicitudes para utilizar el instrumento. Un comité considera las peticiones y les asigna una fecha. Los estudios normales exigen unas ocho horas de observación, aunque para algunos basta con cinco minutos y otros necesitan 100 horas. Los astrónomos llegan un día antes de la fecha asignada, hacen las comprobaciones necesarias y preparan una lista de las fuentes de emisión que desean observar, indicando durante cuánto tiempo y en qué gama de longitudes de onda. Las observacio-

nes se controlan por medio de un ordenador. Una vez recogidos los datos, los astrónomos se marchan con sus cintas magnéticas a sus propios laboratorios, para analizar y, en su momento, publicar los resultados.

Cada año, más de 700 astrónomos utilizan el VLA, cuyas imágenes no tienen nada que ver con los patrones borrosos que producían los primeros radiotelescopios, sino que permiten apreciar objetos inconcebiblemente lejanos, impulsados por fuerzas tan poderosas que desafían a la imaginación. Las radioondas procedentes de Cisne A, una galaxia compuesta por miles de millones de estrellas, han tardado 600 millones de años en llegar hasta nosotros. El análisis del VLA muestra dos nubes, una a cada lado de la galaxia, formadas por electrones atrapados en campos magnéticos.

Aún más espectacular es la emisión de radio de Casiopea A, una gigantesca e hirviente masa de material que se expande a una velocidad de 16 millones de kilómetros por hora, a partir del centro de una supernova gigante que estalló en 1680, aunque, para ser exactos, esa es la fecha en que vimos la explosión desde la Tierra, pero en realidad tuvo lugar 9.000 años antes, que es el tiempo que tardan las señales en llegar hasta nosotros.

Centinela de los cielos

Datos básicos

El observatorio que produce las mejores imágenes del universo.

Constructor: Observatorio Europeo del Sur.

Fecha de construcción: 1964-1991

Altitud: 2.377 m.

Número de telescopios: 15.

Observatorio espacial europeo

Océano Pacífico

CHILE

ARGENTINA

• Santiago

En lo alto de una montaña del desierto de Atacama, Chile, 600 kilómetros al norte de Santiago, existe una serie de construcciones tan extrañas como cualquier reliquia de los incas o los aztecas. Repartidos por las laderas hay 15 telescopios, instalados en relucientes edificios plateados con cúpulas blancas. A ellos acuden astrónomos de ocho países europeos, para observar el cielo nocturno lejos de la contaminación atmosférica y de la omnipresente iluminación que cada vez hace más difícil la astronomía óptica en Europa.

Observar los cielos desde la superficie de la Tierra presenta ciertos inconvenientes intrínsecos. La atmósfera, aunque esté limpia, hace borrosas las imágenes obtenidas cuando la luz de las estrellas la atraviesa. El antiguo Observatorio Real construido en 1675 en Greenwich (que en la actualidad es un suburbio de Londres) sufría ya este tipo de problemas en 1850 a causa de su situación.

En la actualidad, a nadie se le ocurriría instalar un telescopio en una ciudad o cerca de ella. Los mejores telescopios británicos se encuentran ahora en una montaña de las islas Canarias; el principal observatorio de los EE UU es el de Kitt Peak, Arizona, situado a unos 2.100 metros sobre el nivel del mar. Y los países miembros del ESO (Observatorio Europeo del Sur) —Bélgica, Dinamarca, Alemania, Francia, Italia, los Países Bajos, Suecia y Suiza— han escogido La Silla, una cresta situada a 2.377 metros de altitud en las soledades del desierto de Atacama.

Dada la altitud del emplazamiento, la atmósfera es tenue y la luz de las estrellas no tiene que atravesarla en todo su espesor para llegar a los telescopios, por lo que se obtienen imágenes menos borrosas. La lluvia y las nubes son fenómenos excepcionales en La Silla, que goza de más de 300 noches despejadas al año. Existe muy poca diferencia entre las temperaturas diurnas y nocturnas, lo cual constituye otra gran ventaja, porque evita los problemas derivados de la dilatación y contracción de los instrumentos a causa de los cambios de temperatura.

Por otra parte, interesaba instalar un observatorio en el hemisferio sur, porque, hasta tiempos muy recientes, casi todas las observaciones astronómicas de tipo óptico se han llevado a cabo en el norte. El sur proporciona una mejor visión del centro de nuestra galaxia y de las Nubes de Magallanes, dos galaxias vecinas de la nuestra. La combinación de todos estos factores hace de La Silla uno de los mejores observatorios del mundo, donde, según los astrónomos, se obtienen las mejores y más precisas imágenes del universo.

Todos menos uno de los 15 telescopios de La Silla son instrumentos ópticos. Ocho de ellos están financiados por el ESO, y el resto por los países miembros. El único telescopio no óptico es un radiotelescopio denominado SEST (telescopio milimétrico de Suecia y el ESO), con un plato de 14,5 metros de diámetro que viene captando señales de radio de onda muy corta procedentes del espacio desde 1987. La situación del instrumento facilita su cometido, ya que en la atmósfera europea estas longitudes de onda suelen ser absorbidas por el vapor de agua. En La Silla el aire es muy seco, y permite realizar observaciones moleculares en el espacio comprendido entre las estrellas de nuestra galaxia y las de las galaxias vecinas.

El telescopio más interesante de La Silla es, sin duda alguna, el telescopio de nueva tecnología, de 340 cm, que entró en funcionamiento en marzo de 1989. Este instrumento utiliza nuevas técnicas para producir las mejores imágenes de muchos cuerpos celestes, y se trata del más avanzado de los telescopios instalados en tierra.

Todos los grandes telescopios modernos utilizan espejos cóncavos de cristal. La fabricación y pulimentación de piezas de cristal tan grandes, con la precisión necesaria, constituye todo un arte. El cristal del que están hechos se calienta a 1.600° C y después se deja enfriar con suma lentitud —el enfriamiento puede llegar a durar seis meses— para evitar tensiones. A continuación, se puede invertir casi un año en nuevos tratamientos calóricos, y varios años más en pulirlo. Los espejos son muy gruesos y pesadísimos, lo cual provoca distorsiones en la estructura e incluso en la forma del espejo cuando se altera su posición.

Centinela de los cielos

Un espejo que presenta una forma perfecta en posición horizontal puede no ser tan perfecto cuando se sostiene en posición oblicua.

Los espejos están hechos con vidrio cerámico «Zerodur», de baja expansión, y son sólo la mitad de gruesos que un espejo convencional del mismo tamaño, menos de 25 centímetros de espesor. Esto disminuye su peso de doce toneladas a sólo seis, reduciendo la distorsión de la estructura que lo sostiene.

Bajo cada espejo hay 78 soportes, controlados uno a uno por un ordenador. Cuando se analiza la luz de una estrella, cualquier desviación de la forma ideal, que produce una imagen difusa, genera señales que activan los soportes, alterando la forma del espejo hasta que se obtiene una imagen perfecta. De este modo, el espejo siempre presenta la forma correcta, sea cual sea su posición. Aunque las distorsiones sean muy ligeras, de tan sólo millonésimas de centímetro, corregirlas es importantísimo, porque de este modo se obtienen imágenes de las estrellas y otros objetos por lo menos tres veces más nítidas que las obtenidas por cualquier otro telescopio terrestre de tamaño comparable.

El telescopio de nueva tecnología (NTT) está montado sobre una finísima capa de aceite, de dos milésimas de centímetro de espesor, que le permite girar sobre un eje vertical. La temperatura del aceite está controlada a la décima de grado, para evitar la generación de calor, que perturbaría la atmósfera en torno al instrumento. La cons-

El mayor de los telescopios convencionales de refracción de La Silla es un instrumento de 140 pulgadas (355 cm) construido en 1975, que ocupa la cúpula más grande en el punto más elevado (derecha). Sin embargo, el NTT consigue imágenes de mayor resolución.

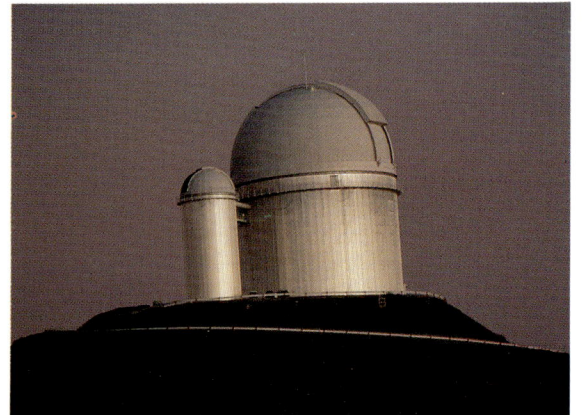

trucción en la que está instalado, como todos los observatorios, carece de calefacción para reducir al mínimo las perturbaciones. La precisión de enfoque del telescopio se basa en el empleo de ordenadores que tienen en cuenta la más mínima desviación de la estructura. El resultado es que el telescopio se puede orientar en la dirección precisa con más exactitud que cualquier otro telescopio de las mismas dimensiones.

Gracias a todo esto, se han podido obtener las mejores imágenes de estrellas y galaxias captadas hasta la fecha. Pero este aparato no representa la última palabra en tecnología de telescopios, ni mucho menos. Por delante de él figuran instrumentos aún más grandes y complicados, con espejos de 10 metros de diámetro o más. Los norteamericanos están construyendo su propio Te-

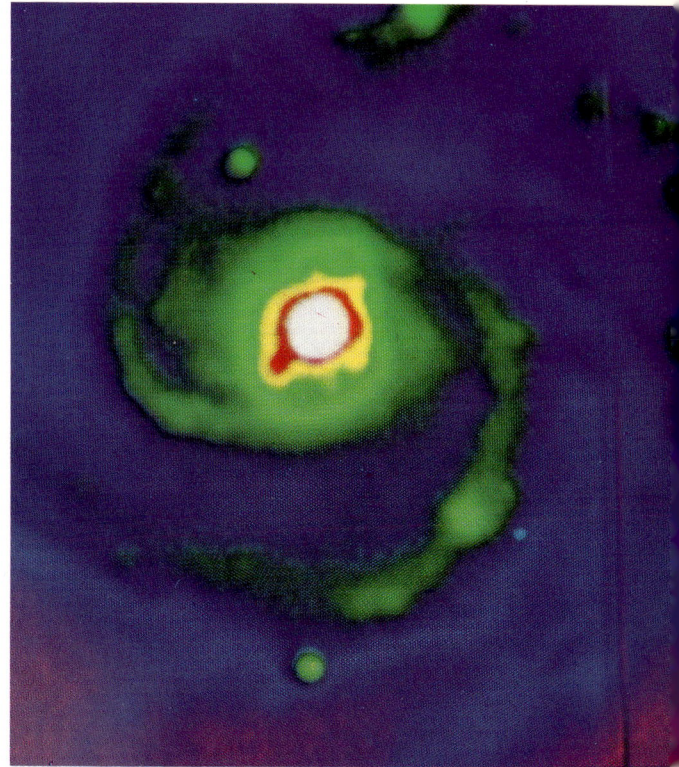

Esta galaxia espiral demuestra la nitidez de imagen que se consigue con la sofisticada tecnología del observatorio. El NTT es el primer instrumento capaz de resolver agrupaciones globulares a una distancia de 700.000 años-luz, permitiendo estudiar las estrellas individuales. A su vez, esto permite fechar con más precisión las agrupaciones y facilita el estudio de las nubes de gas y polvo.

Las gigantescas dimensiones de los telescopios más grandes de La Silla exigen una mecánica de alta precisión para compensar la rotación de la Tierra, en especial durante exposiciones largas. El NTT está equipado con codificadores de posición computerizados, que permiten obtener una orientación más precisa que la de cualquier telescopio terrestre de tamaño comparable.

lescopio Nacional de Nueva Tecnología, un instrumento de 16,5 metros de diámetro que empezará a funcionar en 1992, y será capaz de identificar objetos del tamaño de una moneda grande a 1.600 kilómetros de distancia.

El siguiente paso del ESO consistirá en desarrollar un sistema de «óptica adaptativa» para corregir las distorsiones de la atmósfera. Esto se conseguirá instalando un pequeño espejo en el telescopio y controlando la imagen que se forma en él de una estrella brillante situada en el campo de visión. A continuación, el espejo se deformará rápida y automáticamente, para corregir los cambios de forma de la estrella provocados por las perturbaciones atmosféricas. De este modo se corregirá también el resto de la imagen, proporcionando una nitidez sin precedentes. Las pruebas realizadas han demostrado que el método funciona, y pronto se incorporará a telescopios como el de nueva tecnología.

El siguiente proyecto del ESO, más a largo plazo, es el telescopio de gran tamaño (*very large*

telescope o VLT), que cuenta ya con un presupuesto de 232 millones de dólares. El VLT, que empezará a funcionar en 1998, será más potente que cualquiera de los 20 telescopios más grandes existentes en la actualidad. En realidad, se tratará de una combinación de cuatro telescopios, cada uno de ellos con espejos de más de 8 metros, cuyas señales se combinarán para producir el mismo efecto que con un único espejo de 16 metros de diámetro.

El VLT utilizará la misma tecnología que el telescopio de nueva tecnología, y su sensibilidad le permitirá captar la luz emitida por objetos situados a 18.000 millones de años luz de distancia. El primero de los telescopios se empezó a construir en 1988, aunque todavía no se ha decidido su emplazamiento definitivo, que estará en algún lugar del desierto de Atacama, pero no precisamente en La Silla. Una vez terminado, funcionará por control remoto desde la sede central del ESO, cerca de Munich, sin que sea preciso desplazarse hasta Chile para controlarlo.

Apéndice

MONUMENTOS MONOLÍTICOS

Las Américas

Monumento a Caballo Loco. Custer, Dakota del Sur, EE UU.

Situado a 27 kilómetros del monte Rushmore. Se trata de un homenaje a los indios norteamericanos, tallado en el granito del monte Thunderhead. Este colosal proyecto, que una vez terminado será la estatua más grande del mundo, lo inició en 1947 el escultor Korczak Ziolkowski, que trabajó como ayudante de Gutzon Borglum en el monte Rushmore. El emplazamiento fue elegido en 1940 por el propio Ziolkowski y por el hijo del personaje homenajeado, el jefe Caballo Loco, que derrotó al general Custer en Little Big Horn en 1876, y fue asesinado al año siguiente por un soldado norteamericano, durante una tregua.

La escultura representa a Caballo Loco montado en un poni, y cuando esté terminada medirá 170 metros de altura y 195 de longitud.

Gateway Arch, San Luis, Missouri, EE UU.

Este gigantesco arco catenario, construido en 1966 a orillas del río Mississippi, simboliza la situación de San Luis, como puerta de paso al Oeste. Se trata de un arco de doble pared de acero, diseñado por Eero Sarinen y de 200 metros de altura. La pared exterior es de acero inoxidable, de 6 mm de grosor; la interior, de acero dulce, de casi 1 cm de grosor. El hueco entre ambas está relleno de hormigón por la parte inferior y de material celular por la superior. La sección transversal del arco es un triángulo equilátero hueco, en cuyo interior funcionan ascensores que conducen a una plataforma de observación instalada en lo alto.

Columna de San Jacinto, cerca de Houston, Texas, EE UU.

Esta columna de 173 metros es la más alta del mundo. Se construyó entre 1936 y 1939, a orillas del río San Jacinto, para conmemorar la batalla que tuvo lugar allí en 1836 entre los tejanos mandados por Sam Houston y las tropas mexicanas. La columna es de hormigón, revestido de mármol color crema. Su base es un cuadrado de 14 metros de lado, pero se va adelgazando hasta medir sólo 9 metros de lado en la plataforma de observación. En lo alto de la columna hay una gigantesca estrella que pesa casi 197 toneladas.

Europa

Muralla de Adriano, Cumbria y Northumberland, Inglaterra.

La principal defensa con que contaban los romanos establecidos en Gran Bretaña para resistir las invasiones de los belicosos pictos y escoceses del norte era la muralla construida entre 122 y 130 por orden del emperador Adriano, que va desde el estuario del Solway, al oeste, donde está hecha de tierra, hasta el del Tyne, en el este, donde es ya una estructura de piedra gris de hasta 4 metros de altura. A lo largo de sus 118 kilómetros de longitud había fuertes, castillos y atalayas, atendidos por unos 18.000 soldados.

Por el lado norte, la muralla estaba reforzada por un foso de 8 metros de altura y casi 3 de profundidad. Por el lado sur había un *vallum,* o zanja de fondo llano, de 6 metros de anchura, flanqueada por paredes de tierra de 3 metros de altura, que servía como carretera. Los romanos abandonaron la muralla en 383, cuando Roma fue atacada por los godos, pero aún se conserva una parte considerable, así como 17 fortificaciones, entre ellas el fuerte de Vercovium, cerca de Housesteads, que se mantiene en muy buenas condiciones.

Stonehenge, llanura de Salisbury, Wiltshire, Inglaterra.

La construcción de este monumento megalítico comenzó hacia el año 3500 a.C., antes que las pirámides de Egipto, y se prolongó durante unos 1.500 años. Probablemente, sirvió siempre como lugar de culto, para celebrar rituales religiosos de algún tipo, pero también es posible que se utilizara como observatorio astronómico.

La estructura definitiva, cuyas ruinas podemos contemplar hoy día, constaba de un círculo de monolitos de casi 5 metros de altura y hasta 26 toneladas de peso, conectados por un dintel continuo. Dentro de este círculo había otro formado por piedras de azurita de 4 toneladas de peso, traídas desde las montañas de Preseli, en Gales, a 320 kilómetros de distancia; y en el interior de este segundo círculo, 5 dólmenes dispuestos en forma de herradura y otra herradura de piedras azules. En el centro del conjunto se encontraba la «Piedra del Altar», de arenisca verde-azulada, procedente también de Gales. Los dólmenes están formados por dos piedras verticales y una tercera a modo de dintel sobre las dos primeras, encajadas mediante entrantes y salientes tallados con gran precisión.

MARAVILLAS ARQUITECTÓNICAS

Las Américas

Fábrica Boeing, Everett, Seattle, Washington, EE UU.

La fábrica Boeing, situada a las afueras de Seattle, cuenta con las instalaciones más grandes del mundo. Cuando se terminó, en 1968, tenía una capacidad de 5,6 millones de metros cúbicos (casi dos millones de metros cúbicos más que el edificio de montaje vertical del Centro Espacial Kennedy). En 1980 se amplió la capacidad a 8 millones de metros cúbicos para fabricar el modelo 767. Casi todo el montaje de los aviones Boeing 747 y 767 se lleva a cabo en este gigantesco recinto.

La Casa de la Cascada (Fallingwater), Bear Run, Pennsylvania, EE UU.

Las viviendas diseñadas por el arquitecto norteamericano Frank Lloyd Wright figuran entre las más originales del mundo. La más famosa de todas ellas es, seguramente, la Casa de la Cascada, construida entre 1935 y 1937 para Edgar Kaufmann, propietario de los grandes almacenes Kaufmann, de Pittsburgh. Se trata de la primera casa que Wright construyó con hormigón armado: planchas de hormigón ocre, en voladizos suspendidos sobre una cascada, con planchas de cristal que forman las horizontales entre los planos de hormigón. Es una muestra del concepto «orgánico» de Wright sobre el empleo del hormigón, fundiendo su estructura con las rocas del entorno mediante paredes de piedra sin pulir. La casa presenta ciertas deficiencias técnicas, que han exigido varias reparaciones a fondo.

Hotel Las Vegas Hilton, Nevada, EE UU.

El Las Vegas Hilton, el hotel más grande del mundo, ocupa una extensión de 25,5 hectáreas y dispone de 3.174 habitaciones y suites, 14 restaurantes internacionales, un casino con espléndidas lámparas de araña, una sala de baile de 4.450 metros cuadrados y salas de reuniones con una superficie total de 11.600 metros cuadrados. En su azotea hay cuatro hectáreas de zona recreativa, con una piscina climatizada de 1.325.000 litros, seis pistas de tenis y un campo de golf de 18 agujeros, además de instalaciones para jugar al ping-pong, al badminton y al *shuffleboard.* Veintiún ascensores trasladan a los clientes de un piso a otro, y una plantilla de 3.600 empleados se encarga de atenderlos con el máximo lujo.

Machu Pichu, Perú.

La historia del descubrimiento de la ciudad perdida de los incas, realizado en 1911 por Hiram Bingham en las profundidades de los bosques que cubren parte de los Andes, es una de las más románticas de los anales de la arqueología. Está situada en un emplazamiento único en el mundo, rodeada de montañas y valles de dimensiones colosales y a 2.430 metros sobre el nivel del mar. Las laderas son tan empinadas que fue preciso construir terrazas, no sólo para cultivar alimentos sino también para retardar la erosión del suelo. Cada terraza podía producir alimentos para varios cientos de personas, y el agua llegaba por acueductos que aún seguían funcionando cuando Bingham los descubrió.

Los templos y viviendas que componen la ciudad están construidos con una perfección técnica comparable a la de Cuzco, donde las piedras encajan con tal precisión que resulta imposible introducir la hoja de un cuchillo entre ellas. Se sabe muy poco de la historia de Machu Pichu.

Estadio municipal de Maracaná, Río de Janeiro, Brasil.

El estadio de fútbol más grande del mundo se terminó de construir en 1950, a tiempo para celebrar en él la final de la Copa del Mundo, entre Brasil y Uruguay. Tiene capacidad para 155.000 espectadores sentados y 50.000 más de pie. Los jugadores están separados del público por un foso seco de un metro y medio de profundidad y dos de anchura.

El Pentágono, Condado de Arlington, Virginia, EE UU.

El mayor edificio de oficinas del mundo sirve de cuartel general a las tres ramas de las fuerzas armadas de los Estados Unidos. Se trata de un edificio de cinco plantas, con cinco fachadas de 280 metros de longitud cada una, que ocupa 13,75 hectáreas, incluyendo el jardín, y ofrece una superficie utilizable de 343.000 metros cuadrados con aire acondicionado, donde pueden trabajar hasta 30.000 personas. Está construido de acero y hormigón armado, con algunos revestimientos de piedra caliza, y consta de cinco anillos concéntricos con diez corredores que los conectan, como los radios de una rueda. El complejo dispone, además, de un gran centro comercial subterráneo y un helipuerto.

Europa

La Alhambra, Granada, España.

El exterior austero e imponente de la Alhambra contrasta con su elegante y abigarrada ornamentación interior. La transformación de la antigua fortaleza de la Alcazaba en un palacio —que sirvió durante 250 años como residencia y harén de los gobernantes musulmanes— se inició en 1238. El genio creativo de los árabes alcanzó su cumbre en el siglo XIV, durante el cual se construyó en la Alhambra un verdadero laberinto de salones, columnas, arcadas, patios interiores, estanques y fuentes.

Como el Islam prohíbe el arte figurativo, los arquitectos y artistas realizaron verdaderas maravillas de diseño abstracto en sus azulejos y estucados, tan delicados que parecen de encaje. El ejemplo más perfecto es, tal vez, la asombrosa decoración en forma de «estalactitas» que parecen estallar en la cúpula de la sala de las Dos Hermanas.

Carcasona, Aude, Francia.

El emplazamiento de esta ciudad, en lo alto de una colina aislada y empinada, ha estado ocupado de manera continua desde el siglo V a.C., y todavía pueden contemplarse las torres construidas por los visigodos en 485 d.C. Pero la fama de Carcasona se debe a sus fortificaciones medievales, que son las mejores de Europa. Los vizcondes de Carcasona iniciaron su construcción en el siglo XII, y a partir de 1247 la continuó el rey Luis IX de Francia, que hizo construir las murallas exteriores. Su hijo, Felipe III, añadió nuevas y elaboradas defensas, incluyendo la magnífica torre de Narbona y la torre del Tesoro.

Incluso el irresistible Eduardo, el Príncipe Negro, encontró la fortaleza inexpugnable cuando trató de asaltarla en 1355. Sin embargo, a finales del siglo XVII las murallas quedaron abandonadas y empezaron a deteriorarse; fueron restauradas a mediados del siglo XIX por el gran arquitecto Viollet-le-Duc.

Castell Coch, South Glamorgan, Gales.

Castell Coch, diseñado por William Burges para el tercer marqués de Bute y construido en 1875, puede compararse con las creaciones del rey Luis II de Baviera: los dos hombres tenían un concepto atávico de la arquitectura, y concibieron edificios deliberadamente anacrónicos. Aunque en principio se trataba de restaurar un castillo que estaba en ruinas desde el siglo XVI, Castell Coch es un híbrido que combina la apariencia externa de un castillo galés del siglo XIII con un interior que constituye uno de los más exuberantes productos de la decoración imaginativa victoriana. Por ejemplo, casi toda la superficie del salón de recepciones abovedado está decorada con motivos tomados de la naturaleza y escenas de las fábulas de Esopo y la mitología griega.

No es corriente que un arquitecto coincida tan plenamente con las ideas de su cliente como coincidía Burges con el marqués de Bute; el resultado, tanto en Castell Coch como en el castillo de Cardiff, donde también colaboraron ambos personajes, es un par de edificios sin igual en el mundo.

Iglesia de Notre Dame du Haut, Ronchamp, Francia.

Esta creación de Le Corbusier en Ronchamp, cerca de Belfort, es una de las iglesias menos convencionales que jamás se han construido. El edificio de hormigón armado, construido entre 1950 y 1955, presenta una silueta interesante desde todos los puntos de vista. El tejado se eleva formando una aguja con un alero exagerado, que desde algunos puntos parece un almohadón. Una serie de ventanas muy hundidas, de forma irregular y con cristaleras de colores, iluminan el interior con una aparente confusión de ángulos y formas.

El Coliseo, Roma, Italia.

El gran anfiteatro ovalado de Flavio, situado cerca del extremo sureste del Foro, debe su nombre a la enorme estatua de Nerón que se alzaba en sus proximidades. Lo empezó a construir Vespasiano en el año 75 d.C. y lo inauguró su hijo Tito en 80 d.C., para servir de escenario a combates de gladiadores y luchas contra fieras. Está construido de hormigón, revestido de mármol travertino, con una longitud de 188 metros y una anchura de 156, lo que le convierte en el más imponente de los monumentos romanos que han sobrevivido hasta nuestros tiempos. La fachada, de 48 metros de altura, tiene cuatro plantas, las tres primeras con arcadas dóricas, jónicas y corintias, y la cuarta cerrada, con pilastras y ventanas corintias. Las gradas, sostenidas por corredores concéntricos de techos abovedados, tenían capacidad para unos 45.000 espectadores; y debajo de la arena, que mide 87 por 54 metros, hay almacenes y jaulas para los animales.

El Escorial, cerca de Madrid, España.

Felipe II construyó El Escorial entre 1563 y 1584 para conmemorar la victoria española sobre los franceses en la batalla de San Quintín (1557). El complejo rectangular, que mide 205 por 160 metros, incluye la iglesia de San Lorenzo y un mausoleo en el que reposan los restos de todos los monarcas españoles, con excepción de Alfonso XIII (fallecido en 1941). También comprende un monasterio, un palacio, oficinas, biblioteca y una escuela, todo ello en cinco grandes claustros.

Los macizos y austeros edificios diseñados por Juan Bautista de Toledo y Juan Herrera son de granito gris y resultan más impresionantes que hermosos. El plano de la grandiosa pero sobria iglesia sigue el diseño de una cruz griega, con nave y transeptos de igual longitud, y la monumental cúpula tiene 18 metros de diámetro y 97 de altura. En la actualidad, El Escorial contiene una magnífica colección de pinturas, libros antiguos y manuscritos.

Apéndice

Abadía de Fonthill, Wiltshire, Inglaterra.

La mansión señorial de Fonthill, ya desaparecida, era una de las construcciones más extravagantes jamás levantadas en un país donde abundan los edificios excéntricos. Su creador, William Beckford, había heredado una gran fortuna, procedente en su mayor parte de plantaciones en las Antillas. Beckford, admirador del estilo gótico, encargó a James Wyatt que diseñara un edificio capaz de compararse con la cercana catedral de Salisbury. Se necesitaron once años de trabajo continuado, con dos equipos de 500 trabajadores turnándose, para construir la estructura cruciforme, que quedó terminada en 1808.

La parte principal medía 95 por 75 metros, el techo del Gran Salón se encontraba a 25 metros de altura, y había dos largas galerías, pero lo que más admiración causaba a los pocos visitantes que Beckford admitía era la torre que remataba el crucero, de planta octogonal y 84 metros de altura. Sin embargo, esta torre acarrearía la ruina al edificio. Ante la impaciencia de Beckford por ver su mansión terminada, el desaprensivo constructor decidió omitir en los cimientos los arcos invertidos, y el resultado fue que la torre se derrumbó en 1825, aunque para entonces Beckford ya había vendido la mansión. Jamás se reconstruyó, y a los treinta años de su inauguración ya había desaparecido el resto del enorme edificio.

Hagia Sofia, Estambul, Turquía.

La gran iglesia bizantina de Hagia Sofia (Santa Sabiduría), un remanso de serenidad en el frenesí de la moderna Estambul (la antigua Constantinopla), fue construida por Justiniano entre 532 y 537. Era la tercera iglesia que se alzaba en el mismo emplazamiento. El exterior es una mezcolanza de semicúpulas y contrafuertes, con cuatro minaretes en las esquinas, que se añadieron en época posterior. Pero el interior, con una superficie de 8.190 metros cuadrados, y la cúpula, de más de 30 metros de diámetro, son verdaderamente espléndidos.

Justiniano importó pórfido rojo, serpentina verde y mármoles blanco y amarillo, y contrató escultores y diseñadores de mosaicos con el fin de crear la iglesia más magnífica de toda la cristiandad. Cuando Constantinopla cayó en poder de los turcos otomanos en 1453, Hagia Sofia se convirtió en mezquita y sus mosaicos se taparon con yeso. Por último, en 1934 se transformó en un museo.

Herrenchiemsee y Neuschwanstein, Baviera, Alemania.

Varios de los edificios más opulentos y fantásticos del mundo fueron concebidos por el excéntrico y romántico rey Luis II de Baviera, mecenas de Wagner.

Herrenchiemsee, construido sobre la más grande de las tres islas del mayor lago de Baviera, era el Versalles de Luis II. La primera piedra se colocó en 1878, y a la muerte del rey Luis en 1886 sólo se habían terminado el bloque central y parte de un ala. Sin embargo, ya para entonces contenía algunos de los objetos más magníficos que jamás se habían realizado para un palacio: el candelabro de porcelana más grande del mundo, hecho en Meissen; el Salón de los Espejos, superior al de Versalles; cortinas que pesaban un quintal cada una; una puerta con placas de porcelana de Meissen como paneles...

Como contraste, Neuschwanstein es una reproducción de un castillo medieval, construida en lo alto de una escarpada montaña, en la que hubo que volar los seis metros superiores para nivelar el terreno. El espectacular emplazamiento del castillo, rodeado de cumbres alpinas, convierte en memorable esta fantasía, digna de un cuento de hadas. Las obras comenzaron en 1869, y todavía se estaban aplicando los toques finales cuando murió el rey Luis. Además de las instalaciones más tradicionales, existía un despacho real que comunicaba con una gruta artificial, con cascada y efectos luminosos variables, que se adaptaban al estado de ánimo del monarca.

Knole, Kent, Inglaterra.

Vista desde lejos, al extremo de su parque de 400 hectáreas, la mansión señorial de Knole parece una aldea medieval. Tiene fama de ser la casa (no palacio) con más habitaciones del mundo: 365. La mansión, estructurada en torno a siete patios, se empezó a construir en 1456 por encargo del arzobispo de Canterbury, Thomas Bourchier, que la legó al arzobispado. Enrique VIII coaccionó al arzobispo Cranmer para que se la donase a él, y el codicioso monarca la amplió considerablemente, siendo casi seguro que fue él quien hizo construir la impresionante fachada oeste, de 100 metros de longitud, para el numeroso cortejo que acompañaba al monarca y a los ministros que le visitaban. El Gran Salón, pensado en un principio como comedor, medía treinta metros por diez. La Galería de Cartones para Tapices es aún más larga, con 42 metros.

La Torre Inclinada, Pisa, Italia.

Esta torre románica redonda, que servía de campanario al baptisterio contiguo, se empezó a construir en 1174. El arquitecto, Bonnano Pisano, empleó exclusivamente mármol blanco. La torre, con ocho plantas de columnatas con arcos, tiene una altura de 54 metros. Comenzó a inclinarse nada más quedar terminado el primer piso, probablemente a causa de un corrimiento del subsuelo aluvial, o quizá porque los cimientos eran defectuosos. Se llevaron a cabo ingeniosos intentos de compensar la inclinación, enderezando los pisos superiores y haciendo más altas las columnas por el lado sur que por el norte. El campanario propiamente dicho, que se terminó en 1350, también se construyó en ángulo, y las campanas más pesadas están colgadas por el lado norte; a pesar de todo, la torre continuó inclinándose, y en la actualidad se desvía más de cinco metros de la perpendicular.

Catedral de Lincoln, Inglaterra.

Considerada como el mejor ejemplo del estilo gótico primitivo inglés, la catedral de Lincoln ostentó el título de edificio más alto del mundo entre 1307 (cuando su torre central alcanzó los 160 metros de altura, superando a la pirámide egipcia de Keops) y 1548, cuando se derrumbó durante una tormenta. El viajero y escritor William Cobbett la consideraba «el edificio más bello del mundo entero». Su emplazamiento, en lo alto de una colina que domina Lincoln, le confiere una espectacularidad sin parangón con ninguna otra catedral, exceptuando la de Durham.

La construcción comenzó hacia 1075 por orden del obispo Remigio, y la consagración se celebró en 1092. Durante el siglo XII, un terremoto causó graves desperfectos, que obligaron a reconstruirla, tarea emprendida hacia 1190 por el obispo san Hugo de Lincoln. Entre otros motivos de orgullo, la catedral cuenta con cientos de estatuas que decoran el exterior, tallas de gran calidad en el coro, y una biblioteca diseñada por Christopher Wren. Las agujas que en otro tiempo remataban las dos torres occidentales fueron desmanteladas en el siglo XVIII, a pesar de las airadas protestas de los habitantes de Lincoln.

Torre Nat-West, Old Broad Street, Londres, Inglaterra.

La sede del National Westminster Bank es el edificio voladizo más alto del mundo y el bloque de oficinas más alto de Gran Bretaña. Su torre, que se alza a 90 metros de altura sobre la City de Londres, tiene tres plantas de sótanos y 49 pisos, sostenidos por soportes de acero y hormigón que sobresalen de una torre central. Fue diseñada por Richard Seifert y se terminó de construir en 1979.

Palm House, Kew Gardens, Londres, Inglaterra.

Tras la visita de la reina Victoria al invernadero de Paxton en Chatsworth (ver p. 64), se decidió construir una estructura similar en el Real Jardín Botánico de Kew. Los dos arquitectos encargados fueron Decimus Burton y Richard Turner. Burton había trabajado como ayudante de Paxton en Chatsworth y Turner había colaborado en la construcción del palmeral del Jardín Botánico de Belfast.

Las obras se iniciaron en 1844 y el resultado fue la mayor estructura de su tipo, con 110 metros de longitud, 30 de anchura en el centro y 20 de altura. Columnas de hierro forjado sostienen los montantes curvos de las paredes y el techo, y junto a la estructura hay una sala de calderas que proporciona calefacción por medio de tuberías que llegan a través de un túnel.

El Partenón, Atenas, Grecia.

El Partenón se construyó para servir de templo de la diosa Atenea, entre 447 y 438 a.C. Consta de una base rectangular, de 72 por 30 metros de lado, con columnatas en los cuatro lados, rodeando las dos pequeñas estancias de la nave: la cámara del tesoro de la ciudad y una sala que albergaba la suntuosa estatua de Atenea, en oro y marfil. El tejado era de poca pendiente, con un frontón triangular en cada extremo. Pero estas formas geométricas aparecían suavizadas y embellecidas por sutiles variaciones, que convierten al Partenón en el más perfecto de los edificios de la antigua Grecia. Todas las líneas horizontales se curvan hacia arriba en el centro, y las columnas, que se engrosan ligeramente en la parte central y adelgazan en lo alto, están inclinadas hacia dentro.

El templo se construyó con bloques de mármol, perfectamente encajados sin necesidad de cemento o argamasa, y está decorado con relieves adornados con bronce y oro. En lo alto de la nave, un friso tallado recorre todo el perímetro. Sobre las columnas hay paneles tallados, y los frontones están decorados con magníficos altorrelieves que representan el nacimiento de Atenea y la batalla entre la diosa y Poseidón, dios del mar, que decidió el destino de Atenas.

Petra, Jordania.

En 1812, el viajero suizo J. L. Burckhardt redescubrió la antigua ciudad de Petra, «una ciudad roja como una rosa y tan antigua como el tiempo», que fue la próspera capital de los nabateos durante unos 500 años, desde el siglo II a.C. hasta principios del siglo IV d.C. Lo que convierte a Petra en uno de los monumentos arqueológicos más espectaculares del mundo es su emplazamiento, rodeado de montañas peladas, más los fabulosos relieves realizados por los nabateos, y las construcciones romanas añadidas tras la anexión de la ciudad en 106 d.C. A Petra sólo se puede llegar por una estrecha garganta de 600 metros, el Siq, que discurre entre paredes casi verticales de 100 metros de altura. Este acceso resultaba inexpugnable, y se podía defender con un pequeño grupo de soldados.

Los nabateos eran maestros de la talla de piedra, y el Jazna, o Tesoro, que es el primer edificio que se encuentra al final del Siq, constituye un ejemplo espectacular de su arte. El Jazna es un edificio de estilo griego, probablemente un templo, tallado en la misma roca de color rosa anaranjado. Los edificios nabateos, excavados en las paredes de roca, se encontraban protegidos contra los desprendimientos, y han quedado mucho mejor conservados que las construcciones romanas de época posterior. De éstas, la que se ha mantenido en mejores condiciones es el anfiteatro, con capacidad para 3.000 espectadores en 33 gradas de asientos. La colonia romana, de más de tres kilómetros de extensión, tenía tres mercados, templos, un foro, baños, gimnasios, columnatas y numerosas tiendas y casas particulares.

Pompeya, Nápoles, Italia.

Esta ciudad, fundada en el siglo V a.C., estuvo en principio bajo el dominio griego; pero en el año 79 d.C., cuando quedó destruida por una erupción del Vesubio, se había convertido en una ciudad de 25.000 habitantes, donde acudían a veranear los romanos ricos. La excavación sistemática de las ruinas no comenzó hasta 1748, y una tercera parte de la ciudad todavía continúa sepultada.

Casi todas las mansiones, templos, baños y edificios públicos, así como el foro y el anfiteatro, son de estilo romano. Se trata de construcciones de ladrillo, revestido de mármol o yeso, y algunas de ellas, como la Casa dei Vettii, están decoradas con magníficos frescos. Las calles, pavimentadas y con aceras muy altas, están profundamente surcadas por las ruedas de carros y atravesadas por hileras de piedras para que cruzaran los peatones. Los restos de edificios y personas que se van desenterrando proporcionan valiosísimos datos sobre la vida en esta antigua ciudad.

Centro Pompidou, París, Francia.

Este enorme museo y centro de exposiciones, diseñado por Richard Rogers y Renzo Piano y terminado en 1975, es uno de los edificios modernos que más controversia ha desatado. Carece de fachada formal y está construido a base de gigantescas vigas de acero, pintadas en colores primarios brillantes —rojo, amarillo y azul—, que se ven perfectamente a través de las paredes de cristal, lo mismo que los ascensores exteriores y las galerías de comunicación.

La estructura consta de cinco plantas, con unos 110 metros de longitud y 48 de anchura, y una superficie de 113.500 metros cuadrados en la planta baja. En su interior hay un museo de arte moderno con 37.500 metros cuadrados de exposición, institutos de investigación para la creación industrial, la música y la acústica, una biblioteca y un restaurante.

Ponte Vecchio, Río Arno, Florencia, Italia.

El Ponte Vecchio, construido en 1345 por Taddeo Gaddi, fue el primer puente de Occidente con arcos de menos de un semicírculo. Esto significa que se necesitaban menos pilares para sostenerlos, lo cual permitía el paso de embarcaciones y, sobre todo, de agua, ya que el Arno experimenta fuertes crecidas en primavera a consecuencia del deshielo.

A cada lado de la calzada hay una galería de dos plantas. La galería superior conectaba el palacio Uffizi, sede de las oficinas de la familia Médici, con el palacio Pitti, al otro lado del río. Al nivel de la calle había, y todavía hay, tiendas ocupadas por orfebres y joyeros.

Castillo de Praga, Hradvany, Praga, Checoslovaquia.

El «castillo» de Hradvany, que comenzó siendo una fortaleza de madera construida hacia 850, es el más grande del mundo y, como el Kremlin de Moscú, más que una fortaleza es un complejo de edificios, agrupados en torno a tres patios, que ocupa una superficie total de 7,2 hectáreas. Para penetrar en el castillo, los visitantes entran por la ornamentada puerta de Matías, y encuentran en su recorrido muestras de arquitectura de principios del siglo XX, seguidas de construcciones barrocas, renacentistas y góticas, hasta llegar a las grandes torres medievales, la torre Blanca y la Dalibarka.

Los edificios más impresionantes son el palacio real y la catedral gótica de San Vito, diseñada en 1344 por Matías de Arras; se trata de la tercera construida sobre el mismo emplazamiento: la primera fue fundada hacia 930 por el príncipe Wenceslao, actual santo patrón del país. Por lo menos desde 894, el castillo ha servido como sede oficial y lugar de coronación de los soberanos checos, y todavía se celebra allí la investidura de los presidentes, que tiene lugar en el enorme salón Valdislav, de estilo gótico tardío, que mide 74 metros de longitud, 18 de anchura y 15 de altura.

El Pabellón Real, Brighton, Sussex, Inglaterra.

En sus orígenes, el Pabellón Real fue una pequeña granja, reformada y ampliada durante más de 35 años —de 1786 a 1821— para satisfacer los caprichos del príncipe de Gales, que luego se convertiría en rey Jorge IV. Sus fantásticos pináculos y cúpulas, que deben mucho a la arquitectura islámica de la India, se construyeron en 1815, y fueron obra de John Nash, que empleó, por primera vez en la arquitectura doméstica, hierro fundido como base estructural y decorativa, y no sólo para los marcos de ventanas y chimeneas.

Si el exterior resulta asombroso, el interior lo es aún más, ya que Nash construyó también

Apéndice

una enorme sala de banquetes con techo de cúpula, y una sala de música, ambas decoradas con delirante extravagancia. Grandes dragones se enroscan alrededor de las paredes y el techo de la sala de música, pintados de rojo y azul con incrustaciones de oro. También el salón de banquetes está pintado con motivos exóticos, y de su techo cuelga una lámpara enjoyada que pesa casi una tonelada.

Catedral de San Pablo, Ludgate Hill, Londres, Inglaterra.

La primera piedra de la obra maestra de Christopher Wren se colocó en 1675, y la catedral quedó terminada en 1710. El conjunto de la nave y el coro mide 141 metros de longitud, y sobre el crucero hay una cúpula de 137 metros de diámetro y 65 de altura, cubierta de mosaicos. La cúpula está sostenida por pilares, agrupados en las esquinas para proteger las oficinas y la escalera que sube a la biblioteca. En un principio, estos pilares se construyeron de piedra y estaban rellenos de cascotes; en los años treinta se reforzaron inyectando hormigón líquido, lo cual seguramente permitió que resistieran los bombardeos de la segunda guerra mundial.

La cúpula está formada por tres capas. Sobre la semiesfera interior hay una estructura cónica de ladrillo, que sostiene la cúpula exterior, con estructura de madera recubierta de plomo. Está rematada por una linterna con columnas y una enorme cruz dorada, situada a 110 metros de altura sobre el suelo.

En la fachada occidental se alzan dos torres de 68 metros de altura; y en la fachada sur, un campanario con una campana de 17 toneladas, el Gran Paul, la mayor de toda Inglaterra.

Palacio de Versalles, Versalles, Francia.

Este palacio, construido sobre el emplazamiento de un refugio real de caza, fue el producto triunfal de la ambición del rey Luis XIV y de los diseños de los grandes arquitectos del estilo clásico: Le Vau, Le Brun y Hardouin Mansart. Su construcción, que comenzó en 1661, duró cincuenta años. El palacio con sus jardines ocupa una extensión de 2.400 hectáreas.

Casi toda la fachada occidental, de unos 640 metros de longitud, fue construida por Le Vau en 1669; en 1678, Mansart cerró la terraza abierta para crear la sala más espléndida del palacio, la galería de los Espejos, de 72 metros de longitud, con 17 ventanas altas de arco y 17 falsas ventanas con espejos en marcos de cobre dorado; tanto las ventanas como los espejos están separados por columnas de mármol rojo. El techo, decorado con pinturas, está enmarcado por una cornisa de estuco dorado. La sala estaba amueblada con muebles y lámparas de plata y suntuosas alfombras, para reflejar la magnificencia del Rey Sol.

Castillo de Windsor, Berkshire, Inglaterra.

La residencia real de Windsor, que Guillermo el Conquistador empezó a construir en 1067, es el castillo habitado más grande del mundo. Su planta tiene, aproximadamente, la forma de un ocho, y la muralla tiene una extensión de más de 600 metros. La gran mole cilíndrica de la fortaleza, que domina el paisaje urbano de los alrededores, fue construida por Enrique I, que fue el primero en utilizar piedra para la construcción del castillo. Desde entonces, la altura de la fortaleza se ha ido elevando hasta alcanzar 30 metros, y se ha reforzado la muralla exterior. A finales del reinado de Eduardo III, el castillo había dejado de ser una fortaleza militar para convertirse principalmente en residencia real. Los sucesivos monarcas reformaron y ampliaron el castillo, pero éste aún conserva un aspecto medieval. La principal de las adiciones fue la capilla de la Orden de San Jorge, construida por orden de Eduardo IV.

Resto del mundo

Angkor Wat, Angkor, Camboya.

El conjunto de templos de Angkor Wat, uno de los complejos religiosos más grandes del mundo, ocupa una extensión de casi 2,5 kilómetros cuadrados. Se construyó con arenisca entre 1113 y 1150, bajo el reinado de Suryavarnam II, al que debía servir de sepulcro. Estaba dedicado al dios Visnú y representa toda la cosmología hindú.

Al templo principal, rodeado por un foso que representa los océanos, se accede por una calzada de 300 metros. En la muralla exterior, símbolo de las montañas que forman el borde del mundo, hay una magnífica puerta de entrada a cinco recintos rectangulares concéntricos, en los que se alzan torres con forma de flores de loto, la mayor de las cuales alcanza una altura de más de 60 metros. Las cinco torres centrales representan las cumbres del monte Meru, el centro del universo. Los patios están conectados por columnatas adornadas con delicadas esculturas e inmensos bajorrelieves que representan escenas de las leyendas religiosas hindúes, y que constituyen el elemento más espectacular del templo.

Chandigarh, Punjab, India.

El concepto que Le Corbusier tenía de la ciudad ideal se materializó en parte en la capital administrativa del Punjab, fundada en 1951, para la que diseñó los principales edificios: el palacio del Parlamento, el Tribunal Supremo y el Secretariado. Sus colosales dimensiones los convierten en símbolos adecuados del gobierno, pero han resultado poco funcionales, debido en parte a la distancia entre uno y otro, que resulta muy incómoda con el calor reinante en Punjab. El radical alejamiento de las tradiciones arquitectónicas formaba parte de la política del primer ministro Nehru en los primeros tiempos de independencia de la India, que pretendía que los edificios simbolizaran la libertad de la nación.

Fatehpur Sikri, Uttar Pradesh, India.

En 1569, el emperador Akbar construyó una mezquita y una tumba en Fatehpur Sikri, en honor del ermitaño Salim Chisti, que había predicho el nacimiento de su hijo, el futuro emperador Jahangir. Poco a poco se fueron construyendo allí edificios públicos y palacios, y en 1588, la ciudad, rodeada por murallas fortificadas, se convirtió en la capital de Akbar. En 1605, la ciudad quedó abandonada, debido a una escasez de agua.

Fatehpur Sikri, construida con arenisca blanda de color rosa, que es muy fácil de tallar, constituye una exquisita muestra, casi intacta, de la arquitectura mongol. Destacan en ella la puerta de la Victoria o Buland Darwaza, con sus inmensas estatuas de elefantes; la magnífica fachada de la Gran Mezquita o Jami Masjid; el mausoleo de mármol de Salim, con sus bellas tracerías y sus incrustaciones de esmalte y madreperla, y los palacios de Jodh Bai y Birbal.

Gran Zimbabue, Zimbabue.

El monumento de piedra más grande de África (sin contar los egipcios) es un complejo de ruinas conocido como el Gran Zimbabue y situado a 400 kilómetros, tierra adentro, del puerto de Sofala, en el océano Índico. Las construcciones de la Acrópolis, o fortalezas de la colina, dominan sobre las del Gran Recinto, abajo en el valle. Este gran recinto está rodeado por una muralla de piedra de 250 metros de circunferencia, de 5 a 10 metros de altura, y por lo menos 1,20 metros de grosor, hecha con bloques de granito gris azulado, cortados y colocados como ladrillos. En el interior hay otros muros que forman estrechos pasadizos, tres plataformas, varias «cámaras» y una torre cónica y maciza.

Se ignora quiénes fueron los constructores del Gran Zimbabue, y cuál era su función, pero lo más probable es que se fundara hacia el siglo X, como centro comercial para el intercambio de mercancías de una próspera comunidad de la Edad de Hierro y para el tráfico de esclavos negros hacia Arabia.

Sede central de la Corporación Bancaria de Hong Kong y Shanghai, Hong Kong.

Esta maravilla de innovación técnica, diseñada por Norman Foster y terminada en 1986, se compone de tres torres de diferentes alturas y apariencia visual, cuya sección central, de 47 plantas, alcanza una altura de 180 metros. Todo el conjunto está suspendido sobre una plaza a ras del suelo, mediante ocho inmensas torres de acero revestido de paneles de aluminio. La estructura de acero descubierto está dividida en cinco zonas verticales, desde las cuales cuelga un conjunto de plataformas de acero ligero y hormigón, suspendidas mediante armaduras de acero que parecen perchas gigantes para la ropa (un método derivado de la construcción de puentes). Estas plataformas se construyeron básicamente a partir de módulos prefabricados en EE UU, Gran Bretaña y Japón.

En la cara sur del edificio hay un panel solar de 24 espejos controlado por ordenador, que sigue la trayectoria del sol y refleja sus rayos hacia lo alto del atrio central, de 45 metros de altura, desde donde se difunde por todo el edificio.

Templo de Hoysaleswara, Halebid, Karnataka (Mysore), India.

La dinastía Hoysala, que reinó en esta región durante unos 250 años, hasta 1326, alcanzó el apogeo de su poder durante el reinado de Bittiga (1110-52), que adoptó el nombre de Vishnuvardhana al convertirse al hinduismo. El más sobresaliente de los templos que hizo construir para su nueva religión fue el de Hoysaleswara, en la ciudad de Halebid, capital de su reino.

En sí mismo, el pequeño templo en forma de estrella y de poca altura no resulta muy impresionante; son las intrincadas esculturas que cubren todas sus superficies las que convierten a este templo en la cumbre artística del período Hoysala. Están talladas en esteatita, una piedra blanda que se endurece al exponerse a la intemperie, y representan episodios de las vidas de los príncipes: escenas de caza, descripciones de la vida rural, animales, pájaros y, sobre todo, músicos y bailarinas.

También existen aquí una estatua gigantesca del dios jainista Gommateshwara y otra del toro del dios hindú Siva.

Nueva Delhi, India.

La ciudad de Nueva Delhi, en la orilla derecha del río Jumna, fue diseñada por Edwin Lutyens y Herbert Baker, y se construyó entre 1912 y 1929 para sustituir a Calcuta como capital y centro administrativo de la India británica. Sus amplias calles tienen un trazado simétrico, que ofrece buenas vistas de los magníficos edificios oficiales y los numerosos monumentos históricos, entre los que figura un arco triunfal erigido en 1921. De este arco parte una amplia avenida flanqueada de árboles, el Raj Path, que conduce a un espléndido palacio de mármol y arenisca, que antes servía de residencia al virrey y en la actualidad es la residencia oficial del presidente indio.

En un terreno de oraciones situado al sur de esta ciudad fue asesinado en 1948 el mahatma Gandhi.

Polonnaruwa, cerca de Sigiriya, Sri Lanka.

La antigua ciudad de Polonnaruwa, construida en un bellísimo emplazamiento a orillas de un lago, fue en otros tiempos la más magnífica de todo Sri Lanka (antes Ceilán). Ya en 368 servía de residencia real, y durante el siglo VIII fue la capital de la isla. Su período de mayor importancia coincidió con el reinado de Parakrama Bahu I, el más famoso de los reyes cingaleses, que reinó de 1164 a 1197. A este período corresponden las principales ruinas, entre las que destaca el imponente templo de Jetawanarama, de 50 metros de longitud, con muros de 25 metros de altura y 3,5 de grosor, y una inmensa estatua de Buda en posición reclinada.

Palacio de Potala, Lhasa, Tíbet.

Con sus mil ventanas y sus relucientes tejados dorados que se ven a muchos kilómetros de distancia, la impresionante estructura del Potala domina Lhasa desde lo alto de una montaña. Durante más de 300 años, hasta que China se anexionó el Tíbet en 1951, Potala sirvió como fortaleza-palacio de los dalai lamas, dirigentes espirituales del Tíbet; en la actualidad está convertido en museo.

Las murallas de piedra encalada del Palacio Blanco, construido en 1648, rodean al Palacio Rojo, que se terminó en 1694. Aquí se encuentra el núcleo religioso del complejo, con salas de reunión para los monjes, bibliotecas de escrituras budistas, capillas, santuarios y, destacando sobre todo ello, la pagoda funeraria del quinto dalai lama, fundador de Potala, que mide 15 metros de altura. Está construida en madera de sándalo y recubierta con cuatro toneladas de oro, con incrustaciones de diamantes, rubíes y zafiros.

Taj Mahal, Agra, India.

El Taj Mahal, uno de los edificios más famosos del mundo, es un extraordinario capricho, una celebración personal del amor que sentía Shah Jahan, emperador mongol del siglo XVII, por su reina, Mumtaz Mahal, que falleció en 1631 tras haberle dado 14 hijos en 17 años de matrimonio. Las obras del edificio comenzaron el mismo año de su muerte.

Durante los 20 años siguientes, 20.000 hombres y mujeres trabajaron para convertir los dibujos de un arquitecto —cuya identidad permanece sumida en el misterio— en un deslumbrante mausoleo blanco. Se contrataron artesanos de toda Asia, y miles de elefantes y bueyes arrastraron innumerables bloques de mármol a lo largo de una rampa de tierra apisonada de 16 kilómetros de longitud, que llevaba hasta el lugar de las obras. Las superficies del Taj Mahal tenían incrustaciones de piedras preciosas y semipreciosas, que fueron robadas durante el turbulento siglo XVIII. La parte más impresionante del edificio es la cúpula, cuyo florón se encuentra a 67 metros de altura.

El Taj Mahal quedó muy descuidado tras la muerte de los hijos de Shah Jahan, y durante el Raj se llegó a pensar incluso en desmantelarlo y vender el mármol en Inglaterra. Pero gracias al renovado interés por el patrimonio arquitectónico de la India, que tuvo en lord Curzon a su principal exponente, se decidió por fin restaurar el mausoleo y sus jardines.

Pagoda de Schwedagon, Rangún, Birmania.

En un terreno de poco más de cinco hectáreas en lo alto de un monte que domina la ciudad de Rangún, y rodeada de cientos de pagodas más pequeñas, se alza la pagoda de Schwedagon, el santuario budista más espléndido de toda Birmania.

Según la leyenda, la primera de las pagodas se construyó en el siglo VI a.C.; la actual *stupa* se construyó en 1768 por orden del rey Hsibyushin, para sustituir a otra anterior, destruida por un terremoto. El bloque central, de forma acampanada, se alza sobre una serie de terrazas rectangulares y octogonales, todas ellas chapadas de oro puro, y alcanza una altura de más de 90 metros, en secciones cada vez más pequeñas, culminando en un *hti* o «sombrilla» de hierro dorado, del que cuelgan campanas de oro y plata, y rematado por una veleta enjoyada y un orbe que lleva incrustados unos 4.000 diamantes.

Apéndice

PROEZAS DE LA INGENIERÍA CIVIL

Las Américas

Puente-túnel de la bahía de Chesapeake, Virginia, EE UU.

El puente-túnel más largo del mundo se inauguró en abril de 1964, tras 42 meses de obras que costaron 200 millones de dólares. Esta combinación de caballetes, puentes y túneles, de 28 kilómetros de longitud, comunica Norfolk con la punta del cabo Charles. Para mantener abierto al tráfico el canal de la bahía de Chesapeake, se construyeron dos túneles revestidos de hormigón, de 1,6 kilómetros de longitud y 7 metros de diámetro, que discurren muy por debajo del canal principal y conectan dos islas artificiales, de 450 metros de longitud cada una. La sección principal se apoya en 20 kilómetros de caballetes de hormigón, de 9,5 metros de anchura y situados a 7,5 metros sobre el nivel medio de la marea baja, capaces de resistir olas de seis metros.

Puente Golden Gate, San Francisco, EE UU.

Aunque tiene ya más de cincuenta años de edad, este puente aún está considerado como una de las obras maestras de la ingeniería civil en todo el mundo. Cuando Joseph Strauss completó sus planos en 1930, el puente tenía el ojo más largo del mundo, 1.280 metros, y no fue superado hasta 1964 por el puente de Verrazano Narrows, en Nueva York, que tiene un ojo de 1.298 metros.

En su construcción se emplearon más de 100.000 toneladas de acero, 526.000 metros cúbicos de hormigón y 128.000 kilómetros de cable. La longitud total, incluyendo los accesos, es de 11,2 kilómetros. Las torres miden 227 metros de altura, y tiene dos pilares de soporte, el mayor de los cuales penetra treinta metros bajo el mar. Durante la marea baja, la calzada queda a 67 metros por encima del agua.

El mayor obstáculo que tuvieron que superar los ingenieros para construir el Golden Gate fue el tendido de los cimientos, debido a las fuertes mareas. Los buceadores sólo podían trabajar durante cuatro períodos de 20 minutos al día, cuando cambiaba la marea y el agua quedaba más tranquila. Fracasaron varios intentos sucesivos de construir una base, dentro de la cual levantar los pilares del puente, lo cual obligó a los ingenieros a construir en su lugar una caja-dique, que se mantenía seca por medio de bombas. El puente se inauguró en mayo de 1937 y su construcción costó 35 millones de dólares.

Puente de Quebec, Canadá.

Es el puente voladizo de ojo más largo del mundo, con 548 metros, y está construido sobre el río San Lorenzo, a cierta distancia de Quebec, para aprovechar un estrechamiento del río, que en este punto mide sólo unos 400 metros de anchura, en lugar de los tres o cuatro kilómetros que mide en los demás lugares. En el mismo lugar existía anteriormente otro puente, que se hundió, y las obras del puente actual comenzaron en 1899 y estuvieron plagadas de dificultades. A pesar de las advertencias, no se tuvo en cuenta la excesiva desviación que se iba produciendo al avanzar la construcción, hasta que el puente se hundió en 1907, matando a 75 trabajadores, por culpa de un número inadecuado de remaches en uno de los brazos voladizos y del arqueamiento de una viga.

Hubo que diseñar de nuevo el puente para hacerlo más resistente: se aumentó su longitud a 1.000 metros y se utilizó un 150 por 100 más de acero. A pesar de ello, en 1916 volvió a producirse un desastre cuando se estaba instalando el brazo suspendido: una pieza se rompió, y el bloque de 195 metros y 5.000 toneladas cayó al río, causando la muerte a 13 obreros. El tercer intento tuvo éxito, y el tren inaugural atravesó el puente en diciembre de 1917. En 1929 se añadió una calzada para automóviles.

Puente colgante del Niágara, río Niágara, EE UU, y Canadá.

El primer puente colgante moderno se abrió al tráfico ferroviario y de pasajeros en 1855, entre funestos augurios de que se vendría abajo en cuanto soplara un viento fuerte. Pero el puente, de doble plataforma y con un ojo mayor de 250 metros, demostró su solidez, gracias a que su creador, John A. Roebling, había comprendido que un puente colgante no sólo tiene que ser fuerte sino también estable. La resistencia se garantizó mediante dos cables de 25 cm de diámetro a cada extremo, cada uno de los cuales sostiene una de las plataformas, de tres metros de anchura. La estabilidad se consiguió mediante 64 sostenes y vigas de madera, insertadas entre las plataformas. Pero los cables de hierro se fueron deteriorando poco a poco, y en 1897 el puente colgante de Roebling fue sustituido por una estructura de arcos de acero, que a su vez fue reemplazada por el puente del Arco Iris (Rainbow Bridge).

Segundo puente del lago Washington, Seattle, Washington, EE UU.

El puente flotante más largo del mundo, con 3.780 metros de longitud total y 2.250 de sección flotante, es el puente de Lacey V. Murrow, que se terminó de construir en 1963 y atraviesa el lago Washington a la altura de la Interestatal 90. El lago era demasiado profundo —45 metros— para tender sobre él un puente convencional, pero, al no existir corrientes ni hielo, un puente de pontones resultaba ser la solución ideal. Cada uno de los 25 pontones de hormigón armado mide 105 metros de longitud, 18 de anchura y 4,2 de altura hasta la carretera. El interior de los pontones está dividido en compartimentos estancos. Además de la sección flotante, hay tres arcos de hormigón armado para permitir el paso de embarcaciones pequeñas.

Europa

Muelle de Southend, Essex, Inglaterra.

El muelle más largo del mundo se construyó en un lugar de vacaciones que ya estaba muy concurrido a principios del siglo XIX. El primer muelle, de madera, se empezó a construir en 1829, y en 1846 se alargó, de 548 metros a 2.000. En 1887, la empresa Arrol Bros lo reconstruyó casi por completo, siguiendo un diseño de J. Brunlees. El nuevo muelle medía 2.000 metros de longitud y se reformó y amplió en varias ocasiones, hasta alcanzar casi los 2.150.

Los muelles tienen dos funciones principales: permitir que los paseantes disfruten del aire marino fuera de la playa y servir como embarcadero para los barcos de recreo, sin tener que utilizar botes para llevar a los pasajeros a tierra. Muchos muelles disponían además de teatro, bares y tiendas. En Southend, un ferrocarril eléctrico de vía estrecha comunicaba la playa con el pabellón de tres plantas situado en el extremo más alejado, provisto de estación guardacostas y botes salvavidas.

Puente ferroviario de Forth, Fife, Escocia.

El elegante puente voladizo que atraviesa el Firth of Forth, diseñado por John Fowler y Benjamin Baker (que también diseñaron el tubo en el que se trasladó a Londres la aguja de Cleopatra) fue el primer puente de acero de cierto tamaño que se construyó en Europa. Los recelos provocados por los malos resultados de varios puentes ferroviarios de acero construidos en Holanda indujeron a la Cámara de Comercio a prohibir el empleo de este metal en la construcción de puentes hasta 1877. Los tres pilares sostienen brazos voladizos de 207 metros, unidos por dos piezas colgantes de 105 metros cada una, formando dos arcos principales de 520 metros, que lo convirtieron en el puente de mayor ojo desde su inauguración en 1889 hasta que se terminó el puente de Quebec, en 1917.

Puente Royal Albert, Saltash, Devon, Inglaterra.

La última gran obra del brillante y versátil ingeniero Isambard Kingdom Brunel fue el viaducto que hace pasar el ferrocarril de Cornualles a través del estuario del Tamar, hasta llegar a Devon. Atrajo especial interés por tratarse de la primera obra de envergadura en la que se utilizó aire comprimido para extraer agua de un artesón (cámara de trabajo para tender cimientos bajo el agua).

Brunel desarrolló los conceptos aplicados en un puente anterior y más pequeño que había construido en Chepstow, y diseñó un puente de dos ojos, con dos cortos tramos de acceso curvos. Se trata de una combinación de puente de arco y puente colgante, con una cuerda superior formada por un enorme cilindro de hierro forjado, de sección ovalada, del que cuelgan dos cadenas que forman la cuerda inferior. Los brazos, cada uno de 140 metros de longitud y 1.060 toneladas de peso, se construyeron en la orilla del río y se llevaron en balsa hasta su posición. Brunel no pudo presenciar la inauguración, oficiada por el príncipe consorte en mayo de 1859, por encontrarse gravemente enfermo; falleció cuatro meses después.

Acueducto de Pontcysyllte, Shropshire, Inglaterra.

El acueducto construido por Thomas Telford para atravesar el valle de Dee representó una innovación, por ser la primera vez que se utilizaba hierro forjado para construir el canal y el camino de sirga. En 1795, cuando comenzaron las obras, ya se habían construido varios arcos de puente de hierro forjado, siguiendo el ejemplo de la estructura creada por Abraham Darby en Iron Bridge. Pero Telford incorporó el hierro a la misma artesa del canal, construida en secciones con forma de cuña, con pestañas en los extremos para atornillarlas unas con otras, hasta formar arcos apoyados en pilares de albañilería. Incluso después de haber construido un terraplén a cada lado, se necesitaron 19 arcos, cada uno de 16 metros, para atravesar el valle, lo que da al acueducto una longitud total de 304 metros. Se inauguró en 1805 y todavía circulan por él embarcaciones hacia el canal de Ellesmere.

El Afsluitdijk, dique en el Zuider Zee, Países Bajos.

El Zuider Zee, o mar de Zuider, se formó en el siglo XIII cuando el mar del Norte penetró tierra adentro, englobando un lago. A lo largo de los siglos, se realizaron numerosos intentos de recuperar la tierra inundada, pero para conseguir resultados apreciables fue preciso llevar a cabo una de las mayores proezas de la ingeniería civil en el mundo entero: la construcción, entre 1927 y 1932, del Afsluitdijk, un gigantesco dique de 33 kilómetros de longitud y 7,5 metros de altura, que dividió el Zuider Zee en dos partes: el Ijsselmeer, o mar de Ijssel, y el Waddenzee, o mar de los Wadden.

En las zonas poco profundas, se levantaron dos muros de arcilla con cantos y se rellenó de arena el espacio entre ambas; las paredes inclinadas de la presa se revistieron con haces de retama y piedras. En dos zonas más profundas, se construyeron primero presas con travesaños de madera, que llegaban a 3,5 metros por debajo del nivel medio del agua. La presa tiene una anchura al nivel del mar de 10 metros.

Ya existen cuatro *polders* —tierras recuperadas— con una extensión total de 1.800 kilómetros cuadrados, dedicados a la agricultura o al desarrollo urbano, y pronto se recuperarán otros 400 kilómetros cuadrados, cuando quede terminado un quinto *polder,* el Markerwaard. El mar de Ijssel quedará entonces convertido en un lago de agua dulce, de 1.400 kilómetros cuadrados de extensión.

La barrera del Támesis, río Támesis, Woolwich, Londres, Inglaterra.

La barrera mareal más grande del mundo es la del río Támesis, con una longitud de 520 metros y una altura de 32. Tras casi 13 años de planificación y obras, fue inaugurada en 1984 por la reina Isabel II. Está diseñada para proteger las zonas vulnerables del curso del río contra las inundaciones provocadas por el mar del Norte, y consta de diez compuertas móviles de acero, nueve rompeolas y dos contrafuertes. Cuatro grandes compuertas elevables, cada una de 60 metros de longitud y unas 1.300 toneladas de peso, dan acceso a los principales canales de navegación. Otras dos compuertas menores, de sólo 30 metros, sirven de entrada a dos canales más estrechos. Junto a los contrafuertes hay cuatro compuertas radiales abatibles.

Para facilitar la navegación, cuando se abren las compuertas de los canales, éstas giran unos 90 grados, hasta que su superficie curva queda alojada en un hueco abierto en el fondo del río, quedando el borde superior al nivel del fondo. Las compuertas funcionan mediante un sistema hidráulico.

Puente de la Torre, río Támesis, Londres, Inglaterra.

El monumento más famoso de Londres es, probablemente, el elaborado puente gótico de la Torre, sobre el río Támesis, el primer puente que encuentran los barcos que penetran río arriba. Se construyó entre 1886 y 1894, según un diseño de Horace Jones y John Wolfe Barry. La estructura es de hierro, revestido de piedra de Portland y granito gris, y consta de dos brazos basculantes con contrapesos y dos tramos colgantes que conectan las torres principales, de 62 metros de altura, con las orillas.

Cada uno de los brazos basculantes está formado por cuatro vigas principales, de 30 metros, con travesaños de refuerzo, y pesa unas 1.000 toneladas. En un principio, funcionaban con energía hidráulica y tardaban unos seis minutos en abrirse; en la actualidad, la maquinaria es eléctrica y se abren en un minuto y medio. Los peatones pueden cruzar el puente aunque esté abierto, gracias a pasarelas elevadas que van de una torre a otra.

Resto del mundo

Acueducto de Cartago, Túnez.

Este canal de 140 kilómetros, construido por los romanos durante el reinado del emperador Adriano (117-138) era el acueducto más largo de la antigüedad. Conducía agua desde los manantiales de Zaghouan hasta enormes cisternas subterráneas, construidas mucho antes por los cartagineses en Maalaka, a las afueras de su ciudad.

Los pilares que sostienen el canal están espaciados de cinco en cinco metros, y miden cinco metros de altura y 3,5 de grosor. El canal propiamente dicho medía un metro de anchura y dos de profundidad, y se ha calculado que tenía una capacidad de 26 millones de litros al día.

«El gigante Peter», Parque Central de Himeji, Hyobo, Japón.

Las norias de feria más grandes del mundo son «El gigante Peter» y su homóloga de Tsukuba, también en Japón, con capacidad para 384 pasajeros. El diámetro de ambas norias es de casi 85 metros, nueve más que la primera noria diseñada por George Ferris, que se construyó en Chicago en 1893.

Presa de Kariba, río Zambezi, Zambia y Zimbabue.

La presa de Kariba se encuentra más abajo de las cataratas Victoria, donde el gran río Zambezi se precipitaba rugiendo por la garganta de Kariba. Con sus 128 metros de altura, es una de las presas más grandes del mundo y la cuarta más alta de África. Su estructura arqueada de hormigón tiene una longitud de 580 metros en el borde superior. Se construyó entre 1955 y 1959 y se llenó por primera vez en 1963, para formar un embalse, el lago Kariba, de 280 kilómetros de longitud y 50 de anchura. Previamente, hubo que reinstalar a unas 50.000 personas que vivían a orillas del río Zambezi y trasladar a lugares seguros a miles de animales salvajes. La estación hidroeléctrica de Kariba proporciona casi toda la electricidad que Zambia necesita y gran parte de la que utiliza Zimbabue.

Noria de Mohammadieh, Hamah, Siria.

Cuando las orillas de un río son muy altas, como sucede en el río Asi (Orontes), en Hamah, la noria o rueda hidráulica constituye uno de los sistemas más eficaces para subir agua. Esta noria, una de las varias que existen en Hamah desde tiempos de los romanos, tiene un diámetro de 40 metros, lo que la convierte en la más grande del mundo. La rueda, de corriente inferior, tiene una estructura ligera de madera, con un diseño bastante complicado, y una serie de cubos o cucharones en el borde. Cuando los cubos llegan al río, se llenan, y al subir descargan el agua en un acueducto que la lleva a los campos para regarlos.

Presa de Nurek, río Vakhsh, Tayikistán, CEI.

Esta presa, formada por un terraplén de tierra con núcleo de arcilla, es la más alta del mundo y se encuentra cerca de la frontera con Afganistán. Se empezó a construir en 1962 y no se terminó hasta 1980. Mide 300 metros de altura y 700 de longitud en su borde superior, y está diseñada para resistir fuertes terremotos, que son frecuentes en la región. El agua del embalse, que tiene una capacidad de 57.000 millones de litros, se utiliza para generar electricidad y para regar más de un millón de hectáreas de tierra de la región de Amu-Darya.

MARAVILLAS DE LA INGENIERÍA SUBTERRÁNEA

Europa

Túnel del Támesis, Londres, Inglaterra.

El túnel que conecta Wapping con Rotherhithe marcó un hito en la historia de la ingeniería. Fue el primer túnel subacuático y el primero en construirse con un blindaje de protección, que más adelante se convirtió en el método habitual para excavar túneles. El blindaje tiene la función de proteger el techo y las paredes del túnel hasta haber terminado el revestimiento de ladrillo, y facilitar la excavación manual o mecánica. El mérito de estas innovaciones corresponde a Marc Brunel y a su célebre hijo, Isambard Kingdom Brunel, que a la edad de 20 años era ya ingeniero jefe.

Los Brunel iniciaron las obras en marzo de 1825, abriendo un pozo en Rotherhithe, donde instalaron el blindaje del túnel. El progreso fue más lento de lo que se había esperado, debido en parte a dificultades del terreno, por culpa de las cuales el trabajo se desarrollaba en condiciones muy perjudiciales para la salud. Se produjeron, además, dos inundaciones, la segunda de las cuales estuvo a punto de acabar con la vida del joven Brunel, que obligaron a interrumpir las obras por falta de fondos. Un crédito del gobierno permitió reanudarlas al cabo de siete años. Para entonces, Marc Brunel había perfeccionado el diseño del blindaje y consiguió que el túnel llegara a Wapping en 1843. Pronto se convirtió en una atracción turística, local para exposiciones de arte y mercados, y paso de peatones para cruzar el río. Su elevado coste y reducidos beneficios obligaron a la empresa a vendérselo en 1865 a la compañía ferroviaria East London Railway, que lo adaptó para el paso de trenes de vapor. En la actualidad, los túneles gemelos todavía son recorridos por trenes eléctricos subterráneos.

Metro de Moscú, Rusia, CEI.

Moscú posee el tercer sistema de ferrocarril metropolitano más grande del mundo, con una longitud total de 212 kilómetros. La primera sección, construida por el método de abrir y cubrir, se inauguró en 1935. Las obras se realizaron prácticamente sólo con pico y pala, bajo la dirección del futuro líder soviético Nikita Kruschev. Durante la segunda guerra mundial, los 25 kilómetros de líneas ya terminadas se utilizaron como refugio antiaéreo, lo mismo que el *metro* de Londres. Las obras de construcción continuaron durante la guerra, y el primer túnel profundo se inauguró en 1943. Posteriormente, se han construido líneas a profundidades de 30 a 48 metros, superiores a las de los túneles más profundos del *metro* de Londres.

El *metro* de Moscú tiene fama por la opulencia de algunas de sus estaciones y por lo espacioso de éstas; algunas están decoradas con mármol, molduras de escayola, lámparas colgantes y murales. A pesar de ser el sistema con más pasajeros del mundo —unos 2.500 millones al año—, puede que sea el más limpio: es raro ver en él basura o pintadas.

CONSTRUCCIONES ASTRONÓMICAS

Europa

Telescopio William Herschel, La Palma, Islas Canarias, España.

Instalado por encima de las nubes, a más de 2.400 metros de altitud en la isla volcánica de La Palma, este telescopio de espejo único es el tercero más grande del mundo, y el más potente. Su nombre rinde homenaje al famoso astrónomo del siglo XVIII. Se trata de un telescopio de altazimut, controlado mediante miniordenadores y atendido y sostenido por 10.000 toneladas de equipo. Su construcción duró doce años y terminó en 1987.

El espejo, de 17 toneladas y 4,5 metros de diámetro, está hecho de cristal cerámico especial, no dilatable, pulido con una precisión de una diezmilésima de milímetro y revestido de una película de aluminio que pesa medio gramo. El telescopio es tan sensible que podría detectar la llama de una vela a 160.000 kilómetros de distancia, y se utiliza para captar fotones —partículas de luz—, desviándolos hacia una multitud de aparatos detectores, que proporcionan a los astrónomos información sobre objetos espaciales increíblemente lejanos.

El más importante de estos instrumentos es el espectrógrafo, que descompone la luz en sus diversos colores; por la desviación de la franja de color hacia uno u otro extremo del espectro, los astrónomos pueden saber si una estrella se está acercando a la Tierra o alejándose de ella.

Índice

Stevens, John Frank, 139.
Stonehenge, 226.
Stoney Creek, puente, *145*.
Strauss, Joseph, 232.
Suelo deslizante, 162.
Suez, canal, 134, *140*.
Suiza, 160-3, 202-5, 222.
Sultán de Brunei, 114-17.
Sun Yat-sen, 63.
Sunderland, 168.
Superdome de Louisiana, 36, 104-7.
Superior, lago, 144.
Suryavarnam II, 230.
Suvarov, general, 160.
Sverdrup & Parcel & Associates, 104.
Sydenham Hill, 66, 68.

T

Taiping Zhenjun, 128.
Taiwan, 63.
Taj Mahal, 231.
Talud, 48, *50*.
Támesis, barrera, 233.
Támesis, túnel, 234.
Tebas, *ver* Karnak.
Telescopios, 222, 225, 234.
Television City (Nueva York), 88.
Telford, Thomas, 233.
Teoría del Todo, 205.
Teotihuacán, 42, 44, *46*.
Terracota, 11, 16, 18, 19, 84, *85, 128*.
Thackeray, William, 66.
Thomson, J. J., 202.
Tian Bao, 128.
Tiananmen, plaza, *60*, 63.
Tianjin, 140.
Tíbet, 231.
Tigris, río, 154.
Tikal, *46*.

Tirard, M., 76.
Tito, emperador, 227.
Toba, 194.
Tocantins, río, *154*.
Toltecas, 42, 44.
Toronto, 108-11.
Torre Marina (Yokohama), *113*.
Tower, edificio (Nueva York), 82.
Transiberiano, ferrocarril, 127, **146-9**.
Transmisores, 112, *113*.
Tres Millas, isla, 184.
Trombe, Felix, 188.
Trump, torre (Nueva York), 88.
Trump, Donald, 88.
Tsugaru, estrecho, 206, *206*.
Tucker, Amanda, 78.
Tucurui, presa, *154*.
Túnel de viento, pruebas en, *106, 171*.
Túneles, *142*, 143, 144, **160-3**, 192, 194-7, 198, 202-205, **206-9, 210-11**, 232, 234.
Túnez, 194, 233.
Tunguska, río, *155*.
Turbinas, 153, *154, 155*, 178, 182.
Turner, Richard, 228.
Turquía, 132, 154, *174*, 228.
Tutmosis I, 38.
Tutmosis III, 12, 13.

U

UNESCO, *167*.
UNICEF, 120.
Unión de Repúblicas Socialistas Soviéticas, 124, 206.
Universidad de Arizona, 123, 125.

Universidad de Hawai, 124.
Universidad de Manchester, 202.
Ur, *46*.
Urbano II, papa, 48.
Urnerloch, túnel, 160.
Utzon, Jorn, 98, 101, 102, 103.
Uxmal, *47*.

V

V-1 y V-2, cohetes, 198-201.
Valeriano, emperador, 194.
Van Horne, Cornelius, 142, 144, *144*, 145.
Vaticano, **52-5**, 120.
Veerse Gat, presa, 156.
Verrazano-Narrows, puente, 170, 232.
Versalles, palacio, 230.
Very Large Array, 213, **218-21**.
Vespasiano, emperador, 227.
Victoria, reina, 64, 66, 228.
Vidrio coloreado, 118, *119*, 227.
Villar, Francisco de Paula del, 70, 72.
Viollet-le-Duc, Eugéne-Emmanuel, 24, 27, *72*, 227.
Vladivostock, 146.
Volga, río, 32, 140, *149*.
Volgogrado, 11, 32-5.
Von Braun, Werner, 200.
Von Humboldt, Alexander, 44-5.
Vuchetich, Yevgeni, 32-5.

W

Wagner, 103, 228.
Washington, 28, 112, 150, 226.

Wei Chung-hsien, 62.
Wenceslao, príncipe, 229.
Western Union, edificio (Nueva York), 82.
Westinghouse, 184.
William Herschel, telescopio, 234.
Willis Faber Dumas, oficinas (Ipswich), *69*.
Wind Energy Group, 180.
Windsor, castillo, 230.
Witte, Sergius, 146.
Woolworth, edificio (Nueva York), 84, 85.
World Trade Center (Nueva York), 82, *84*, 86, 88, *108*, 176.
Wren, Christopher, 228, 230.
Wright, Frank Lloyd, 226.
Wyatt, James, 228.

X

Xiangyang, 16.

Y

Yamoussoukro, 118-21.
Yanzhai, comuna, 16.
Yeniséi, río, 146, *147*.
Yokohama, *113*.
Yung Lo, 58.

Z

Zambia, 233.
Zhu Yuanzhang, 132.
Zigurat, 44, 45, *46*.
Zimbabue, 230, 233.
Ziolkowski, Korczak, 226.
Zobel, Enrique, 114, 116.

Agradecimientos

Créditos fotográficos

i = izquierda; *d* = derecha; *c* = centro;
a = arriba; *ab* = abajo.

13 Ancient Art and Architecture Collection;
14, 15 The Illustrated London News; 17 The
Photo Source; 18 Topham Picture Source;
19*i*, *ad* y *cd* Marc Riboud/The John
Hillelson Agency; 19 *abd* Bruce Coleman Inc;
20-23 Alex Webb/Magnum; 24 Robert
Harding Picture Library; 25 Richard
Laird/Susan Griggs Agency; 26
UPI/Bettmann; 27 The Image Bank; 28
UPI/Bettmann; 29 The Image Bank; 30, 31
UPI/Bettmann; 33 Mark Wadlow/URSS
Photo Library; 34 V. Shustov/Novosti; 35*ci*
y *d* Tass; 35*ab* URSS Photo Library; 38
Ancient Art and Architecture Collection; 39,
40 Robert Harding Picture Library; 41 John
P. Stevens/Ancient Art and Architecture
Collection; 42-43 David Hiser/Photographers
Aspen; 44 Loren McIntyre; 45*i* Werner
Forman Archive; 45*d* Hutchison Library; 46*ai*
Robert Harding Picture Library; 46*ad*
Ancient Art and Architecture Collection; 46*ab*
Tony Morrison/South American Pictures; 47*a*
E. Streichan/The Photo Source; 47*ab* Tony
Morrison/South American Pictures; 49
Ancient Art and Architecture Collection; 50
Robert Harding Picture Library; 51 Topham
Picture Source; 52, 53 The Image Bank; 54*a*
Tony Stone Associates; 54*ab* Stephanie
Colasanti; 55 Robert Harding Picture Library;
56*a* The Image Bank; 56*ab* Mischa
Scorer/Hutchison Library; 57 Scala; 58-59
Marc Riboud/The John Hillelson Agency; 60
George Gerster/The John Hillelson Agency;
62, 63 Stephanie Colasanti; 65 Guildhall
Library/Bridgeman Art Library; 66, 67 Ann
Ronan Picture Library; 68*ai* Mary Evans
Picture Library; 68*ad* The Mansell Collection;
69*ai* Sefton Photo Library; 69*ad* Mary Evans
Picture Library; 69*ab* Architectural
Association; 70 Robert Harding Picture
Library; 71 Ancient Art and Architecture
Collection; 72 Topham Picture Source; 73,
74*ad* Robert Harding Picture Library; 74*ab*
The Image Bank; 75 Robert Harding Picture
Library; 76 Stephanie Colasanti; 77 Robert
Harding Picture Library; 78*c* Ann Ronan
Picture Library; 78*abi* y *d* Hulton-Deutsch
Collection; 78-79 Ann Ronan Picture Library;
79*d* Mary Evans Picture Library; 79*abi*, *c* y *d*,
80*ai* Hulton-Deutsch Collection; 80*ad* y *ab*, 81
Roger-Viollet; 84 The Image Bank; 85
Angelo Hornak; 86, 87 UPI/Bettmann; 88
The Illustrated London News; 89
UPI/Bettmann; 90-91 Alan Smith/Tony
Stone Associates; 92*a* Bruce Coleman Inc;
92*ab* Rene Burri/Magnum; 93*a* Bruce
Coleman Inc; 93*ab* Art Seitz/Gamma
Liaison/Frank Spooner Pictures; 95
Bavaria/Lauter; 96 Bavaria/Hans Schmied;
97*a* Bavaria/Martzik; 97*c* Susan Griggs
Agency; 97*ab* Bavaria/Holl; 98, 99 The
Image Bank; 102 Popperfoto; 103*i* The Image
Bank; 103*d* Robert Harding Picture Library;
105*a* Bruce Coleman Inc; 105*ab* Mike
Powell/All-Sport; 106*a* Andrea
Pistolesi/The Image Bank; 106*ab* The Image
Bank; 109 Canadian National Tower; 110*a*
Panda Associates Photography; 110*ab*
Canapres Photo Service; 112*i* Robert Harding
Picture Library; 112*d* The Image Bank; 113*i*
Orion; 113*d* Northern Picture Library; 114 S.
Tucci/Gamma/Frank Spooner Pictures; 115
Mike Yamashita/Colorific!; 116*ai* y *d*
Gamma/Frank Spooner Pictures; 116*ab* Mike
Yamashita/Colorific!; 117 Gamma/Frank
Spooner Pictures; 118 Sophie
Elbaz/Gamma/Frank Spooner Pictures; 119*a*
Associated Press; 119*ab* Associated
Press/Topham Picture Source; 120*i*
Gamma/Frank Spooner Pictures; 123, 124,
125 Peter Menzel/Colorific!; 128 Marc
Riboud/The John Hillelson Agency; 129
Georg Gerster/The John Hillelson Agency;
130 Sally and Richard Greenhill; 132, 133*a*
Georg Gerster/The John Hillelson Agency;
133*ab* Anthony J. Lambert; 134-135 Gilles
Mermet/Gamma/Frank Spooner Pictures;
135*a* Mary Evans Picture Library; 136*a* Colin
Jones/Impact Photos; 136*ab* Marion
Morrison/South American Pictures; 137
Bruce Coleman Inc; 138 The Illustrated
London News; 139 UPI/Bettmann; 140*a*
Robert Harding Picture Library; 140*ab* The
Mansell Collection; 141*i* Paul Slaughter/The
Image Bank; 141*d* Hugh McKnight
Photography; 142-143 Canadian Pacific
Corporate Archives; 144 The Mansell
Collection; 145*a* Anthony J. Lambert; 145*c* y
ab Canadian Pacific Corporate Archives; 147*a*
Philip Robinson/John Massey Stewart; 147*ab*
Mark Wadlow/USSR Photo Library; 148*a*
Roger-Viollet; 148*ab*, 149*ai* John Massey
Stewart; 149*ad* Roger-Viollet; 149*ab* Topham
Picture Source; 150-151 Bruce Coleman Inc;
152, 153 UPI/Bettmann; 154*a* Leslie Garland;
154*ab* The Image Bank; 155 Bruno
Barbey/Magnum; 156-158, 159*a* y *ci*
Gamma/Frank Spooner Pictures; 159*cd* y *ab*
ANP Foto; 160-161 Anthony J. Lambert; 161
Key Color; 162 Prisma; 163 Key Color; 164
Ancient Art and Architecture Colletion; 165*i*
Geoff Tompkinson/Aspect; 165*d* Lee E.
Battaglia/Colorific!; 167 Robert Harding
Picture Library; 168 Ancient Art and
Architecture Collection; 169*i* Michael
Holford; 169*d* Robert Harding Picture
Library; 170-171 The Photo Source; 172*ai*
James Austin; 172*abd* Leslie Garland; 174
Robert Harding Picture Library; 175 The
Photo Source; 177-179 Norwegian
Contractors; 181-183 Charles Tait; 184-185 B.
Clech/Sodel; 186 M. Brigand/Sodel; 187*ai* J.
F. Le Cocguen/Sodel; 187*ad* y *ab* P.
Berenger/Sodel; 188 Goutier/Jerrican; 189,
190, 191*c* Adam Woolfitt/Susan Griggs
Agency; 191*ab* Goutier/Jerrican; 194-195
Scala; 196 Roger-Viollet; 197 Scala; 203
Ivazdi/Jerrican; 204, 205 CERN; 206-209
Seikan Corporation; 210*a* Roger-Viollet;
210*ab* Hugh McKnight Photograph; 211 R.
Kalyar/Magnum; 214 Science Photo Library;
214-216 Kermani/Gamma Liaison/Frank
Spooner Pictures; 220*a* The Image Bank;
220*ab* Science Photo Library; 221 The Image
Bank; 222-223 Alexis Duclos/Gamma/Frank
Spooner Pictures; 224, 225 Gamma/Frank
Spooner Pictures.

Créditos de gráficos y diagramas

Craig Austin: 27*d*.
Trevor Hill: 50-51, 66-67, 130-131, 162-163,
168-169, 179.
Andrew Popkiewicz: 31.
Simon Roulstone: 15, 27 *c* y *cab*, 41, 45, 55,
61, 73, 93, 100-101, 106-107, 111, 125, 204-
205, 208-209, 220.
Paul Selvey: 108, 130*ai*, 136-137, 170, 172-
173, 191, 216-217.
Mapas de Technical Art Services Ltd.